职业教育行业规划教材

Premiere CC 视频编辑教程

黄洪杰　管建光　主　编

電子工業出版社
Publishing House of Electronics Industry
北京·BEIJING

内 容 简 介

本书从基础知识和基础操作入手，介绍使用 Premiere CC 制作影片的基本步骤。本书从零开始，循序渐进，直观明了，信息量丰富，配合大量的图片和实例，使读者可以在本书的指导下自己动手将拍摄的视频导入计算机中，并对视频进行剪辑和连接，还能够设置视频的特效、设置视频动画及多段视频的过渡效果、为视频添加字幕和音频，并最终导出一个能够独立播放的影片。

本书强调对技术的掌握，以及操作的熟练程度，适合作为职业教育教材，也可作为电脑爱好者和工程技术人员自学的参考教材。

未经许可，不得以任何方式复制或抄袭本书之部分或全部内容。
版权所有，侵权必究。

图书在版编目（CIP）数据

Premiere CC 视频编辑教程 / 黄洪杰，管建光主编．—北京：电子工业出版社，2016.8

ISBN 978-7-121-29102-9

Ⅰ. ①P… Ⅱ. ①黄… ②管… Ⅲ. ①视频编辑软件—中等专业学校—教材 Ⅳ. ①TN94

中国版本图书馆 CIP 数据核字（2016）第 136452 号

策划编辑：杨　波
责任编辑：郝黎明
印　　刷：北京七彩京通数码快印有限公司
装　　订：北京七彩京通数码快印有限公司
出版发行：电子工业出版社
　　　　　北京市海淀区万寿路 173 信箱　邮编　100036
开　　本：787×1 092　1/16　印张：19.5　字数：499.2 千字
版　　次：2016 年 8 月第 1 版
印　　次：2022 年 8 月第 4 次印刷
定　　价：39.80 元

凡所购买电子工业出版社图书有缺损问题，请向购买书店调换。若书店售缺，请与本社发行部联系，联系及邮购电话：（010）88254888，88258888。

质量投诉请发邮件至 zlts@phei.com.cn，盗版侵权举报请发邮件至 dbqq@phei.com.cn。

本书咨询联系方式：（010）88254617，luomn@phei.com.cn。

前言 | PREFACE

根据教育部《关于全面推进素质教育、深化中等职业学校教育教学改革的意见》中关于中等职业学校教学制度创新、专业设置、课程改革、教材建设的精神和中等职业学校计算机及应用专业课程教学大纲的要求，为了适应全面推进素质教育，深化中等职业教育教学改革的需要，提高中等职业学校教学质量和办学效益，充分发挥中等职业教育在提高国民素质和民族创新能力中的重要作用，培养与社会主义现代化建设要求相适应，德智体美等全面发展，具有综合职业能力，在生产、服务、技术和管理第一线工作的高素质劳动者和初中级专门人才，配合教育部颁布的中等职业学校计算机及应用专业教学大纲的实施，我们编写了这本《Premiere CC 应用基础教程》（三年制、四年制）教材。

为了适用中等职业教育课程改革的需要，特别是适用于学分制的模块式课程和综合化课程的需要，增强课程的灵活性、适用性和实践性。新教材的体系采用模块化结构、单元组合、任务驱动的模式，每个单元掌握部分基本知识、学会一些操作技能，最后完成一个具体任务。几个单元形成一个模块，几个小任务组合成一个大任务，以完成任务为手段，以实现教学目标为目的。

本书既兼顾目前中等职业教育的几种办学模式（中专、职高、技校）的特点和差异，又淡化了各类职业中等学校的界限。对培养目标统一定位在“具有综合职业能力，在生产、服务、技术和管理第一线工作的高素质劳动者和初中级专门人才”上，淡化“技术员”和“操作工人”的界限。

本书的知识和技能体系按照由浅入深、先易后难的原则，具体安排为：视频编辑基础知识→管理视频素材→剪辑视频→视频过渡特效→设置视频动画→使用视频效果→合成视频→使用字幕→使用音频→导出影片。

本书的参考教学时数为 72 学时。本书采用项目与模块双重结构，增强了课程的灵活性和适用性。全书设计为 4 个模块：第 1 个模块为第 1 章，第 2 模块为第 2 章～第 8 章，第 3 模块为第 9 章，第 4 模块为第 10 章。其中第 2 模块是本书的重点，第 3 模块可以根据学校的实际情况酌情选用。

为了方便教师教学，本书还配有电子教学参考资料包（教学指南、电子教案及习题答案）免费提供给教师使用。请有需要的教师登录华信教育资源网（www.hxedu.com.cn）免费下载或与电子工业出版社联系（E-mail：ve@phei.com.cn）。

本书由黄洪杰、管建光担任主编，参加编写的还有杨军、王钰、钱力等。编者意在奉献给读者一本实用并具有特色的教材，由于水平有限，书中难免有错误和不妥之处，敬请广大师生和读者批评指正。

编　者

2016 年 5 月于青岛

CONTENTS | 目录

视频编辑基本知识

1.1　数字视频

随着信息技术的发展，特别是网络技术的不断发展，自媒体时代已经来临，文字、图片已经远远不能满足人们的要求，视频不可避免地站在前排。

了解一些关于视频的知识，掌握一些编辑视频的技能，就可以把生活中的精彩记录下来，按照自己的意愿去展现，留待以后的岁月去慢慢回味。

1.1.1　视频相关知识

公元 17 世纪，一个叫阿塔纳斯珂雪的耶稣会教士发明了“魔术幻灯”，如图 1.1.1 所示。它主要是由一个铁箱构成的，箱子的一边挖了一个洞，并镶嵌一块凸透镜，箱子里点燃一盏灯，灯光通过凸透镜把一块玻璃上画的图画投影到墙上，令人惊叹不已，这应该就是最早的投影机。

图 1.1.1　魔术幻灯

后来，有人把玻璃片安装在一个旋转盘上，投影出来的画面就有了运动的效果，也就是动画。支撑这种动画运动效果的是一种视觉暂留的现象。

人们在黑夜中放手持式焰火时，都有这样的经历：快速移动焰火时，焰火发出的光会画出一道连续的线条，这也是视觉暂留造成的。视觉暂留是指当一幅图像从人的眼前消失时，留在视网膜上的图像并不会马上消失，还会延迟 1/24 秒，如果在这段延迟时间内，下一幅图像又出现了，就会在人们的眼睛里形成连续的画面，如果这些画面的内容具有关联性，人们所看到的就是连续的动态场景。显然，要想达到好的动画效果，速度是关键。

动画的产生刺激了人们对这种光影幻术的好奇心，各种发明不断产生。但由于图片都是由人手工绘制的，和人们亲眼见到的事物明显有很大的差距，一直到照相术的发明，这种情况终于得到改变。19 世纪后期，有人将一组马儿奔跑的连续照片翻制出来，发明了电影史上第一台“动态影视放映机”，如图 1.1.2 所示。接着人们发明了电影机，视频开始走进了人们的视野，并一度超越动画，为人们所喜爱。

图 1.1.2　一组马儿奔跑的图片

每一个由人工绘制或使用计算机绘制的画面，都称为动画。每个画面都是实际拍摄的自然景观，称为视频。视频能够很好地展现事物发生与发展变化的过程，它通常是由摄像机拍摄的，目前许多手机和数码照相机也有拍摄视频的功能。本书只讨论视频的编辑与制作。

1.1.2　数字视频相关知识

视频分为两类，一类为模拟视频，另一类为数字视频。早期的视频都是模拟视频，它是一种用于传输图像和声音且随时间连续变化的电信号。模拟视频时代，电视录像机盛行，人们发现了模拟视频的许多缺点，包括图像质量不高，而且随着观看次数的增加，质量越来越差，翻录的质量也是一次比一次差等，于是数字视频产生了。

对于普通人来说，数字视频是随着 VCD 播放机一起进入家庭的，它截然不同的产生、存储和播放方式，引领了多媒体技术的一场革命。

由于模拟视频的图像质量不高，主要播放模拟视频的电视机采用了隔行扫描的工作方式，也就是说，播放视频的时候，电视机上只有一半的像素是参与显示视频画面的。而处理数字视频的计算机显示器采用的是逐行扫描的工作方式。这就是为什么过去观看同一盘 VCD，在计算机上观看感觉比在电视机上观看图像更清晰的原因。

如今，随着平板电视机进入家庭，电视机也采用支持逐行扫描的工作方式，电视机进入了高清时代。电视机上标注的 1080p 或者 720p 都是支持逐行扫描的，而同时标注 1080i 的说明还支持隔行扫描。p 是 progressive scan 的缩写，也就是逐行扫描的意思；i 是 interlaced scan 的缩写，也就是隔行扫描的意思。如今发明 4K 电视机，清晰度是 1080p 的 4 倍，清晰度又一次取得飞跃。

各种视频信号的分类如图 1.1.3 所示。

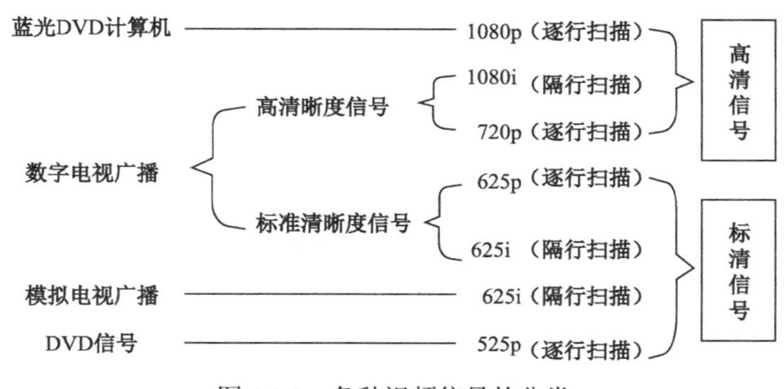

图 1.1.3　各种视频信号的分类

目前的电视机已经完全可以取代计算机显示器，成为家庭多数设备的终端。了解一些电视机的知识，对于确定视频的格式非常重要，而视频的格式是编辑视频前必须要确定下来的。

无论是有线电视机顶盒，还是平板电视、互联网盒子、手机、平板电脑……输出的视频都是数字视频，那么数字视频有哪些优点呢？

数字视频的优点如下。

（1）数字视频可以无失真地进行无限次复制，而模拟视频每转录一次，就会有一次误差积累，产生信号失真。

（2）可以用简单的方法对数字视频进行创造性编辑，如添加字幕、设置电视特技等。

（3）使用数字视频可以实现节目的交互，将视频融进计算机系统中。

但数字视频也有一个缺点，就是存在数据量大的问题，所以在存储和传输的过程中必须进行压缩和编码。

1.1.3　电视制式

在编辑视频之前，还要了解电视的制式问题。

大家已经知道，电视和电影都是由多幅连续的画面组成的，其中的每一幅画面称为一帧，当这些画面按顺序快速显示时，由于人眼的视觉滞留特性，就形成了连续运动或变化的动态效果。要想达到自然平滑的动态放映效果，控制播放速率起到关键性作用。

经过研究和试验发现，合适的播放速度应为每秒 24～30 个画面，如果以每秒低于 24 幅画面的速度播放，就会出现停顿、抖动的现象。这也是人们观看 100 多年前的影片，总觉得画面上的人物走路、行动很奇怪的原因。

目前电影采用每秒 24 幅画面的速度拍摄，而电视却采用了两种不同的速度，其中采用每秒 25 帧拍摄和播放的，称为 PAL 制式；采用每秒 30 帧速度拍摄和播放的，称为 NSTC 制式。

PAL 制式和 NTSC 制式的主要区别在于节目的编码、解码方式及场扫描频率是不同的。中国、印度及欧洲的多数国家采用的是 PAL 制式，而美国、日本、韩国及中国台湾地区等采用 NTSC 制式。

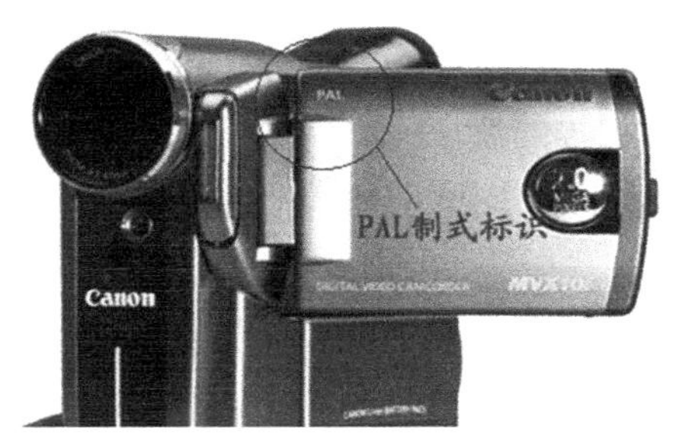

图 1.1.4　摄像机上的制式标识

制式的不统一，造成了一些不必要的麻烦，购买摄像机时，要注意制式的区别。计算机上的视频采集软件都同时支持 PAL 制式和 NTSC 制式，所以都能够导入到计算机中。需要注意的是，在编辑过程中是不能同时使用 NTSC 制式和 PAL 制式的素材，必须通过转换才能在同一时间轴上使用。

摄像机上的制式标识如图 1.1.4 所示。

1.1.4　视频格式

随着数字视频清晰度的增加，视频的数据量变得异常庞大。于是，在存储时，就需要把视频数据进行压缩，而播放时，再通过解压缩，把视频内容释放出来。

采用的压缩方式不同，最终的效果也有所不同。而不同的压缩方式，也就产生了不同的视频格式。

目前，对影视信息进行压缩时，最常用的是 MPEG 动态图像压缩标准，它是由动态图像专家组（Moving Picture Experts Group）制定的。MPEG 标准压缩影视信息的基本思路是：每隔若干帧保留一幅关键帧，而对关键帧之后的相邻帧，只保存有变化的部分。这样对于非运动视频就没有必要每个画面都保存，从而节省了空间。

1990 年通过了 MPEG-1 标准，VCD 就采用了 MPEG-1 标准压缩影视和声音信息，一张 VCD 可以存放 70 分钟影视信息。1993 年通过了 MPEG-2 标准，DVD 就采用了 MPEG-2 标准压缩影视和声音信息，一张 DVD 盘的容量大约是 VCD 的 7 倍，而且影视的质量也更好，后来发展出来的蓝光 DVD 更是把清晰度推向了更高的层次。目前 VCD 在市场上已经基本被淘汰，而随着因特网技术，特别是云存储技术的发展，视频点播大行其道，普通 DVD 的前景并不乐观。

图 1.1.5　VCD 播放机

VCD 播放机曾经是家庭必备的电器，如图 1.1.5 所示。

目前主流的 MPEG 标准是 MPEG-4，这是一种更开放的标准。这个标准涵盖内容非常广泛，不同的生产厂家可以采用这个标准制定不同的视频格式，比较流行的 MP4 格式视频就是采用了 MPEG-4 的部分标准，它的广泛流行，甚至造成有人将 MP4 看做是 MPEG-4 的缩写。

下面详细介绍几种主要的视频文件格式。

（1）AVI：音视频交叉存取格式，是微软公司推出的一种编码技术，采用将视频和音频交织存储的方式，一度是视频文件的标准模式，几乎所有的视频播放软件都支持它。而且由于 AVI 本身的开放性，获得了众多编码技术研发商的支持，采用 MPEG-4 编码的 AVI 视频文件目前仍然占领一席之地。

（2）RMVB：曾经最流行的一种流媒体视频文件格式，是 Real Networks 公司所制定的音频视频压缩规范，具有体积小、画面清晰的优点。所谓流媒体，就是支持边下载、边播放的一种媒体模式。RMVB 曾经是流媒体文件的主流，但其十多年一直没有更新标准，正逐渐被 MP4 文件所取代。

（3）MP4：全称 MPEG-4 part 14，是使用 MPEG-4 标准的一种视频文件格式。它放弃了 MPEG-2 的区块模式，主要记录影像中个体的变化，因此即使影像变化速度很快、码率不足时，也不会出现马赛克样的画面。目前，市场上有一种播放器也叫 MP4，这两者一个是软件，一个是硬件，要注意区分。

（4）FLV：全称为 Flash Video，是 Adobe 公司开发的一种流媒体视频格式，它的特点是形成文件小、加载速度快，是目前最主流的在线视频播放格式，被优酷、土豆、爱奇艺等视频播客网站广泛使用。

（5）MOV：是苹果公司开发的一种视频格式，具有很高的压缩比和较完美的视频清晰度。它具有跨平台的特性，不仅在苹果电脑、iPhone、iPad 上能够播放，也能在 Windows 系统中播放。

（6）MKV：准确地说，MKV 不是一种媒体文件压缩格式，而是一种多媒体封装格式。它可将多种不同编码的视频及 16 条以上不同格式的音频和不同语言的字幕流封装到一个媒体文件中。MKV 最大的特点就是能容纳多种不同类型编码的视频、音频及字幕流，正因为它提供多种语言的音频、多种语言的字幕，使得 MKV 文件受到许多人的青睐。

1.1.5　视频编辑与视频编辑软件

早期的视频编辑是一个非常烦琐的过程，它需要操作者在多盘素材录像带中，选择需要的一段内容，然后复制到一盘新的录像带上。接着重复以上的步骤，不停地搜索素材，找到素材的位置，复制到另一盘录像带上……显然工作效率比较低。由于素材在录像带上是线性分布的，需要按顺序搜索和编辑，因此这种编辑称为线性编辑。

视频数字化降低了视频编辑的门槛，使得个人通过一台高性能的计算机就能够完成视频的编辑。而计算机编辑视频无须考虑素材在存储媒介上的位置，可以按照需要的结果灵活地进行编辑，这就是非线性编辑。特别是非线性编辑软件能够很方便地为视频添加各种特殊效果，这无疑极大地提高了工作效率。

视频编辑的一般步骤是，首先将视频导入到计算机中，然后按照事先写好的剧本，将视频中的内容剪切下来，并重新组合，然后输出一个作品的过程。在这个过程中，需要对视频的一些问题进行修正，如颜色的问题等，还要让各个视频片段的衔接更平顺，免得太突兀，甚至要完成一些特技效果，使影片更具观赏性。

能够进行视频编辑的软件有很多，它们都各有优点，下面介绍几款知名的软件。

1. Premiere

Premiere 是 Adobe 公司推出的一款广播级的非线性视频编辑软件，它被广泛应用在电视节目、广告制作、电影制作等方面，是应用最广泛的一款视频编辑软件。它提供了采集、剪辑、颜色修饰、字幕添加、视频动画、音频编辑、输出等一整套的制作流程，尤其是它可以和视频特效软件 After Effects 进行很好的结合，几乎可以满足所有的视频制作需求。

2. 会声会影

会声会影软件的英文名为 Video Studio，它原本是中国台湾友立（Ulead）公司的一款产品，后来被收购，现在属于 Corel 公司所有。这款产品的最大特点是简单易用，非常适合家庭使用。它内置了影片制作向导，理论上只需要三步就可以完成一部影片，而内置的 100 多个转场特效、视频滤镜及标题动画可以满足大多数人的需要。

会声会影欢迎界面如图 1.1.6 所示。

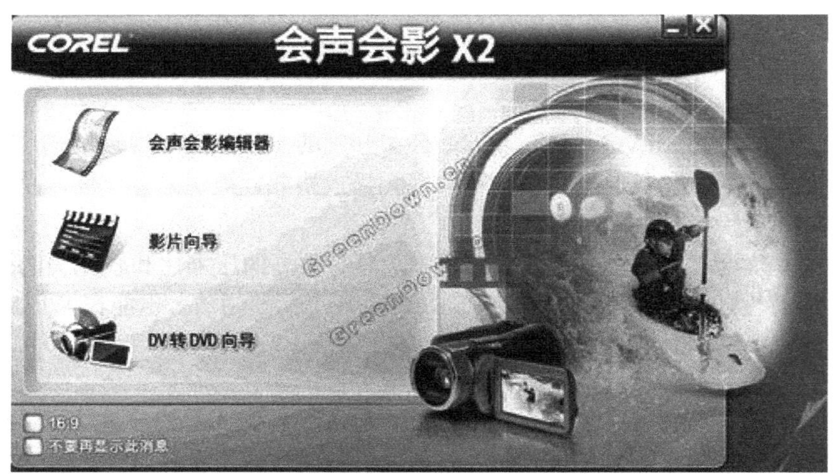

图 1.1.6　会声会影欢迎界面

3. Sony Vegas

Sony Vegas 是索尼公司的一套专业影像编辑软件，共有 Vegas Move Studio、Vegas Move Studio Platinum、Vegas Move Studio Platinum Pro Pack 和 Vegas Pro 四款产品。其中前三款为普通用户设计使用，后一款是为专业级别的影视制作者使用的音视频编辑系统。它具有无限制的视频轨和音频轨，提供了音视频合成、转场特效、动画控制、视频编码等功能，和其他软件相比有自己的软件定位和特点。在配置比较低、对视频要求不高的情况下，使用 Vegas Move Studio 是个不错的选择。

本书只介绍 Premiere 编辑视频的方法和步骤。

1.2　Premiere 概述

1.2.1　Premiere 的版本介绍

作为 Adobe 公司的产品，Premiere 和其他产品一样，在命名方面经历了 3 个标准，这容易使人对这些眼花缭乱的版本有一些疑惑。由于不同的版本对计算机操作系统和内存的要求都不一样，因此了解版本的知识来适应计算机的软、硬件环境非常必要。

早期的 Premiere 是用数字命名版本的，比较成熟的有 Premiere 6.5、Premiere 7.0 等，后来，Premiere 推出了专业版，像 Premiere Pro 1.5、Premiere Pro 2.0，都是比较专业的版本。

第二个命名时期是 CS 版本。由于 Adobe 将 Premiere 和 Photoshop、Flash 等一起加入了 Creative Suite 套装，这就有了 CS 版本。Premiere 的 CS 版本主要有 Premiere CS3、Premiere CS4、Premiere CS5、Premiere CS5.5 及 Premiere CS6。需要指出的是，从 Premiere CS5 开始，Premiere 必须安装在 64 位的操作系统上。如果要安装 Premiere，一定要确保自己的操作系统是 64 位的

版本，否则无法正常安装。

64 位的 Windows 操作系统，可以使计算机访问大于 4GB 的内存，这对于提供高性能服务的 Premiere 非常重要。如果计算机配置过低，内存小于 4GB，那么还是安装 32 位的 Windows 好一些，相应的使用 Premiere CS4 以前的版本，也可以完成视频编辑的操作。

第三个命名阶段是 CC 版本，也是目前的最新版本。这是由于 Adobe 公司又推出了 Creative Cloud，如图 1.2.1 所示，整个软件组从提供功能向提供服务发展，因此 Premiere 的版本又变成了 Premiere CC。此前的 Premiere 版本并没有中文版，对于英文有困难的操作者需要进行汉化来使用，Premiere CC 提供了官方简体字支持，使用起来会更加方便。

图 1.2.1　Adobe Creative Cloud

本书就以 Premiere CC 版本为蓝本，讲述 Premiere 的使用。除非特殊说明，本书提到的 Premiere 都是指 Premiere CC。

1.2.2　Premiere 的主要功能

Premiere 作为一款音视频编辑软件，具有非线性编辑所需的三项功能：音视频采集功能；非线性编辑功能；音视频编码和输出功能。使用它可以轻松地实现视频、音频素材的编辑合成及特技处理。Premiere 具有功能强大、操作简单的特点，主要包括以下功能。

（1）编辑和剪辑视频素材的功能。具有变焦和单帧播放能力，播放剪辑直观方便。可以在源监视器、时间轴、节目监视器等多个面板窗口中进行剪辑，节省大量编辑时间。

（2）对视频素材进行特技处理的功能。Premiere 提供强大的视频特技效果，包括切换、过滤、叠加、运动及变形等。这些视频特技可以混合使用，产生令人眼花缭乱的特技效果。

（3）强大的转场效果功能。在 Premiere 的转场选项中提供了 74 种转场效果，每一个切换选项图标都代表一种切换效果。

（4）具有在视频素材上增加各种字幕、图标和其他视频效果的功能，还有给视频配音，并对音频素材进行编辑，调整音频和视频的同步功能，可以改变视频特性参数，设置音频、视频编码参数及编译生成各种数字视频文件等。

（5）具有强大的色彩转换功能。Premiere 能够将普通色彩转换成为 NTSC 或者 PAL 的兼容色彩，以便数字视频在电视上播出，或者通过刻录机刻在 DVD 上面。

除了上面的功能之外，Premiere 还具有编辑功能强大、管理方便、特技效果丰富、采集素材方便、编辑方便、可制作网络作品等优点。

1.3 Premiere 工作界面介绍

1.3.1 打开与关闭 Premiere

和其他的软件一样，在 Windows 中打开和关闭 Premiere 非常简单。单击“开始”按钮，在弹出的菜单中选择“Adobe Premiere Pro CC”，就可以打开 Premiere，如图 1.3.1 所示。

图 1.3.1 开始启动 Premiere CC

Premiere 启动成功以后，会弹出如图 1.3.2 所示的欢迎窗口，在“欢迎使用 Adobe Premiere Pro”窗口中，可以选择新建一个项目，也可以选择打开最近操作过的项目，当然也可以选择帮助了解 Premiere 的新功能。

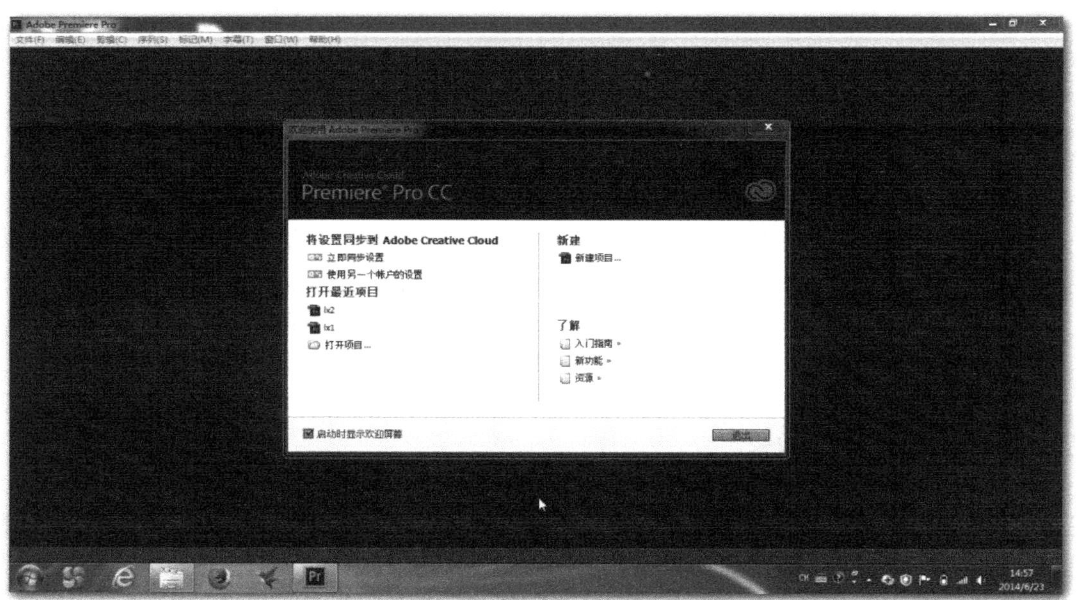

图 1.3.2 Premiere 欢迎窗口

在窗口右边的“新建”区域，单击“新建项目”，会弹出 “新建项目”对话框，输入“练习 1”作为新项目的名字，单击“确定”按钮就可以新建一个名为“练习 1”的项目，如图 1.3.3 所示。

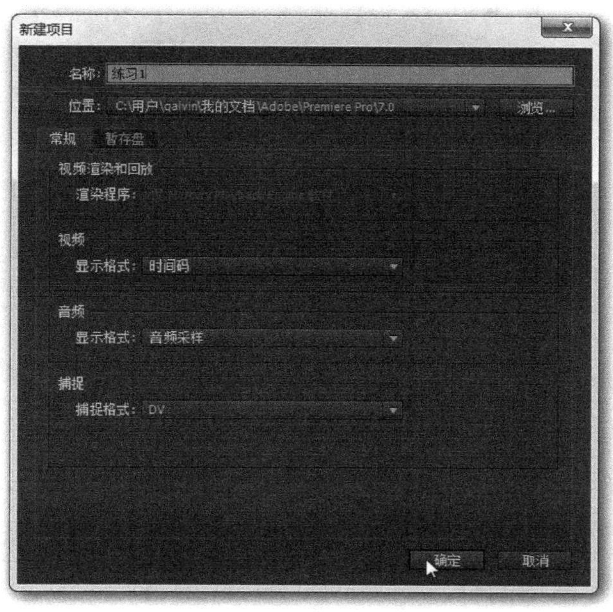

图 1.3.3　“新建项目”对话框

Premiere 窗口打开后，还不能进行视频编辑，还需要建立序列、导入素材等工作，所以这时各个窗口面板是灰色的，如图 1.3.4 所示。

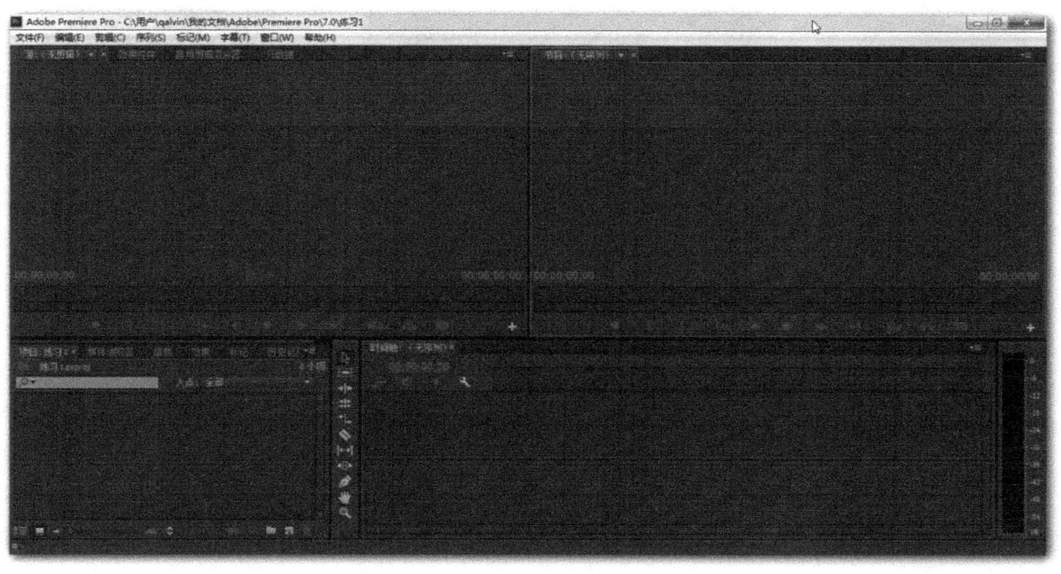

图 1.3.4　Premiere 操作窗口

单击“文件”菜单，在弹出的“文件”下拉菜单中选择“退出”命令，可以关闭 Premiere，如图 1.3.5 所示。

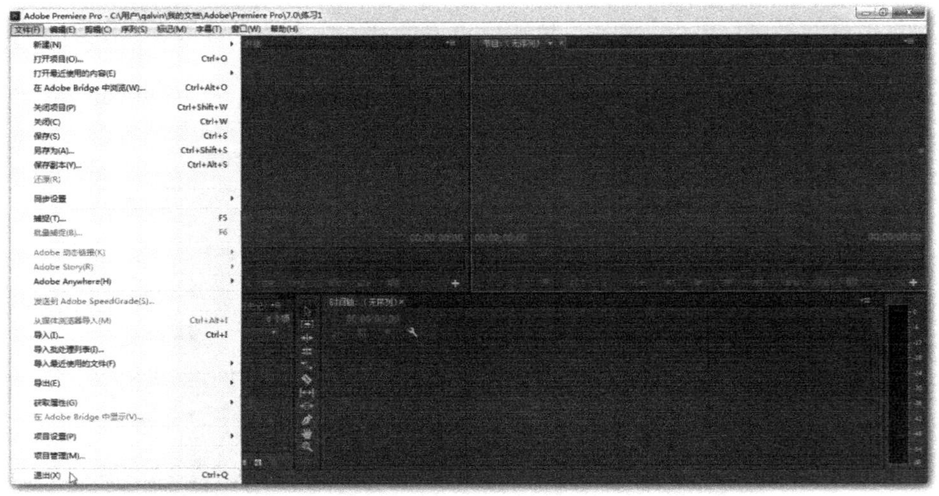

图 1.3.5 “文件”菜单

也可以单击窗口右上角的关闭按钮，关闭 Premiere。如果此时 Premiere 窗口中还有没有保存的文件打开，Premiere 会提醒操作者对文件进行保存。

1.3.2 Premiere 窗口简介

Premiere 编辑状态如图 1.3.6 所示，Premiere 的窗口可以分为以下 4 个部分。

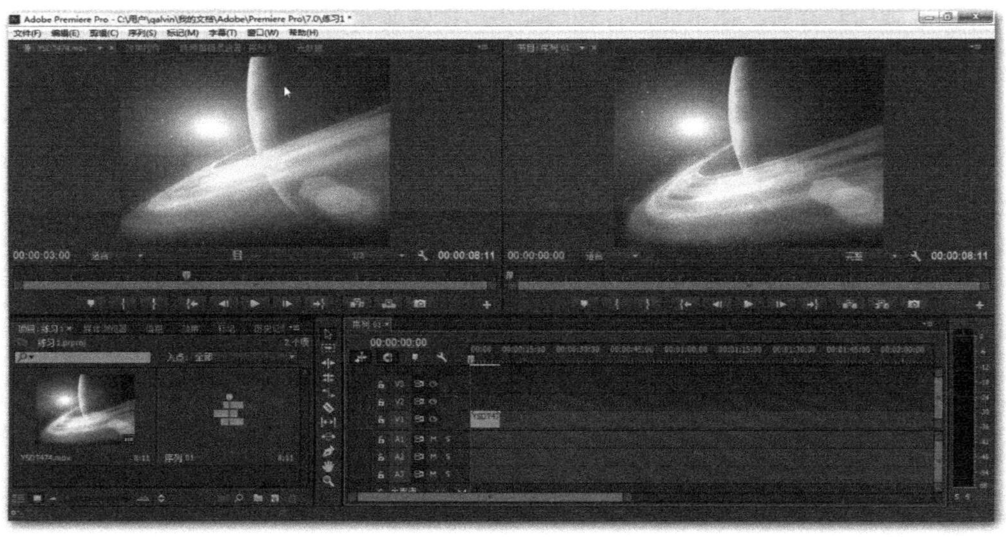

图 1.3.6 Premiere 编辑状态

（1）左上角为源监视器窗口，在这个窗口中可以播放准备进行编辑的视频素材，在播放的同时，可以设置入点和出点，从而只将素材中的某个片段添加到“时间轴”面板中，以备编辑。

（2）右上角为节目监视器，用于播放正在组合的视频，也就是说，在这个窗口中可以预览对视频进行编辑的最终效果，从而直观地反映出操作是否达到预期的效果，方便操作者进行调整。在这个窗口中也可以设置入点和出点，同时可以精确定位添加或删除帧画面的位置，这一点对于视频特效的编辑非常重要。

（3）左下角是多个面板的组合，它展示的是项目面板。在项目面板中，可以导入、存放和管理素材，序列文件也可以存放在该面板中。还可以通过设置面板的不同显示方式来显示素材，如图 1.3.7 所示的是列表显示方式，如图 1.3.8 所示的是图标显示方式。

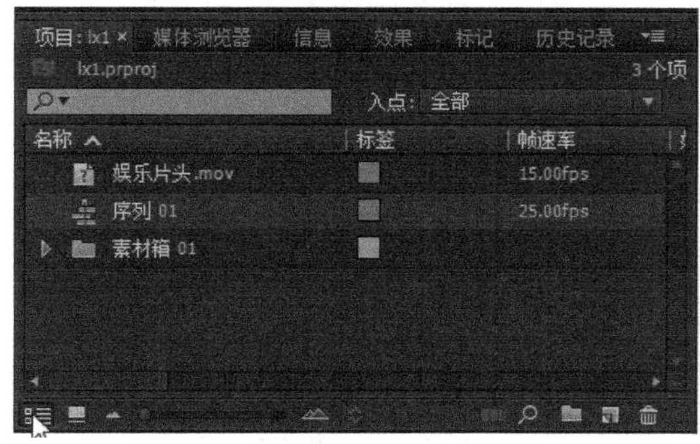

图 1.3.7　列表显示方式

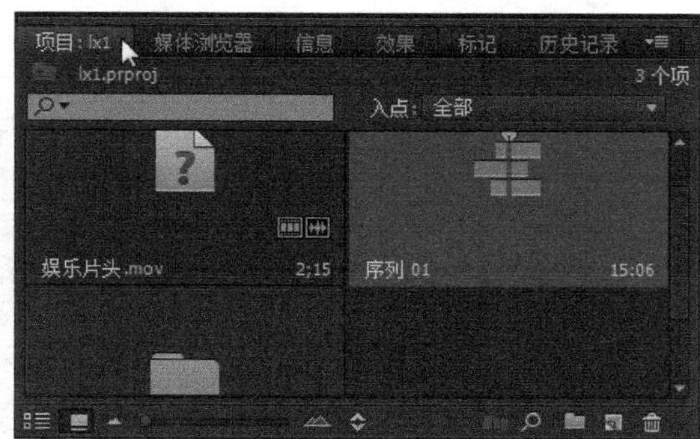

图 1.3.8　图标显示方式

（4）右下角是时间轴面板，它是 Premiere 最重要的视频编辑区域，在这里可以按照时间顺序来排列和连接各种素材，也可以剪辑片段和叠加图层，设置动画关键帧与合成效果。时间轴面板默认有 3 个视频轨道和 3 个音频轨道，在时间轴面板上灵活运用 Premiere 的各种功能，就可以实现炫目的视频编辑效果。如图 1.3.9 所示的就是处于编辑状态下的时间轴面板。本书的大部分操作都在这个面板中进行。

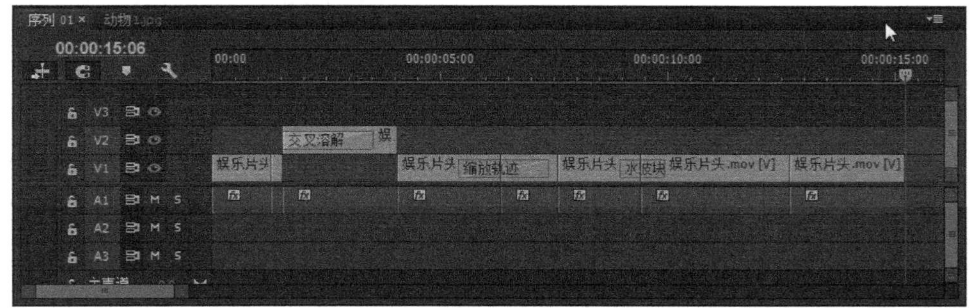

图 1.3.9　在编辑状态下的时间轴面板

1.3.3　更改显示的面板

Premiere 的面板并不是一成不变的，在默认的情况下，源监视器窗口的顶端还有效果控件、音频剪辑混合器、元数据等选项卡，最下角的项目面板还有媒体浏览器、信息、效果、标记、历史记录等选项卡，在编辑视频的过程中，打开不同的选项卡就会显示不同的操作面板，在不同的操作面板中可以完成不同的操作。

这些选项卡的位置是可以移动的，打开选项卡后，将鼠标指针移动到选项卡名称的左端，拖动鼠标，就可以将整个面板从当前的位置移开，如图 1.3.10 所示。拖动鼠标到合适的位置后，松开鼠标，该操作面板就会显示在新的位置。

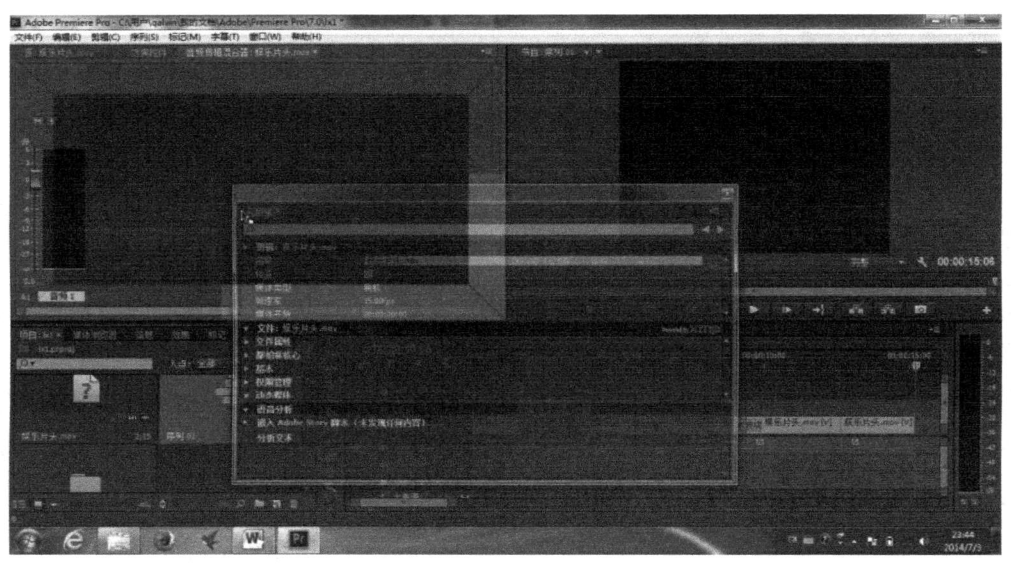

图 1.3.10　操作面板跟随鼠标的移动而改变位置

1.4　使用 Premiere 完成一个简单任务

1.4.1　Premiere 一般工作流程

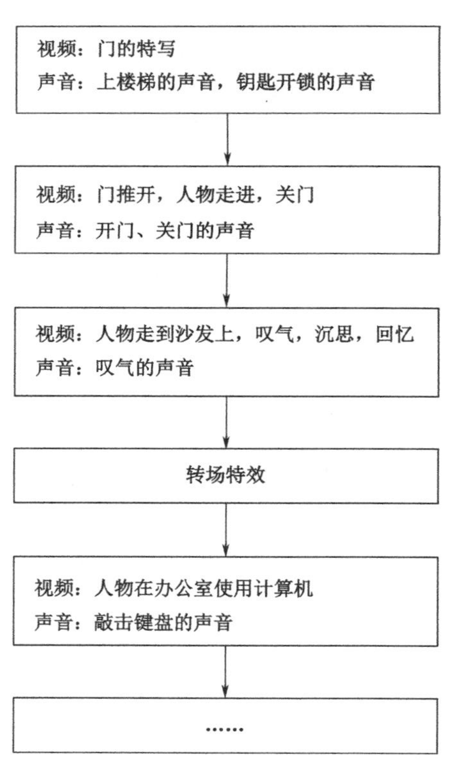

图 1.4.1　某脚本流程片段

使用 Premiere 完成一部作品，大约需要 9 个步骤。当然这 9 个步骤不是必需的，对于不同的作品，侧重点也会有所不同。

第一步：编写脚本。所谓脚本，并不是像电影和电视剧一样编写一个剧本，而是一个如何让各种素材连接成一个作品的流程。编写脚本时，不必考虑作品的内容是否合理、戏剧冲突等出现的频率是否合适等，考虑更多的是各个视频之间的先后顺序，每一段视频是否需要采用特效，采用哪一种特效，以及采用哪些方式能够实现两段视频的平滑过渡等。脚本是依托于内容的，或者说脚本是依托于剧本的，它是一个纯技术的流程图。

某脚本流程片段如图 1.4.1 所示。

第二步：准备素材。在制作一部影视作品的过程中，准备素材是完成作品的各个步骤中最耗费时间的，包括使用摄像机来拍摄视频，使用录音机来采集声音，使用数码相机来拍摄图片，使用 Photoshop 来制作特殊效果图片等。

在 Premiere 的使用过程中，准备素材主要是对已有的素材进行管理，包括检查素材的格式 Premiere 是否支持，素材是否完整，视频素材与视频素材之间、视频素材与图片素材之间清晰度是否匹配，是否按照脚本的要求配齐了各种素材等，而且还要将各种素材存放到不同的文件夹中，以备 Premiere 随时导入，如图 1.4.2 所示。

第三步：创建项目并导入素材。使用 Premiere 创作一部作品时，首先要建立一个项目文件，然后在项目文件中创建序列。在创建项目和序列时，可以对编辑模式、像素长宽比（4∶3 或 16∶9）、时基（每秒多少帧画面）等进行设置。接下来把素材导入到项目中，按照类别存放到相应位置，以备编辑时使用，如图 1.4.3 所示。

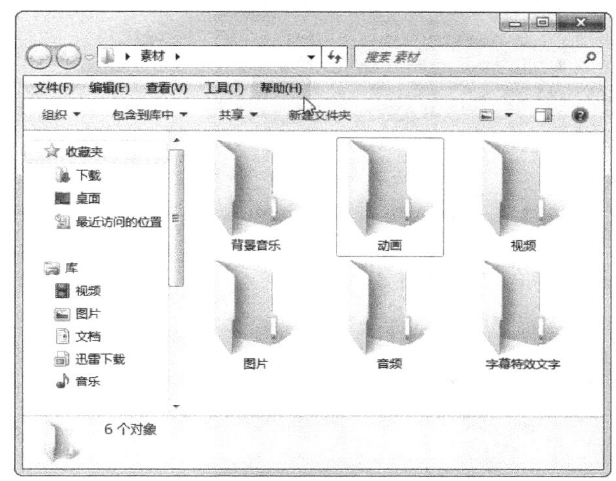

图 1.4.2　素材文件夹

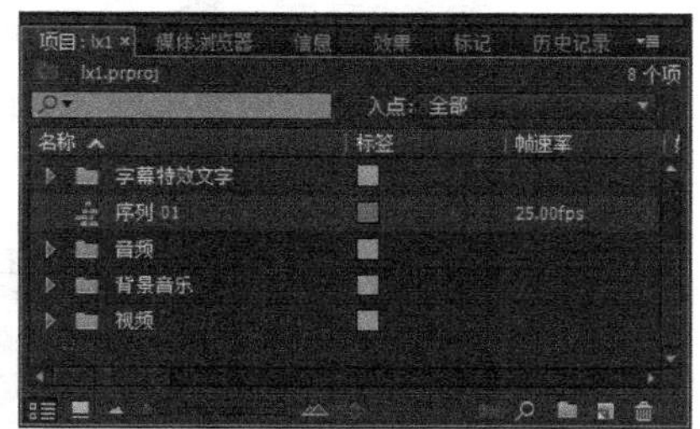

图 1.4.3　导入项目的素材

第四步：编辑素材。这一步是对素材进行剪切等操作，选择合适的部分视频，插入到时间轴序列中，同时对这些视频进行简单的编辑，如添加马赛克、修复视频颜色缺陷等。根据脚本的安排，可以重复上述操作，将多段视频素材导入到时间轴序列中，如图 1.4.4 所示。

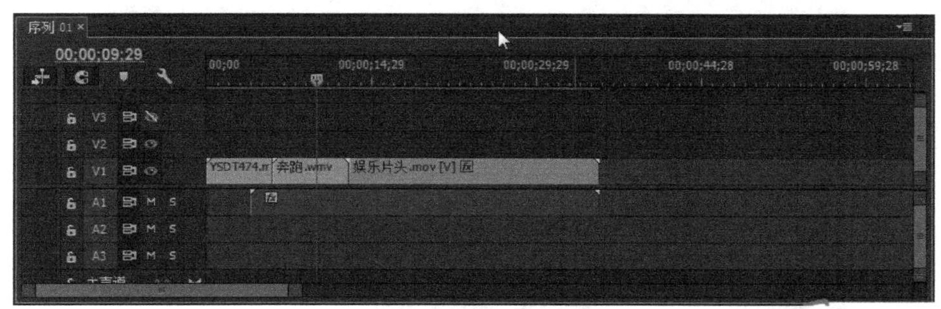

图 1.4.4　多段视频被连在一起

第五步：设置转场。转场可以实现从一个视频到另一个不同场景视频的平滑过渡，也就是所谓的蒙太奇效果。Premiere 提供了多种的转场特效，可以实现令人炫目的效果。两段视频间的转场特效如图 1.4.5 所示。

第六步：视频特效。Premiere 支持许多视频特效，如运动特效就支持视频产生位移或缩放效果，场景合成特效可以实现两个视频的叠加，如《西游记》中孙悟空一个跟头十万八千里的镜头。图 1.4.6 所示的是视频的缩放特效。

第七步：设置字幕。视频作品离不开字幕，这些字幕可以是视频中人物的台词，也可以是片名、演职员表等内容。Premiere 提供强大的字幕制作工具，同时也支持将 Photoshop 等软件制作的图形、图片作为字幕插入视频中。图 1.4.7 所示是字幕被添加在合适位置的情景。

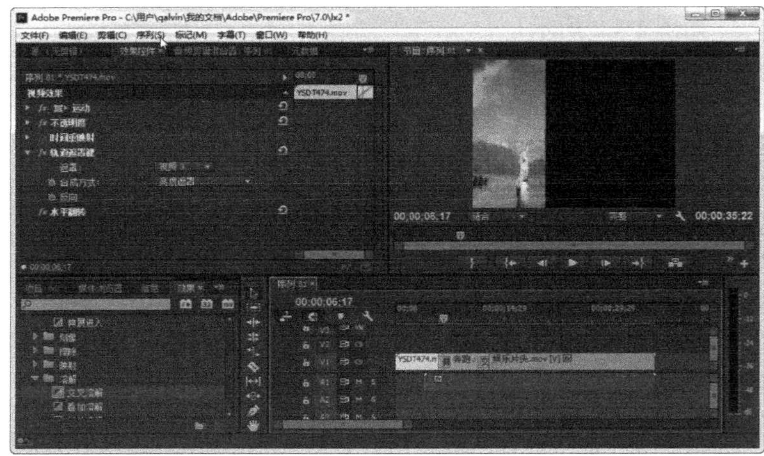

图 1.4.5 两段视频间的“伸展”转场特效

图 1.4.6 视频的缩放特效

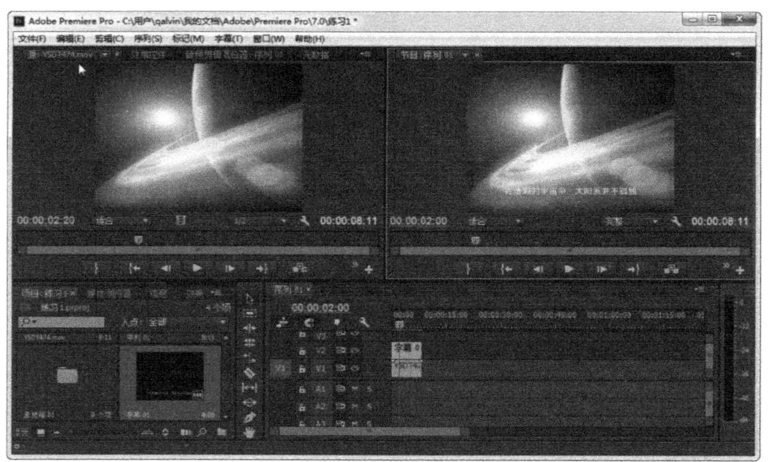

图 1.4.7 字幕被添加在合适的位置

第八步：添加音频。在拍摄视频时录制的声音往往有很大的噪声，这需要进行降噪处理，也可以给这些视频配上合适的音乐，甚至后期配音来解决同期录音的问题。Premiere 具有相应的音频特效功能。图 1.4.8 所示是声音被插入到音轨上。

图 1.4.8　声音被插入到音轨上

第九步：导出影片。这是制作影视作品的最后一步，设置相应的压缩格式，就可以导出相应格式的作品。可以是目前常见的各种视频文件，也可以是 DVD 等格式。输出有多种模式选择，如图 1.4.9 所示。

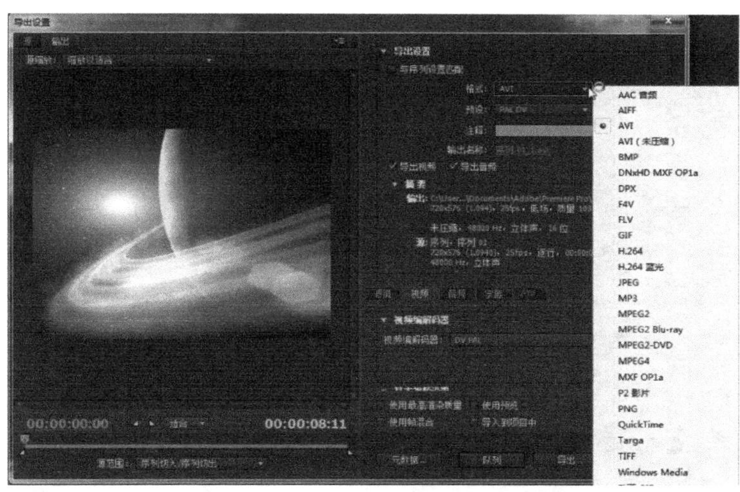

图 1.4.9　输出有多种模式选择

1.4.2　使用 Premiere 截取一段视频

下面的操作主要是将一段视频导入到 Premiere 中，然后截取一段视频并导出。通过截取这段视频的操作，来体会 Premiere 的操作流程。

（1）将影片导入到 Premiere 中。按照前面介绍的步骤，启动 Premiere，新建一个名为“练习 1”的项目，如图 1.4.10 所示。

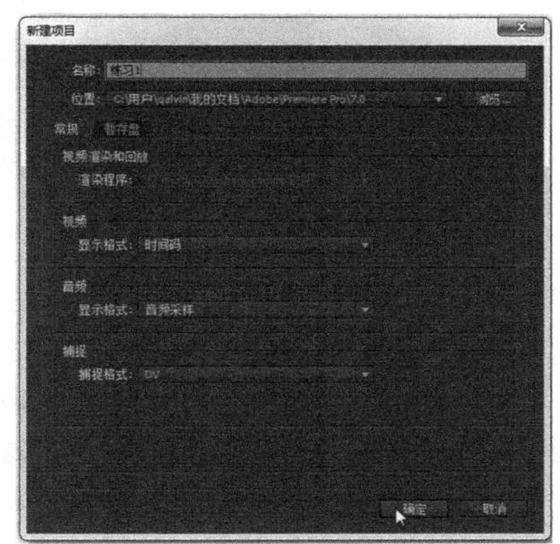

图 1.4.10　新建一个项目

（2）新建一个序列。单击“文件”菜单，在弹出的“文件”下拉菜单中选择“新建”命令，然后在“新建”级联菜单中单击“序列”命令，如图 1.4.11 所示。

在如图 1.4.12 所示的“新建序列”对话框中，有许多选项，只需要采用默认值，单击“确定”就可以了。

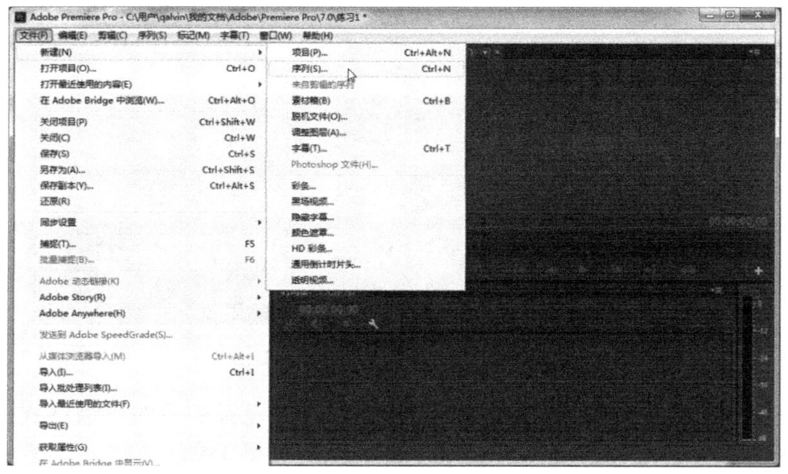

图 1.4.11 “文件”菜单

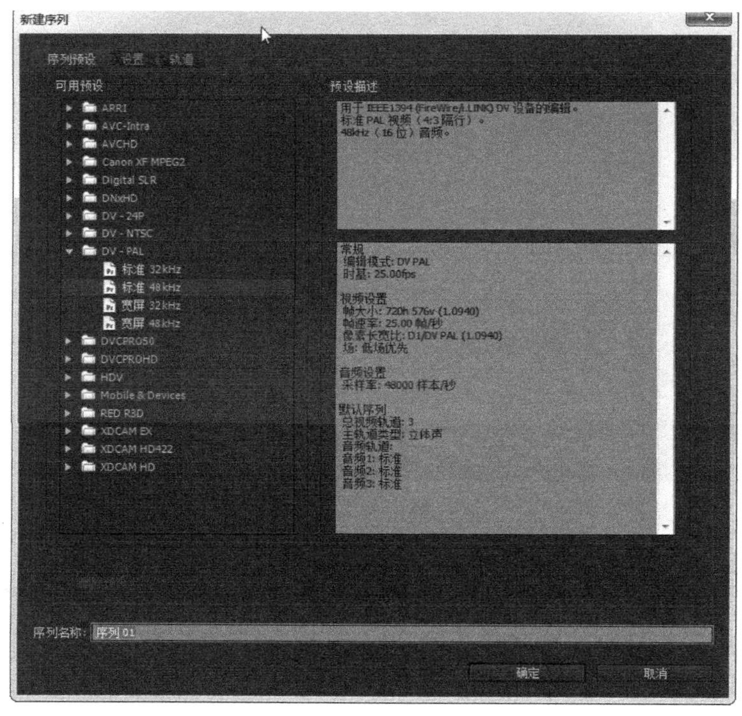

图 1.4.12 “新建序列”对话框

此时可以发现，项目面板中出现了名为“序列 01”的文件，时间轴面板不再是灰色，同时出现了视频轨道和音频轨道，如图 1.4.13 所示。

（3）导入一段影片。在“项目”面板的空白位置双击，或者选择“文件”菜单中的“导入”命令，都会弹出“导入”对话框。在该对话框中找到存放素材的位置，选择要导入的文件，单击“打开”按钮，开始导入，如图 1.4.14 所示。

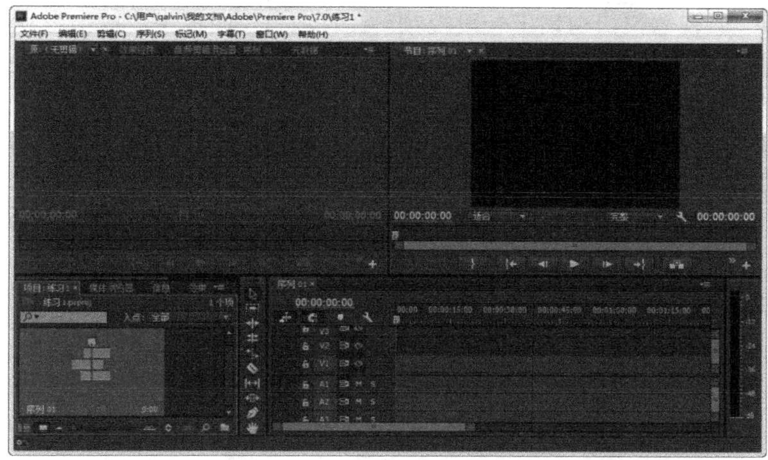

图 1.4.13　新建序列成功

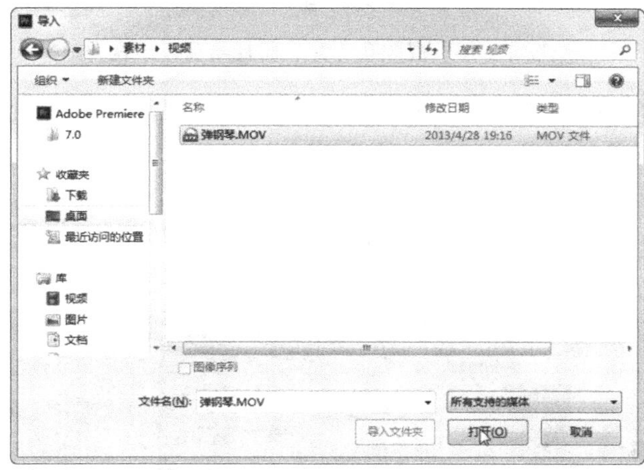

图 1.4.14　“导入”对话框

导入完成后，在“项目”面板中可以看到刚刚导入的影片，如图 1.4.15 所示。

图 1.4.15　影片被成功导入

（4）在“源”监视器窗口剪切下一段视频。在“项目”面板中，双击影片文件，该影片会出现在“源”监视器窗口中，单击“播放”按钮，可以预览整个视频的内容，如图 1.4.16 所示。

图 1.4.16　视频在“源”监视器窗口出现

由于这段视频的开始部分有一段内容是弹奏钢琴前的等待时间，而后面也有一段内容可以去掉，因此当前的操作是只保留中间的一段视频。

首先拖动“源”监视器窗口中黄色小标记到合适的开始位置，如图 1.4.17 中的“00:00:02:14”，也就是 2.14 秒的位置，单击“标记入点”按钮。这样就设置好了剪辑视频的开始位置。

图 1.4.17　设置剪辑视频的开始位置

然后拖动“源”监视器窗口中黄色小标记到合适的结束位置，如图 1.4.18 中的“00:01:27:17”，也就是 1 分 27 秒多一点的位置，单击“标记出点”按钮。这样就设置好了剪辑视频的结束位置。

（5）插入到“时间轴”面板中。在“源”监视器窗口中，单击“插入”按钮，截取的视频出现在“时间轴”面板上，如图 1.4.19 所示。

此时在“节目”监视器上单击“播放”按钮就可以预览截取下来的视频，如图 1.4.20 所示。在“节目”监视器上也可以进行简单的编辑，操作方法和“源”监视器类似。

图 1.4.18 设置剪辑视频的结束位置

图 1.4.19 视频出现在“时间轴”面板上

图 1.4.20 在“节目”监视器上预览视频

（6）导出视频。单击“文件”菜单，选择“导出”级联菜单中的“媒体”命令，如图 1.4.21 所示。

图 1.4.21　“导出”级联菜单

在“导出设置”对话框中，选择导出的格式为 Windows Media，输出的名称为默认的“序列 01.wmv”，单击“导出”按钮，如图 1.4.22 所示。

图 1.4.22　“导出设置”对话框

此时会弹出如图 1.4.23 所示的对话框，提示我们软件正进行音视频编码。

图 1.4.23　“编码”对话框

编码完成后，可以发现在默认的文件夹中已经生成了需要的视频文件，如图 1.4.24 所示。

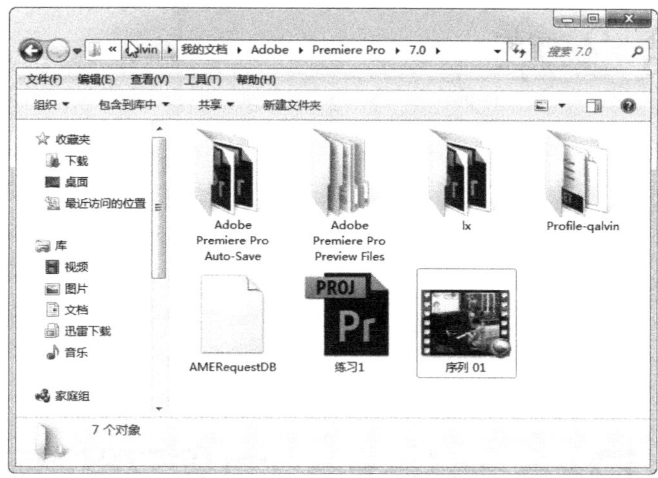

图 1.4.24　视频已经被成功导出

习题 1

1. 什么是动画？什么是视频？两者之间有什么区别？
2. 播放同一段高清视频，为什么标注为 1080p 的电视机比标注为 1080i 的电视机更清晰？
3. 简述模拟视频与数字视频的优缺点。
4. 我国电视机采用哪种制式？这种制式每秒播放多少帧画面？
5. MPEG-4 和 MP4 有何不同？
6. 写出 5 种以上常见的视频文件格式。
7. 什么是线性编辑？什么是非线性编辑？
8. 作为一款视频编辑软件，Premiere 具备哪三项基本功能？
9. 源监视器和节目监视器在功能上有哪些不同？
10. Premiere 的一般工作流程需要哪九步？

在 Premiere 中管理素材

2.1 采集素材

2.1.1 采集磁带式摄像机视频

早期的视频是保存在磁带上的，由于要和录制声音的录音带相区分，因此这种录制视频的磁带被称为录像带。录像带也有一个发展变化的过程，也就有了各种各样、适应不同设备的录像带存在，如电视台的录像带和家庭使用的录像带就截然不同。但无论怎样变化，录像带因为怕潮湿、容易磁化、速度慢等缺点，已经逐步淡出了家庭的视频选择。

目前家庭接触的录像带一般有两种：一种是被称为 VHS 的大录像带，如图 2.1.1 所示；另一种是存放数字视频的 DV 录像带，它的体积要小很多，如图 2.1.2 所示。

图 2.1.1　VHS 录像带

图 2.1.2　DV 录像带

无论是大的 VHS 录像带，还是小的 DV 录像带，都需要一个采集的过程，才能够导入到计算机中进行编辑。Premiere 软件自带了视频采集功能，和一般的视频编辑软件相比，该功能是非常全面的。

早期要完成视频采集，主要用视频采集卡，现在随着计算机性能的提升，特别是 IEEE1394

等接口的流行，不需要视频采集卡就可以完成视频采集的功能。

按照录像机的说明书，将录像机和计算机连接好，打开 Premiere 软件，新建一个项目，新建一个序列，然后单击“文件”菜单，选择“捕捉”命令，弹出如图 2.1.3 所示的对话框，然后在对话框中设置开始点和结束点，可以完成捕捉的过程。

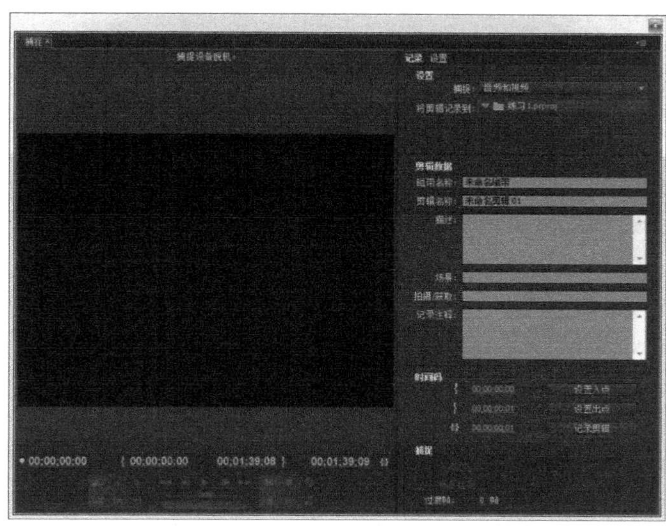

图 2.1.3　“捕捉”对话框

2.1.2　将硬盘式、闪存式摄像机视频复制到计算机中

由于磁带式摄像机存在保存困难、导入计算机过程烦琐等缺点，人们就开始发明一种不用采集，直接生成数码视频文件的摄像机。

最初发明的是 DVD 刻录摄像机，这种摄像机在使用前，需要放入一张空白的 DVD 光盘，然后拍摄的视频会记录在 DVD 上，拍摄完毕后，DVD 光盘可以直接在 DVD 播放机和计算机上播放。但这种摄像机损耗比较大，体积也无法变得太小，光盘的重复使用率低，所以并没有占据主流市场。

微硬盘摄像机的出现一下子吸引了人们的眼球，这种由 IBM 公司最先发明的技术在摄像机上的应用取得了巨大的成功。微硬盘体积比 DV 录像带还小，一般只有 4cm 长、3cm 宽，甚至可以做得和一枚硬币一样大，容量却可以达到几个 GB，甚至几十 GB。微硬盘如图 2.1.4 所示。

图 2.1.4　微硬盘

硬盘摄像机会把拍摄的视频以文件的形式保存起来，只需像使用移动硬盘一样将摄像机与计算机相连，然后找到摄像机存储器，将文件复制到计算机上就可以了。需要注意的是，各个生产厂家使用的标准不一样，有的摄像机需要用专门的软件将视频转换成 MPEG 或者 MP4 格式才能被 Premiere 识别。

微硬盘虽然具有容量大、可靠性高等优点，但同样具有怕强磁、怕震动、怕静电等问题，因此目前家庭一般采用闪存式摄像机。

闪存式摄像机采用的存储介质是闪存卡，如 SD 卡、Micro SD 卡等。由于闪存卡具有体积小，轻便，不怕静电、磁场等优点，因此非常适合非专业人士使用。特别是随着技术的提高，闪存卡的读写速度和容量都在大幅提升，使得硬盘式摄像机的优势逐渐丧失。

闪存式摄像机如图 2.1.5 所示。

图 2.1.5　闪存式摄像机

和硬盘摄像机一样，闪存式摄像机也是把拍摄的视频以文件的形式保存起来，甚至不必将摄像机与计算机相连，人们只需将闪存卡插入到计算机的读卡器中，就可以非常方便地将视频复制到计算机上。

在摄像机的拍摄过程中，每按一次录制键到停止，摄像机就自动保存为一个文件，因此一个项目可能是由多个影片文件组成的。将这些文件进行剪辑、编辑，就是 Premiere 的工作了。

2.1.3　将手机视频复制到计算机中

图 2.1.6　“自动播放”窗口

智能手机的发展使得视频拍摄不仅仅是摄像机的功能，无论是 iPhone 还是安装了安卓等系统的智能手机，只要有一个高像素的摄像头，都可以拍出精彩的视频。Premiere 也可以对这些视频进行编辑。

将 iPhone 手机拍摄的视频导入计算机的方法非常简单，使用数据线将 iPhone 与计算机相连，会弹出如图 2.1.6 所示的“自动播放”窗口。

在“自动播放”窗口中单击“打开设备以查看文件”图标，iPhone 的存储器会以“Internal Storage”的形式出现，如图 2.1.7 所示。双击“Internal Storage”图标，将其打开，可以发现拍摄的照片和视频都存放在文件夹中，找到需要编辑的视频文件复制到计算机上就可以了。

将安卓手机拍摄的视频导入计算机的方法与之类似。以三星手机为例，使用数据线把三星手机和计算机相连，会弹出如图 2.1.8 所示的“自动播放”窗口。

因为三星手机支持闪存卡，所以单击“打开设备以查看文件”图标后，会弹出如图 2.1.9 所示的窗口，在该窗口中有两个存储器图标，选择设置存放视频的存储器，双击打开，找到需要编辑的视频文件，复制到计算机上就可以了。

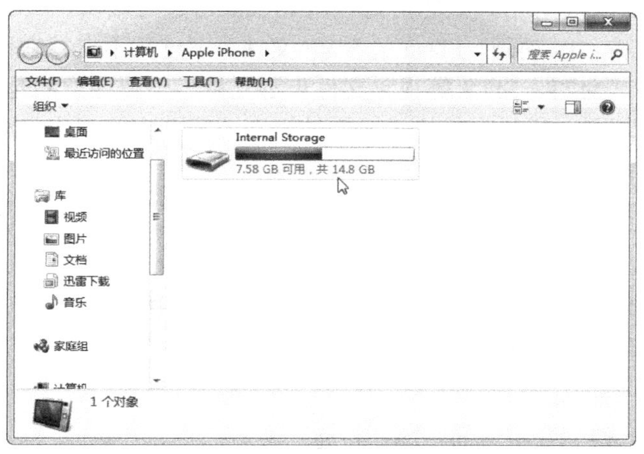

图 2.1.7　“Internal Storage”存储器

图 2.1.8　“自动播放”窗口

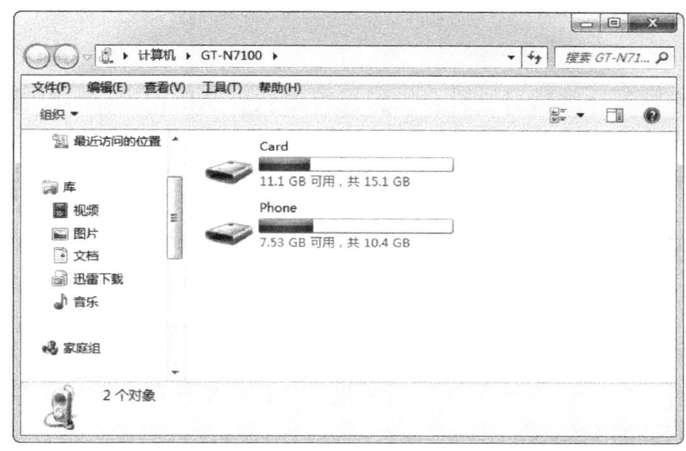

图 2.1.9　窗口中有两个存储器图标

2.2　导入素材

2.2.1　Premiere 支持的格式

视频采集或者复制到计算机上以后，还有一个重要工作要做，就是明确素材的格式。无论是音频、视频还是图像都有很多的格式，这些格式有的是 Premiere 支持的，有的是 Premiere 不支持的。对于 Premiere 不支持的格式，需要在导入前先进行格式转换，然后再导入到 Premiere 中进行编辑。

那么 Premiere 支持哪些文件格式呢？

1．视频格式

Premiere 支持的视频文件格式非常多，如应用最广泛的 AVI 文件、MPEG 文件，微软公司推出的 WMV 文件，苹果公司推出的 MOV 文件，还有目前备受推崇的 MP4 文件。遗憾的是，Premiere 不支持 RMVB 文件，不过这种格式的文件在逐渐减少，所以影响并不大，而且也可以使用格式转换软件将 RMVB 文件转换成 AVI 等格式，然后再使用 Premiere 进行编辑。

除了常用的视频格式，Premiere 还支持 GIF 动画、Flash 的 SWF 文件，不过并不支持它们的声音。此外，原始的 DV 流文件，MIV、M2T、MTS 等视频文件也都支持。值得注意的是，相同格式的视频文件可能采用的是不同编码器，所以有的格式要想被识别还需要安装相应的解码软件。

2. 音频格式

Premiere 支持的音频文件格式也很多，如 Windows“录音机”都支持的 WAV 文件，MP3、WMA 文件。视频影片 AVI、MPEG、MOV 等的声音部分也可以导入 Premiere 中进行编辑。

Premiere 也支持 AAC、AC3（5.2 环绕声）、BWF 等音频文件。

3. 图像格式

Premiere 支持的图像文件格式包括常见的 BMP 文件、GIF 文件（静态）、JPEG 文件、PNG 文件、TIF 文件等，同时也支持导入图标文件 ICO、Photoshop 生成的 PSD 文件及 Premiere 自身生成的 PTL、PSQ 等文件格式。

4. 其他文件格式

Premiere 还支持导入一些项目文件，如影视特效软件 After Effects 生成的 AEP 文件、批处理列表 CSV 文件、PBL 文件等，甚至还包括字幕文件。

通过安装解码器，可以拓展 Premiere 导入文件的范围，使 Premiere 的功能更加强大。

2.2.2 导入视频素材

1. 筛选视频

在导入视频之前，要对视频进行筛选，保证各个视频素材的清晰度都大体相当，否则剪辑在一起并不美观。例如，FLV 格式的视频清晰度和 MP4 文件存在比较大的差距，将它们混合剪辑在一起效果就不是那么美观。

影片或者视频有多种格式和制式，各种格式和制式的尺寸比例和播放帧频是不一样的，如有的视频是普通的 4：3 比例，有的是宽银幕的 16：9 比例，有的视频每秒播放 25 帧画面，有的视频每秒播放 30 帧画面，这就需要一个统一的问题。在导入之前，将这些视频分类，或者使用软件将它们统一起来，就可以避免编辑时发生问题。

2. 导入视频素材

启动 Premiere 软件，在建立或打开项目文件及序列之后，就可以将素材导入到 Premiere 项目中等待编辑。

导入视频有两种方法：一种是使用菜单方法；另一种是使用快捷方法。

菜单方法：单击“文件”菜单，选择“导入”命令，如图 2.2.1 所示。这时，弹出“导入”对话框，如图 2.2.2 所示。

快捷方法：在项目面板的空白位置双击，如图 2.2.3 所示，也可以打开如图 2.2.2 所示的对话框。

在“导入”对话框中找到存放视频素材的文件夹，将其打开，如图 2.2.4 所示。

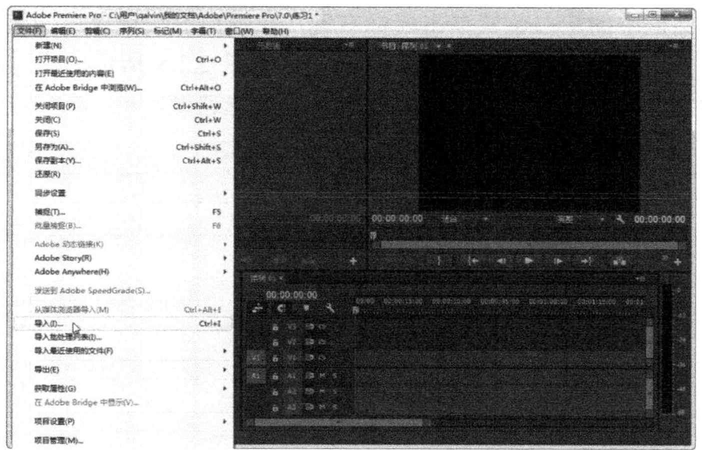

图 2.2.1 “文件”菜单

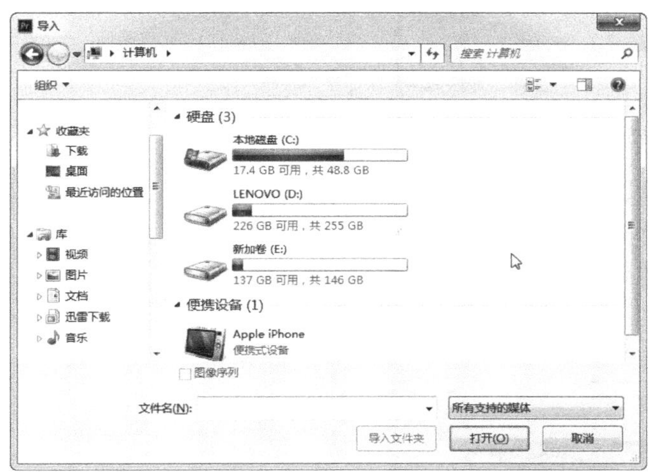

图 2.2.2 “导入”对话框

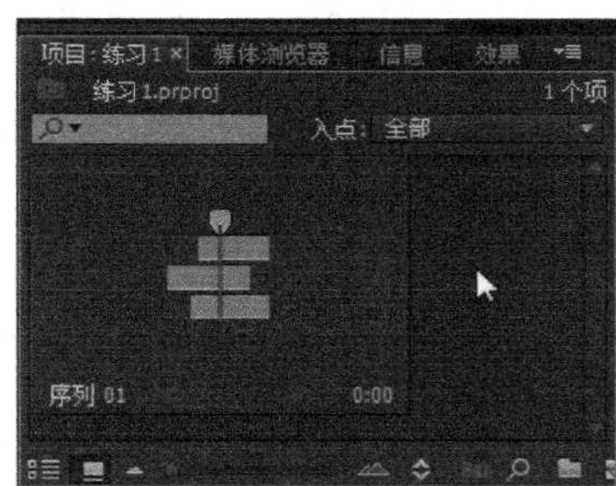

图 2.2.3 项目面板

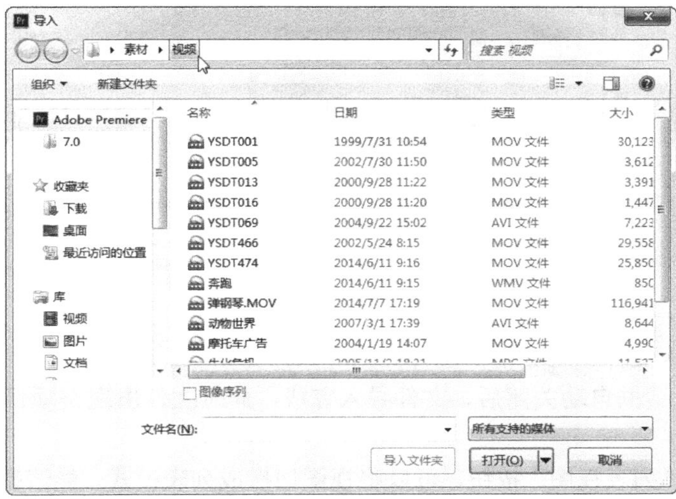

图 2.2.4 找到视频素材

在“导入”对话框中的空白位置单击鼠标右键，在弹出的快捷菜单中选择“查看”菜单中的“超大图标”命令，就可以预览视频文件的截图，如图 2.2.5 所示。通过视频文件的截图可以清晰地了解视频文件的大致内容，加快导入文件的筛选速度。

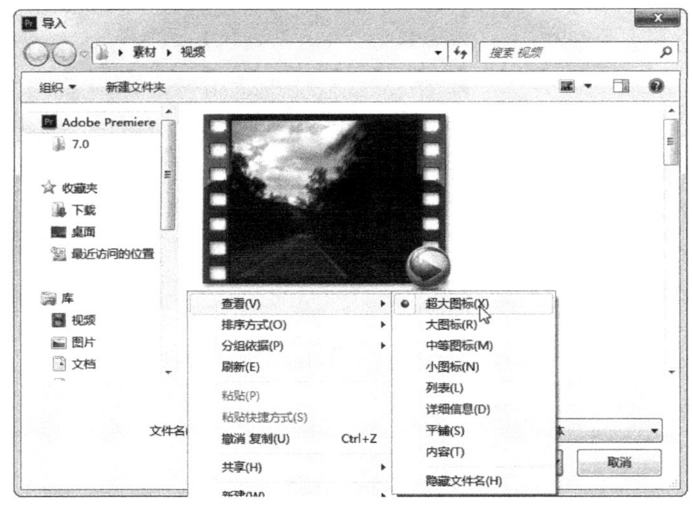

图 2.2.5　更改“查看”方式

可以一次选择一个文件导入，也可以一次导入多个文件。如果要导入的文件是相邻的，可以在选择一个文件后，按住 Shift 键，单击最后一个文件，将它们一次都选中；如果要导入的文件不是相邻的，可以按住 Ctrl 键，用鼠标依次单击进行选择。选择完毕，单击“打开”按钮，如图 2.2.6 所示。

图 2.2.6　选择多个视频文件

此时弹出“导入文件”对话框，文件开始导入，如图 2.2.7 所示。

“导入文件”对话框自动关闭后，文件导入完成，此时文件出现在项目面板中，如图 2.2.8 所示。

单击左下角的“列表视图”按钮，可以将视图切换成列表模式，能清楚地看到有多少个视频文件被导入到当前项目中，如图 2.2.9 所示。

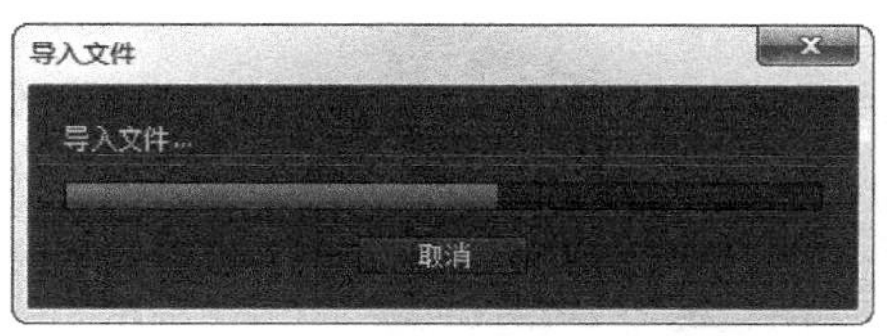

图 2.2.7　“导入文件”对话框

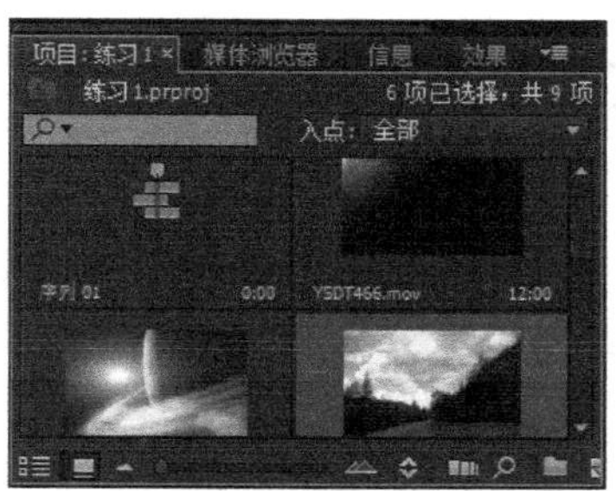

图 2.2.8　项目面板

图 2.2.9　导入的文件呈现列表模式

导入音频素材的方法和导入视频素材的方法类似，不再一一介绍。

2.2.3　导入图像素材

导入 Premiere 的图像素材有一个问题，那就是播放时间问题。任何一段视频或者音频都有播放时间，而静态图像没有。Premiere 提供了一个称为“静止图像默认持续时间”的功能，可以为每一张静态图片设置一个默认的播放时间。这个功能在导入大量图片时非常有用，因为它减少了一张一张设置图片显示时间的麻烦。

由于图像文件导入后，再更改“静止图像默认持续时间”就无效了，因此，在导入图像文件前就需要先设置好“静止图像默认持续时间”。

在 Premiere 中单击“编辑”菜单，在弹出的下拉菜单中选择“首选项”下拉列表菜单中的“常规”命令，如图 2.2.10 所示。

在弹出的“首选项”对话框中，更改“静止图像默认持续时间”的值为 125，由于每秒钟大约需要 25 帧图像，因此持续时间为 125 意味着每一张图像默认显示 5 秒，如图 2.2.11 所示。

按照导入视频的方法可以将图像文件导入到当前项目中，此时可以发现，这些图像文件的标签颜色和视频文件的标签颜色是不同的，这样可以将文件的类型清楚地标示出来，如图 2.2.12 所示。

此时，将图像文件拖到时间轴面板上，可以发现，图像播放的时间是 5 秒，如图 2.2.13 所示。用户可以通过拖动等方法，改变图像的播放时间，但一次只能更改一幅图像的播放时间。

而在导入图像文件前就设置默认的播放时间，即成批设置了图像一样的“播放时间”特性，避免了一张张地进行修改。

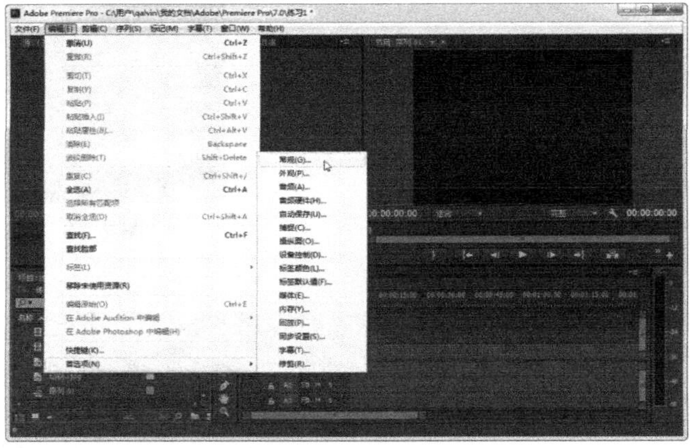

图 2.2.10 “编辑”菜单

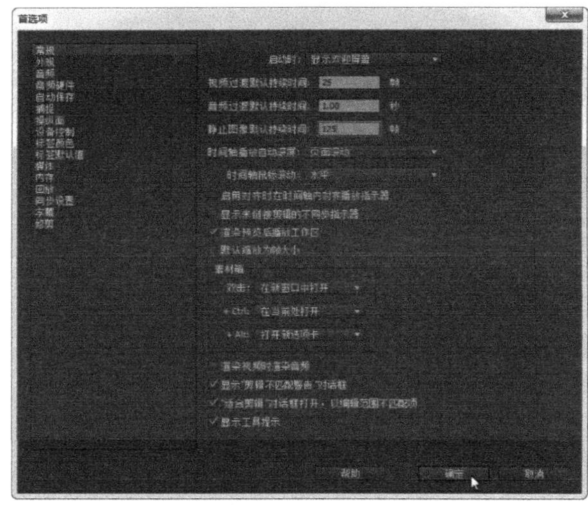

图 2.2.11 “首选项”对话框

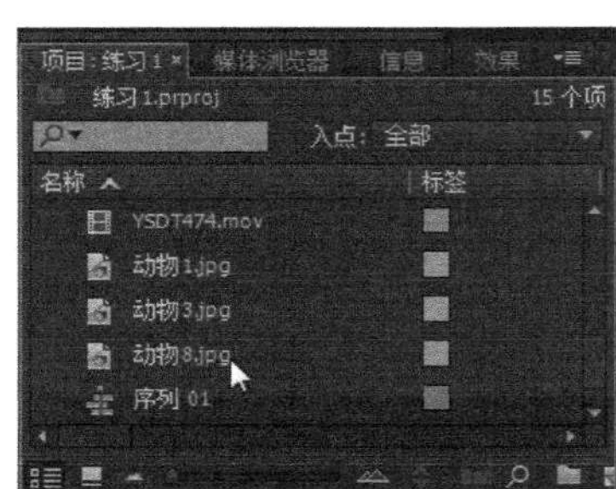

图 2.2.12 图像文件被导入

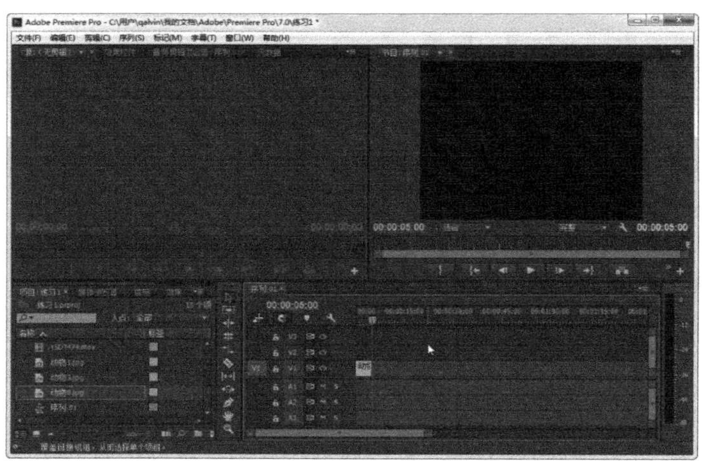

图 2.2.13 图像被拖到时间轴面板上

2.2.4 导入图层文件

Premiere 虽然功能强大，但无法做到面面俱到，这就需要把一些用其他软件制作的文件导入到项目中。例如，Photoshop 制作的 PSD 文件在制作视频字幕方面就很有优势，但 PSD 文件是分层的，如何导入图层文件呢？

像导入其他文件一样，在“导入”对话框中选择 PSD 文件。本例是选择一个名为“片头.psd”的 Photoshop 文件，这时，Premiere 会自动检测该文件是否分层，有多少层，以及每一层的名称，并弹出“导入分层文件”对话框，如图 2.2.14 所示。如果仅仅是将整个 PSD 文件看做一个图像，那么直接单击“确定”按钮就可以，此时，Premiere 执行“合并所有图层”的操作。如果仅仅是导入其中的一个层就要单击“导入为”右边的下拉列表框，在弹出的下拉菜单中选择“各个图层”选项即可。

选择“各个图层”选项后，“导入各个分层文件”对话框会显示该 PSD 文件所有的层，选择要导入的层，这里选择“文字 1”，单击“确定”按钮，如图 2.2.15 所示。

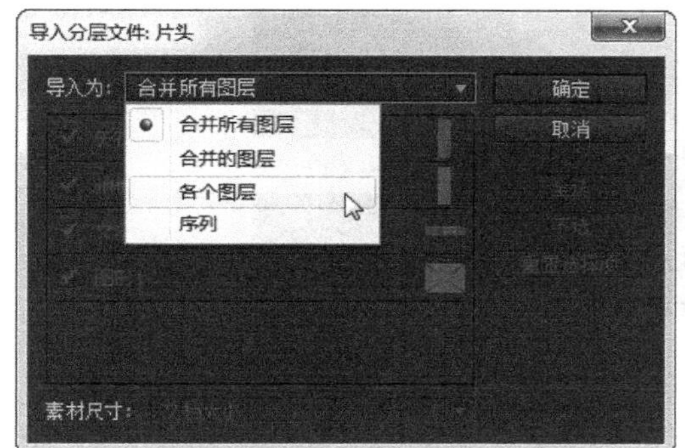

图 2.2.14 “导入分层文件”对话框

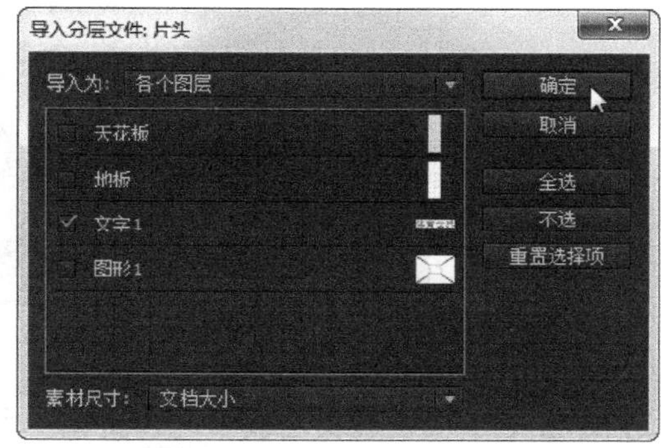

图 2.2.15 选择要导入的层

此时，选中的图层会导入到打开的项目中，项目面板中也会出现相应的文件，如图 2.2.16 所示。

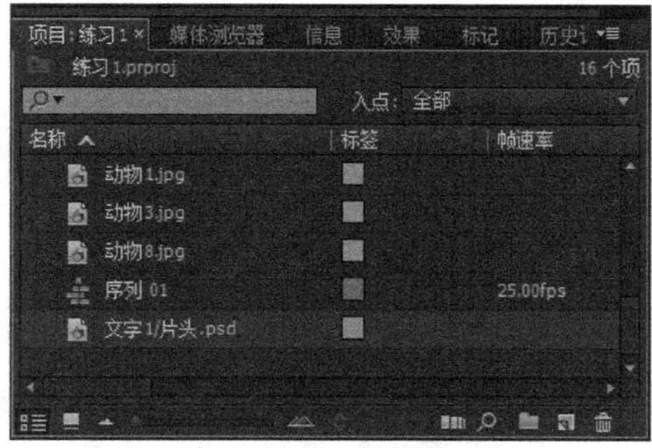

图 2.2.16 项目面板

2.3 新建素材与素材箱

2.3.1 建立素材文件

Premiere 不仅可以将各种素材导入到项目中进行编辑，而且还可以制作素材并应用到编辑的过程中。

1. 新建“彩条”

在电视台开始播放节目之前，或者在检测设备时，会出现一个如图 2.3.1 所示的彩条图案，通过这个彩条图案可以对电视机的颜色进行校准。随着电视节目的 24 小时播出，特别是数字电视的普及，在电视机上看到这种彩条的概率在减少，而剪辑视频时，在片头加上一个彩条反而会增加一种特殊的感觉。

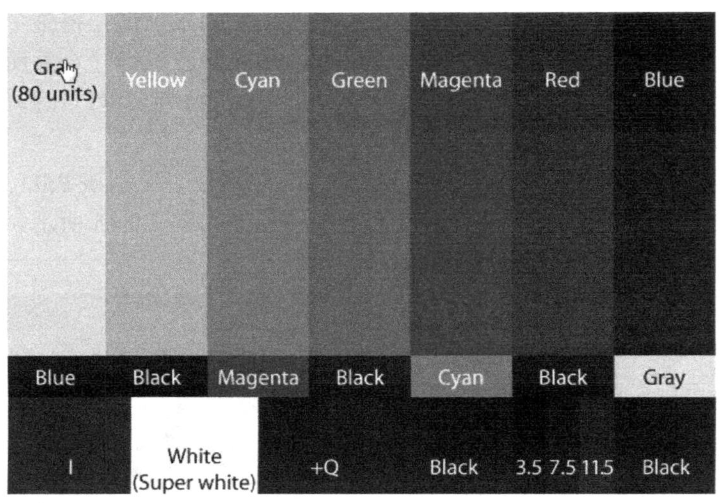

图 2.3.1　彩条图案

Premiere 支持在素材面板中迅速新建一个这样的彩条。在新建彩条素材前需要先对“静止图像默认持续时间”进行设置，设置的值决定了彩条的播放时间。由于在导入图像素材时，已经设置过“静止图像默认持续时间”的值，此处采用相同的值，不再重新设置。

在项目面板的空白位置单击鼠标右键，在弹出的快捷菜单中选择“新建项目”级联菜单中的“彩条”命令，如图 2.3.2 所示。

图 2.3.2　新建一个彩条

在弹出的“新建彩条”对话框中，可以对彩条的像素宽度、高度，以及时基（每秒播放的帧数）进行设定，这里保持不变，单击“确定”按钮，如图 2.3.3 所示。

项目面板上会出现一个名为“彩条”的素材，如图 2.3.4 所示。

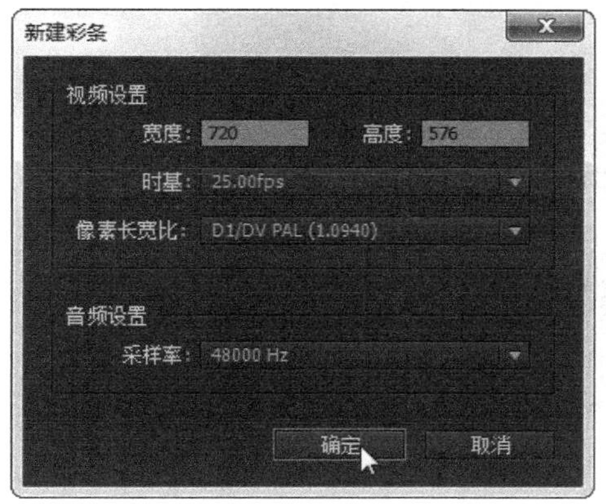

图 2.3.3 “新建彩条”对话框

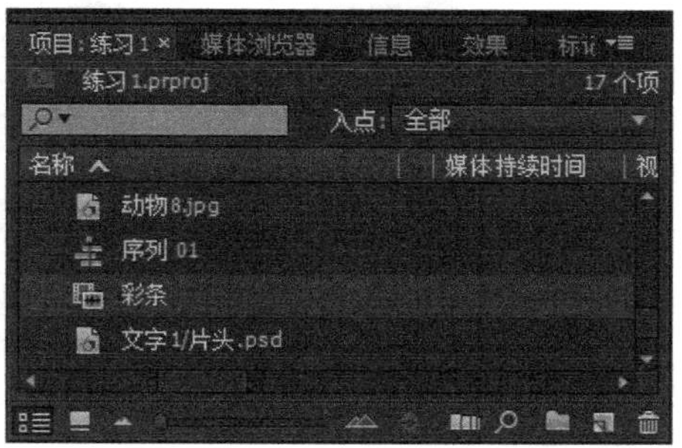

图 2.3.4 项目面板

拖动“彩条”文件到“源”监视器上，得到如图 2.3.5 所示的结果，在“源”监视器的右下角显示有“00:00:05:00”的字样，说明这个彩条将播放 5 秒钟，这是因为在导入图像文件时，将“静止图像默认持续时间”的值改为“125”的结果。

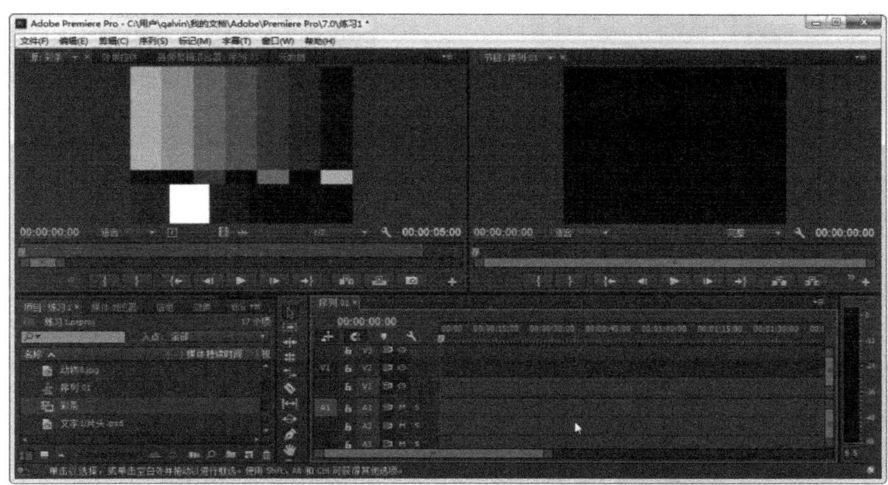

图 2.3.5 “彩条”视频可以播放 5 秒钟

在编辑视频时，将彩条拖入时间轴面板，就可以观看 5 秒钟彩条视频了。

2. 新建“黑场视频”

另外一种常用的 Premiere 自制素材是黑场视频，它一般用在两个视频的衔接处，使得两个视频的连接不会太突兀。

新建“黑场视频”也需要先对“静止图像默认持续时间”进行设置，设置的值决定了黑场视频的播放时间。

在项目面板的空白位置单击鼠标右键，在弹出的快捷菜单中选择“新建项目”级联菜单中的“黑场视频”命令，如图 2.3.6 所示。

在弹出的“新建黑场视频”对话框中，可以对视频的像素宽度、高度等进行设定，这里保持不变，单击“确定”按钮，如图 2.3.7 所示。

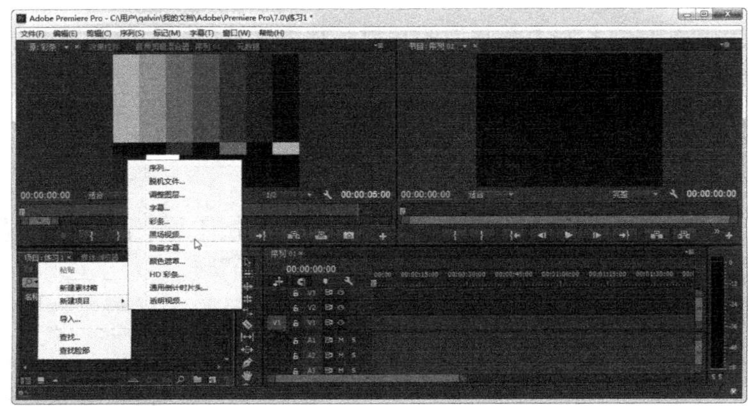

图 2.3.6　新建一个“黑场视频”

项目面板上会出现一个名为“黑场视频”的素材，如图 2.3.8 所示。

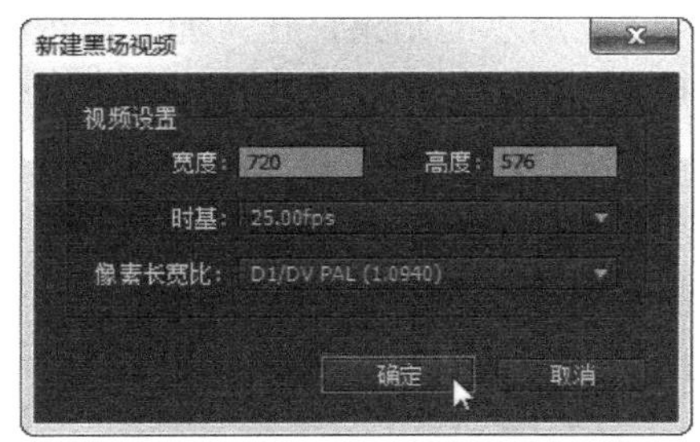

图 2.3.7　“新建黑场视频”对话框

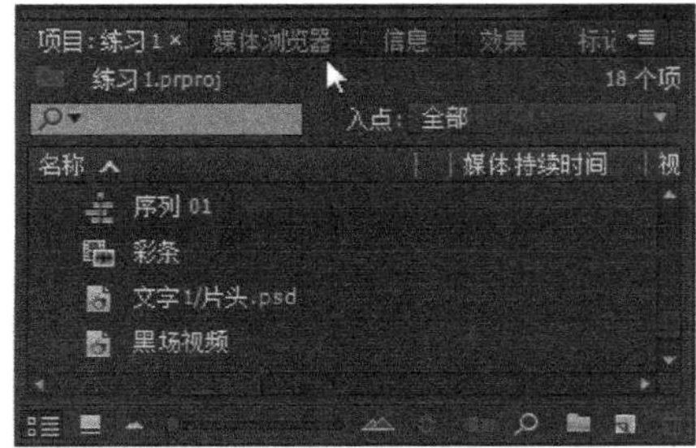

图 2.3.8　项目面板

拖动“黑场视频”文件到“源”监视器上，得到如图 2.3.9 所示的结果。粗看起来“源”监视器没有变化，这是因为黑场视频和没有视频的显示外观都是黑色的，但仔细观察，可以发现在“源”监视器的右下角显示有“00:00:05:00”的字样，说明“黑场视频”将播放 5 秒钟。之所以播放 5 秒钟，也因为“静止图像默认持续时间”的值被设定为“125”的结果。

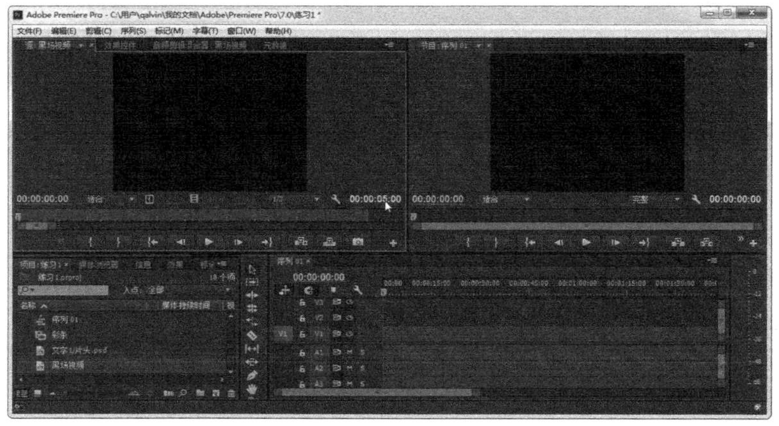

图 2.3.9　黑场视频出现在“源”监视器上

3. 新建“倒计时片头”

在一些视频中会出现一个倒计时的动画，随着数字的减少，还发出嘀嘀的声音，提醒观看者正式的影片马上就要开始了。这种倒计时片头也可以通过 Premiere 进行制作。

在项目面板的空白位置单击鼠标右键，在弹出的快捷菜单中选择“新建项目”级联菜单中的“通用倒计时片头”命令，如图 2.3.10 所示。

图 2.3.10　新建一个“通用倒计时片头”

在弹出的“新建通用倒计时片头”对话框中，可以对视频的像素宽度、高度等进行设定，这里保持不变，单击“确定”按钮，如图 2.3.11 所示。

这时会弹出“通用倒计时设置”对话框，在该对话框中，可以对视频动画的颜色、是否发出声音等进行简单的设置。设置完毕后单击“确定”按钮，如图 2.3.12 所示。

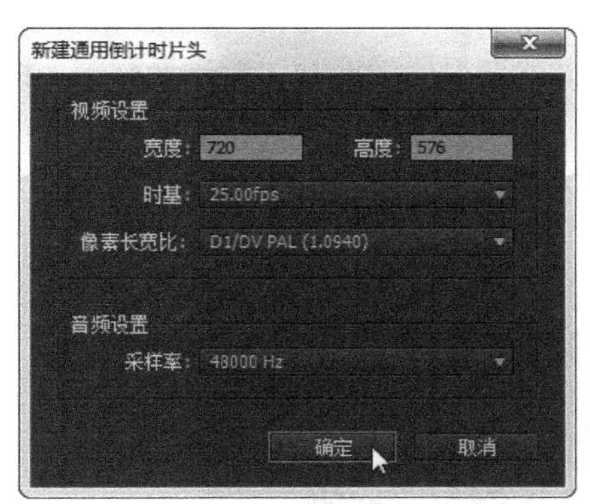

图 2.3.11　“新建通用倒计时片头”对话框

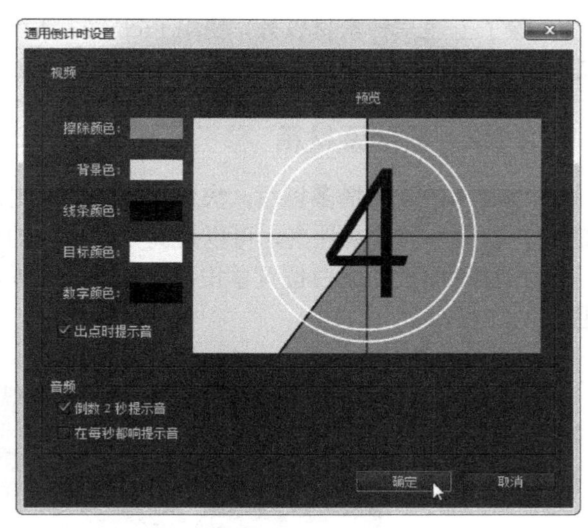

图 2.3.12　“通用倒计时设置”对话框

此时，项目面板上会出现一个名为“通用倒计时片头”的素材，如图 2.3.13 所示。

拖动“通用倒计时片头”文件到“源”监视器上，得到如图 2.3.14 所示的结果。仔细观察，可以发现在“源”监视器的右下角显示有“00:00:11:00”的字样，说明“通用倒计时片头”将播放 11 秒钟。单击“播放”按钮，可以观看倒计时的过程。

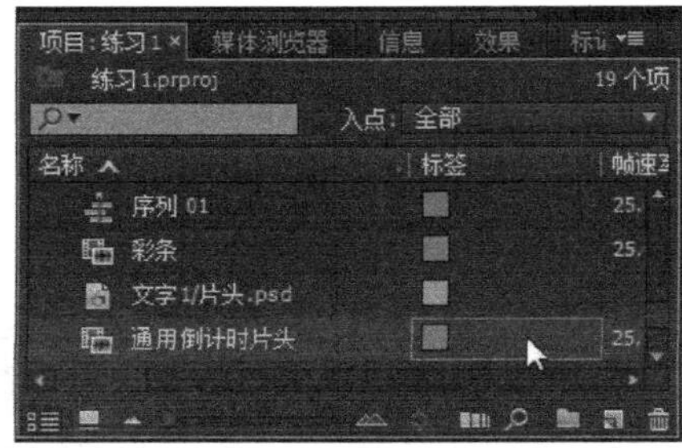

图 2.3.13　项目面板

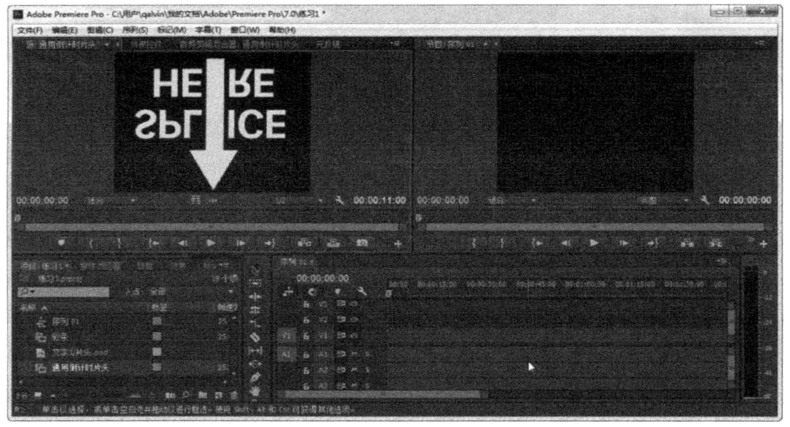

图 2.3.14　倒计时片头出现在“源”监视器上

除了上述三种素材以外，使用 Premiere 还可以自制颜色遮罩等素材。无论是自制素材，还是导入素材，都被保存在项目面板中，等待着被编辑到一个大的影片中。

2.3.2　新建素材箱

当导入的素材增多以后，快速寻找到要编辑的素材就变得比较麻烦，新建素材箱，将相关的素材放入不同的文件夹，可以提高寻找素材的效率。

在项目面板的空白位置单击鼠标右键，在弹出的快捷菜单中选择“新建素材箱”命令，如图 2.3.15 所示。

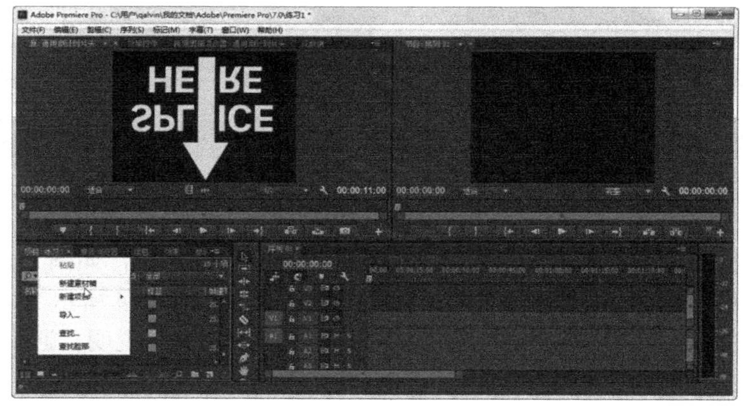

图 2.3.15　新建素材箱

如图 2.3.16 所示，在项目面板中会出现一个名为“素材箱 01”的文件夹，“素材箱 01”几个字同时处于被选中的编辑状态，此时可以按 Delete 键将这几个字删除，也可以直接输入新的名字为素材箱命名。

输入“自制素材”4 个字作为素材箱的名字，然后按 Enter 键，“自制素材”素材箱被建立，如图 2.3.17 所示。

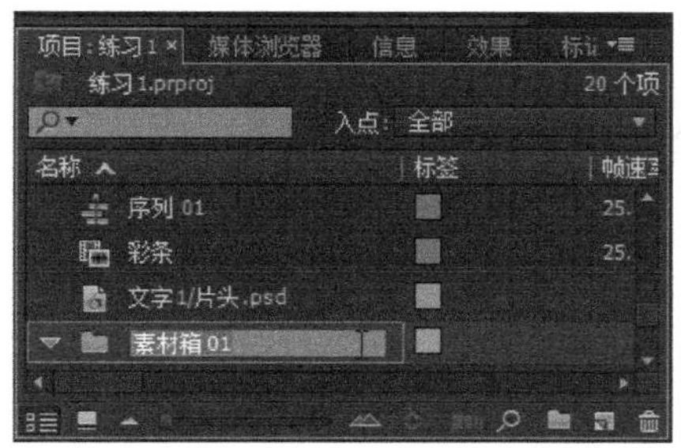

图 2.3.16 素材箱被建立

图 2.3.17 “自制素材”素材箱被建立

下面的操作是把自制的素材移动到“自制素材”素材箱中。首先，选中素材“彩条”，然后拖动“彩条”到“自制素材”素材箱上，此时，鼠标指针变成小手形状，如图 2.3.18 所示。

松开鼠标，可以发现，“彩条”已经被移动到“自制素材”素材箱中。如图 2.3.19 所示，“彩条”两个字的位置明显向右边移动了一段距离，这表明它属于“自制素材”素材箱。

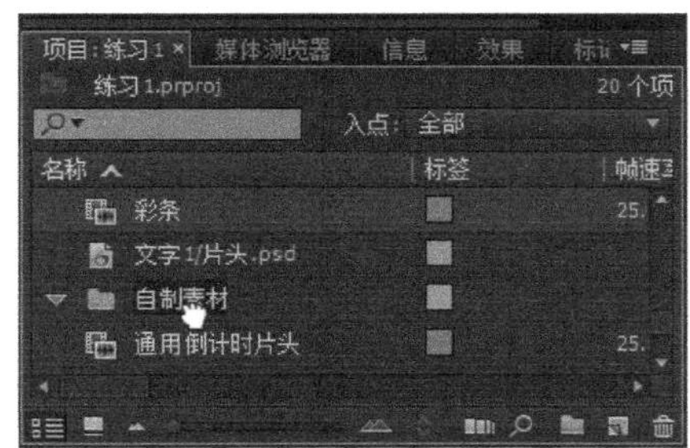

图 2.3.18 拖动“彩条”到素材箱

图 2.3.19 “彩条”被移动到“自制素材”素材箱中

用同样的方法，可以将“通用倒计时片头”和“黑场视频”移动到“自制素材”素材箱中，如图 2.3.20 所示。

单击“自制素材”左边的小三角形，可以将“自制素材”素材箱收起，箱中的文件就隐藏了。此时，小三角的形状也发生了变化，如图 2.3.21 所示。

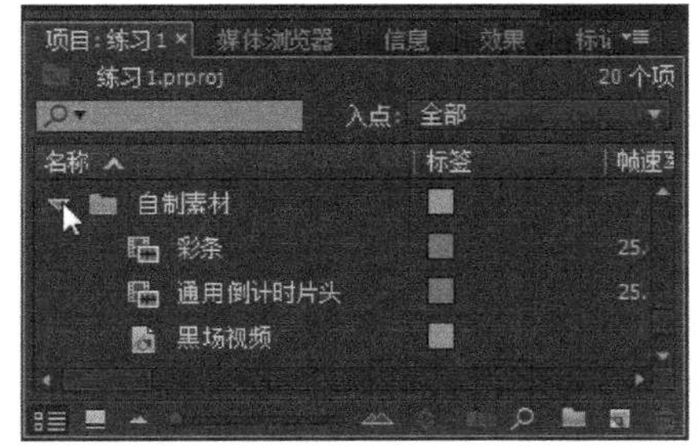

图 2.3.20 3 个素材都移动到素材箱中

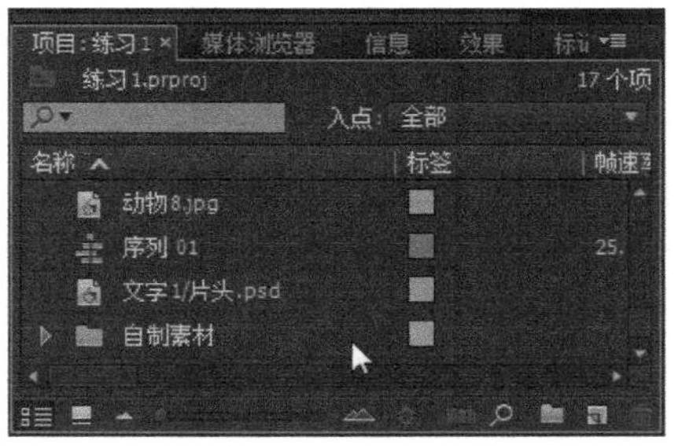

图 2.3.21 素材箱被收起

在视频素材被导入 Premiere 程序中后，系统会自动识别它们，并将其默认设置为正确的尺寸比例。只有为素材设置了正确的尺寸比例和帧频，才能保证最后输出的视频画面不产生变形并保持准确的播放速度。

习题 2

1. 磁带能否存放数字视频？
2. 闪存式摄像机和硬盘式摄像机相比有哪些优点？
3. Premiere 支持的视频格式有哪些？
4. Premiere 支持的音频格式有哪些？
5. Premiere 支持的图像格式有哪些？
6. 导入视频前，为什么要对视频进行筛选？
7. 设置“静止图像默认持续时间”有什么作用？
8. 操作练习：制作一段视频，首先是彩条，然后是黑场，最后是倒计时片头，三段视频要连接在同一个轨道上。

在 Premiere 中剪辑视频

3.1 在源监视器中剪辑素材

3.1.1 源监视器界面简介

源监视器的主要作用是回放要加入到时间轴序列中的影片剪辑。在源监视器中可以为影片剪辑设置入点和出点，以插入或覆盖的方式将影片剪辑添加到时间轴的序列中。

影片的编辑过程，主要是在时间轴面板中完成的。但当素材过多时，如果都在时间轴面板上操作，在多个素材的不同的时间段进行检索，就显得非常麻烦。一个好的方法是，导入素材后，先在源监视器中进行简单的剪辑，然后再拖到时间轴上进行编辑，从而提高视频编辑的效率。

在 Premiere 中新建一个项目，导入视频，并将视频拖放到源监视器上，源监视器如图 3.1.1 所示。

图 3.1.1　源监视器

（1）播放指示器：是整个源监视器最醒目的一个标识，它表明了当前影片播放的位置。这个三角形的标识可以随意拖动，随着拖动它，源监视器窗口的内容也会发生相应的变化。

（2）时间码：用数字化的方式表明播放指示器的位置，也就是显示当前画面距离影片开头的时间值。按住鼠标左右拖动，可以改变显示的数值，播放指示器的位置也随之改变。

（3）缩放选项：用于更改源监视器中画面的大小，单击三角形按钮，在出现的下拉菜单中有多种方案可供选择，一般选择“适合”效果最佳。

（4）缩放滚动条：通过左右拖动滚动条两端的控制柄，可以更改滚动条的宽度及时间标尺的比例。当滚动条扩展至其最大宽度时，将显示整个时间标尺的持续时间；当滚动条收缩时，可以显示更加详细的标尺视图。

（5）仅拖动视频、仅拖动音频：只把影片的视频或音频拖入到时间轴中进行编辑，可以实现配音、背景音乐等一些特殊的效果。

（6）回放分辨率：用于更改回放影片的分辨率。

（7）设置按钮和按钮编辑器：用于对源监视器的界面进行设置。

除了上述标识以外，源监视器的最下面一行按钮是在剪辑视频时必须用到的，它们的名称如图 3.1.2 所示。

图 3.1.2　源监视器中各按钮的名称

（1）添加标记：用于在影片上添加标记。当影片比较长的时候，往往需要做多个标记，来帮助操作者迅速找到位置。

（2）标记入点：标记剪辑部分的开始端。

（3）标记出点：标记剪辑部分的结束端。

（4）转到入点：当播放指示器在其他位置时，迅速回到标记入点。

（5）逐帧后退：使播放指示器一帧画面、一帧画面地向后退，用于精确定位。

（6）逐帧前进：使播放指示器一帧画面、一帧画面地向前进，用于精确定位。

（7）转到出点：当播放指示器在其他位置时，迅速回到标记出点。

（8）插入：将标记入点和标记出点之间的影片片段，迅速插入到时间轴面板序列的选定位置上。

（9）覆盖：将标记入点和标记出点之间的影片片段，迅速添加到时间轴面板序列的选定位置上，并覆盖选中的片段。

（10）导出帧：导出帧画面。

上述按钮比较多，有一些外观相似，容易混淆。灵活使用这些按钮，就能够极大地提高效率。下面的操作实例有助于理解这些按钮的具体含义。

3.1.2 在源监视器中剪辑一段视频

下面的实例是从一段小孩弹钢琴的视频中截取的。这个操作尽可能多地使用各个按钮，这样是为了体会各个按钮的作用。当操作熟练后，往往很快就可以完成相应的操作。

打开 Premiere 软件，新建一个项目，取名为“弹钢琴”，如图 3.1.3 所示。

单击“文件”菜单，选择“新建”菜单中的“序列”命令，打开“新建序列”对话框，如图 3.1.4 所示。

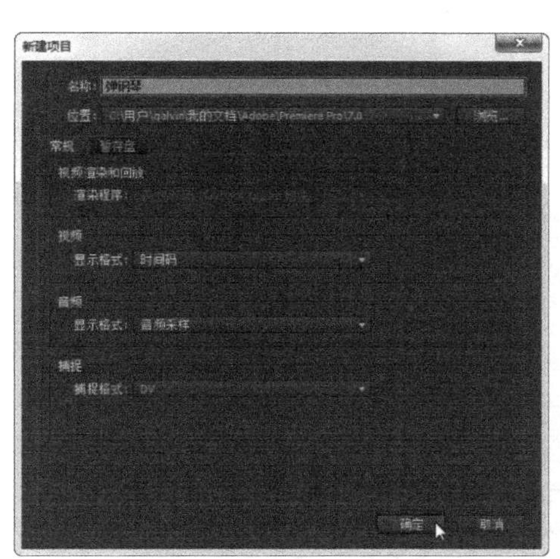

图 3.1.3 “新建项目”对话框

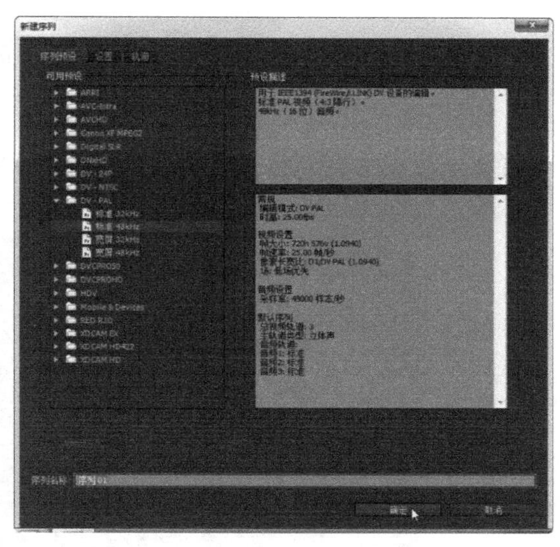

图 3.1.4 “新建序列”对话框

在图 3.1.4 中，选择“DV-PAL”项目中的“标准 48kHz”。这种设置的具体含义在窗口的右端有详细的介绍，简单地说“DV-PAL”是指整部影片的编辑模式，相应的还有“DV-NTSC”等其他模式。人们用得比较多的是 DV 和 HDV 模式，“标准”是指像素长宽比为 4：3，“48kHz”是指影片的声音频率是 48kHz，也就是 16 位音频，相当于 CD 质量的音频。

关于像素比，就是单个像素宽度和高度的尺寸比例，它直接影响画面的形状，如果一个视频没有设置正确的像素比，画面就会被拉长或者压扁而导致变形。一般将 4：3 尺寸的影片称为标准尺寸影片，而将 16：9 尺寸的影片称为宽屏影片。过去的显像管电视机都是标准尺寸的，而现在的平板电视都是宽屏尺寸的。由于宽屏影片更符合人眼的视觉特性，因此越来越多的影视作品采用 16：9 尺寸制作。

单击“新建序列”对话框中的“设置”选项卡，可以对其中参数进行调整，以符合自己的需要，如图 3.1.5 所示。

本例的影片是用普通的摄像机拍摄的，像素比为 4：3，所以本例采用了标准尺寸。在实际操作中要注意灵活运用。

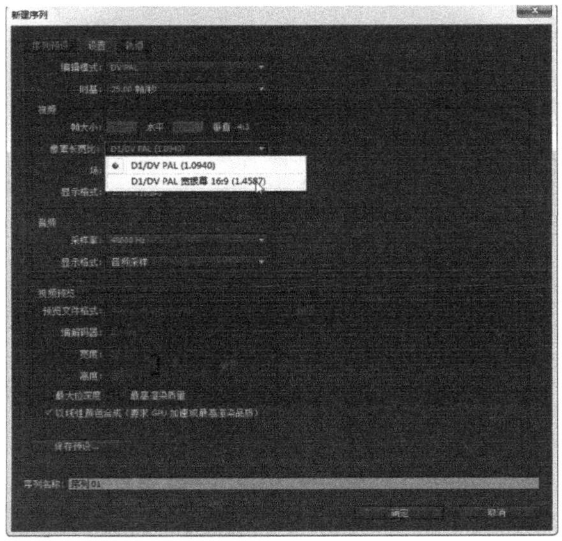

图 3.1.5 “设置”选项卡

导入一段影片到当前序列，并拖曳到“源监视器”上，结果如图 3.1.6 所示。

图 3.1.6 影片被导入

这是一段近景弹钢琴的影片，下面的操作是从中截取下来的一段，后面将和远景弹钢琴的影片剪辑到一起，形成一个有远有近的弹钢琴影片。在剪辑视频时，要注意一点，无论是入点还是出点，都要考虑到钢琴曲的节奏，不能太突兀；否则，后面合成时，声音的衔接就非常不自然。

首先，完整观看一遍影片，确定要截取的大概位置，然后拖动播放指示器到入点预定位置的左边一点，单击“播放”按钮，当播放到预定位置时，单击“停止”按钮，如图 3.1.7 所示。

此时可以单击“逐帧前进”或“逐帧后退”按钮，找到入点的确切位置，如图 3.1.8 所示。

单击“标记入点”按钮，此时播放指示器左右两端点颜色无明显不同，如图 3.1.9 所示。

用同样的方法，确定出点的位置，单击“标记出点”按钮，选择要剪辑的影片片段，如图 3.1.10 所示。

图 3.1.7　找到入点的大概位置

图 3.1.8　逐帧确定入点的位置

图 3.1.9　标记入点

图 3.1.10　标记出点

如果在标记完入点和出点后，觉得设置有问题，需要重新设定，可以单击鼠标右键，在弹出的快捷菜单中选择“清除入点和出点”选项，如图 3.1.11 所示。

图 3.1.11　选择“清除入点和出点”选项

如果没有问题，确定无误，单击“插入”按钮，影片就会出现在时间轴面板上，如图 3.1.12 所示。

图 3.1.12　插入影片到时间轴面板

仔细观察图 3.1.2 会发现，影片被分为视频和音频两部分，视频部分被放在 V1 轨道，音频部分被放在 A1 轨道。当导入多个影片时，视频和音频可以放在不同的轨道上，实现不同的效果。这是插入的第一段视频，系统默认放在 V1 和 A1 轨道上。

注意

插入前，要观察一下时间轴上播放指示器的位置，它决定了被插入影片的起始位置。

3.1.3 预览剪辑下来的视频

当影片出现在时间轴面板上时，单击“节目监视器”上的“播放”按钮，就可以预览被剪辑下来的影片了，如图 3.1.13 所示。

图 3.1.13 预览剪辑下来的影片

上例没有涉及的几个重要操作如下。

1. 拖曳法插入视频

除了单击“插入”按钮把影片插入到时间轴面板以外，还可以在“源监视器”窗口中用拖曳的方法把影片插入到时间轴面板中。这种方法更灵活一些，可以把影片拖曳到期望的位置。如图 3.1.14 所示，是把影片拖曳到 V2 和 A2 轨道的情景。

图 3.1.14 拖曳法插入视频

由于拖曳法可以方便地选择轨道，从而在编辑多段影片时被广泛应用。

2. 在影片中插入影片

“源监视器”中的多个影片插入到时间轴面板中时，这些影片是依次紧密连在一起的。如图 3.1.15 所示，是连续两次将剪辑的视频片段插入到时间轴面板中的情景。

图 3.1.15　连续插入两个影片

如果插入第二段影片时，播放指示器并不在第一段影片的末尾，而在第一段影片的中间某个位置，那么第二段影片将把第一段影片分为两段，然后插入到播放指示器所在的位置，而被分开的后半段影片将自动向后移动，形成连在一起的三段影片，如图 3.1.16 所示。

3. 在影片中覆盖影片

如果使用“源监视器”中的“覆盖”按钮，重复上面的操作，会得到完全不同的结果。当播放指示器停留在第一段影片的中间某个位置时，单击“覆盖”按钮，第二段影片会插入到播放指示器所在位置，同时第二段影片会覆盖在第一段影片的后半部分上。也就是说，如果第二段影片足够长，第一段影片的后半部分就等于被删除了。

图 3.1.16　第一段影片被拆分

图 3.1.17 所示的就是插入的第二段影片覆盖第一段影片后半部分的情景。

图 3.1.17　第一段影片后半部分被覆盖

3.2　在时间轴面板剪辑素材

3.2.1　时间轴面板简介

时间轴面板是进行影片编辑的主要场所，因为所有的素材，无论是音频还是视频，都要在这里连接成一部完整的影片。

1. 时间轴面板

图 3.2.1 所示的是时间轴面板中经常操作的部件内容。

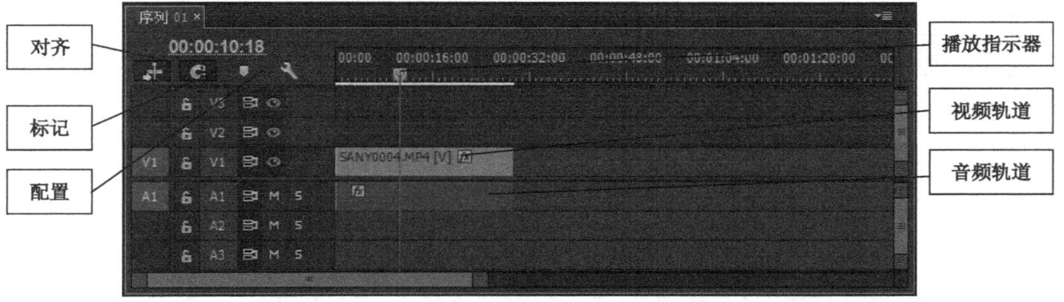

图 3.2.1　时间轴面板

（1）对齐：启用此功能后，用鼠标拖动剪辑片段时，会自动与其他剪辑片段、标记及播放指示器对齐。

（2）标记：在编辑片段中添加一个标记。

（3）配置：用于选择时间轴面板上的显示项。

（4）播放指示器：和“源监视器”窗口中播放指示器的作用相同。

（5）视频轨道：用于存放影片中的视频部分，图中一共支持三个视频轨道，只有一个轨道有视频。

（6）音频轨道：用于存放影片中的音频部分，图中一共支持三个音频轨道，只有一个轨道有音频。

2. 工具面板

在时间轴面板上的操作离不开工具面板，灵活使用工具面板上的各种工具，才能充分发挥时间轴面板的巨大功能。图 3.2.2 所示的是工具面板中各种工具的名称。

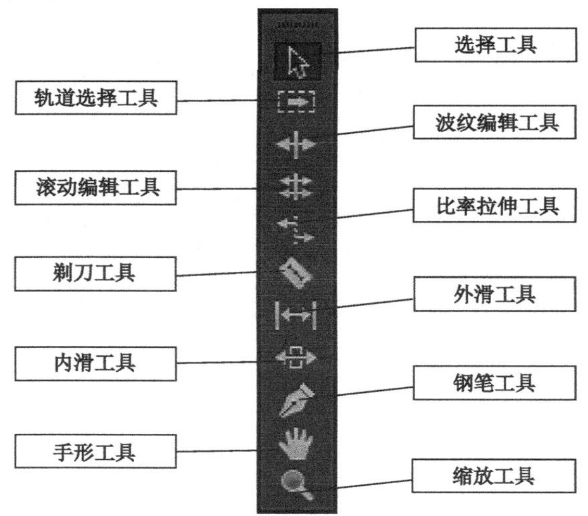

图 3.2.2　工具面板

（1）选择工具：用于选择轨道中的素材、移动素材及控制素材的长度。图 3.2.3 所示的是选择编辑入点的情景，请注意鼠标的指针变化。

（2）轨道选择工具：在轨道中选择素材，同时选中该素材及其右侧同轨道的所有素材。

（3）波纹编辑工具：使用该工具拖动素材的出点和入点，可以改变素材的长度，与其相邻的素材不发生变化，影片的总长度发生变化。使用该工具的前提是：素材必须有可供调节的余量，也就是说视频很长，但在时间轴上只显示出视频的一部分，因为素材的真实长度是不可能凭空增加的。图 3.2.4 所示的是使用波纹编辑工具拖动第二段素材，缩短第二段素材播放时间的情景。

图 3.2.3　选择编辑入点

图 3.2.4　缩短第二段素材播放时间

（4）滚动编辑工具：使用该工具拖动素材的出点和入点时，该素材的长度不发生变化，而相邻素材的长度发生变化，影片的总长度不变。使用该工具的前提是：相邻的两个素材必须有可供调节的余量。图 3.2.5 所示的是使用滚动编辑工具拖动第二段素材，缩短第一段素材播放时间的情景，注意观察鼠标指针与“波纹编辑工具”的不同。

（5）比率拉伸工具：使用该工具拖动素材的头尾，可以加快或减慢素材的播放速度，从而缩短或增加播放时间。

（6）剃刀工具：可以将素材分割为两段或多段。

（7）外滑工具：可以重新定义素材的出点和入点。拖动鼠标时，素材的出点和入点同时发生变化，但素材的总长度保持不变。也就是说，素材中只有一段出现在影片中，使用这个工具可以灵活地选择是哪一段出现在影片中，而素材出现的长度是一定的。使用该工具的前提是：素材必须具有可供调节的余量。

图 3.2.5　缩短第一段素材播放时间

（8）内滑工具：使用内滑工具拖动素材时，被拖动素材的出点和入点是不发生变化的，其左侧素材的出点和右侧素材的入点发生相应变化。看起来，相当于该素材的位置发生水平位移。使用该工具的前提是：其相邻素材必须具有可供调节的余量。

（9）钢笔工具：用于调整物体的运动路径。

（10）手形工具：可以改变轨道在时间轴窗口中显示的位置，素材不发生变化。

（11）缩放工具：使用该工具单击时间轴窗口，可以放大时间标尺；按住 Alt 键单击时，时间轴标尺缩小，轨道中的素材不发生变化。图 3.2.6 所示的是放大标尺的情景。

图 3.2.6　时间标尺被放大

3.2.2　在时间轴面板中剪辑一段视频

在素材中常常会出现影响观赏效果的内容，如在拍摄过程，有人从镜头前走过，留下一个黑影等。黑影出现的时间可能只有一秒，但整个画面都被破坏了。解决这样的问题，只有将有黑影的部分剪掉，然后通过后期制作，对视频和音频进行弥补。

怎样剪掉素材中间的一段内容呢？可以在“源监视器”窗口中分别剪辑两次，然后把它们拖到时间轴面板中，连在一起；也可以直接在时间轴面板中，把有黑影的那一段内容剪掉。

下面的操作就是直接在时间轴面板中剪掉一秒钟视频的情景。

首先单击“节目监视器”窗口的“播放”按钮，观看这个素材，当到达要删除的位置时，停止播放。“节目监视器”窗口有和“源监视器”窗口一样的“逐帧前进”和“逐帧后退”按钮，使用这两个按钮可以精确定位相应位置。

在“工具”面板选择“剃刀”工具，在确定的位置单击鼠标，此时素材被分为两个部分，如图 3.2.7 所示。

图 3.2.7　素材被一分为二

使用“剃刀”工具时，可以发现“剃刀”工具的图标上有一道灰色的虚线，将它与播放指示器所标的红线重合，就可以精确地将视频一分为二，如图 3.2.8 所示。

用同样的方法找到要删除视频的末尾部分，使用“剃刀”工具将素材分为三个部分，如图 3.2.9 所示。

图 3.2.8 “剃刀”工具的图标

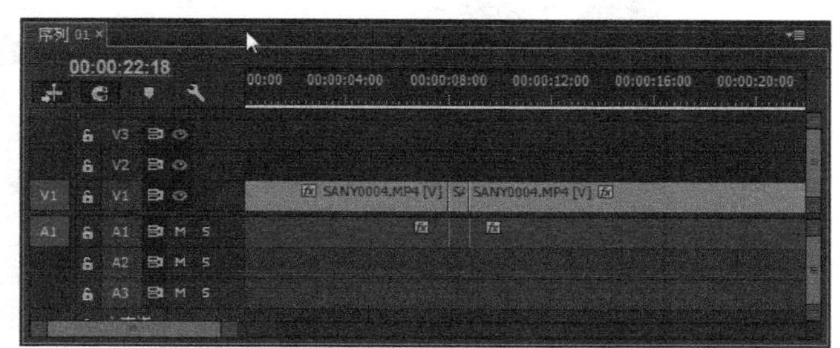

图 3.2.9 素材被分为三部分

使用“工具”面板中的“选择工具”选中中间的素材，按 Delete 键将它删除，如图 3.2.10 所示。

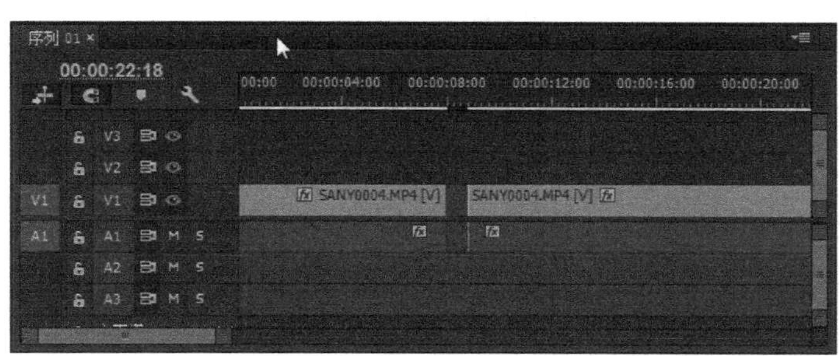

图 3.2.10 中间的素材被删除

单击“对齐”按钮后，用“选择工具”将后一段素材向左拖，使两段素材连接在一起，如图 3.2.11 所示。

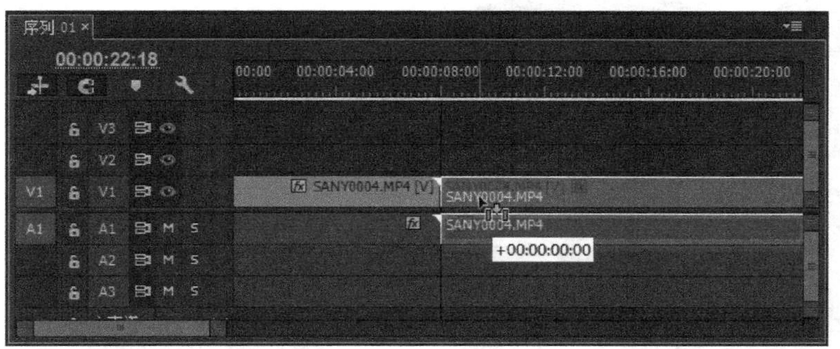

图 3.2.11 两段素材连在一起

3.2.3 预览剪辑下来的视频

在“节目监视器”窗口中，单击“播放”按钮，可以看到整段影片的效果。由于中间少了一秒钟的内容，看起来会有些不连贯。后面会介绍转场、配乐等效果，可以通过插入其他内容，保留原来素材的声音，对这个问题进行弥补。

图 3.2.12 所示的是播放整段影片的情景。

图 3.2.12　播放影片

3.3　在节目监视器中剪辑素材

3.3.1　节目监视器简介

“节目监视器”的主要作用是回放正在组合的剪辑序列，也就是播放“时间轴”面板中的活动序列。在这个窗口中也有和“源监视器”类似的按钮，它们的作用也一样。如图 3.3.1 所示，可以发现，“节目监视器”窗口少了“仅拖动视频”和“仅拖动音频”按钮，同时“插入”和“覆盖”按钮也变成了“提升”和“提取”按钮。

图 3.3.1　“节目监视器”窗口

“提升”按钮的作用是可以快速地分割素材，并删除素材中的设定部分；而“提取”按钮除具备“提升”的功能外，还将删除部分后面的素材自动前移，与前面的素材相连。

在下面的例子中，可以体会“提升”和“提取”的具体应用。

3.3.2 在节目监视器中剪辑一段视频

下面的例子仍然以删除素材中的某段内容为例，说明使用“提升”和“提取”剪辑素材的不同效果。

1. 提升

首先，在播放要编辑的素材中找到要删除部分的开始处，结合使用“逐帧前进”和“逐帧后退”，进行精确定位，然后单击“标记入点”按钮，如图 3.3.2 所示。

图 3.3.2 标记入点

用同样的方法，找到素材中要删除部分的结束处，单击“标记出点”按钮。此时，要删除的部分以其他的颜色显示，如图 3.3.3 所示。

图 3.3.3 标记出点

单击“节目监视器”窗口的“提升”按钮，可以发现，选取的部分被删除，同时它所在的位置被空出来，如图 3.3.4 所示。

图 3.3.4　选取部分被删除

2. 提取

单击“编辑”菜单下的“撤销”命令，可以恢复使用“提升”按钮之前的样子，也就是说，恢复到图 3.3.3 所示的样子，此时，已经标记了要删除部分的入点和出点。

单击“节目监视器”窗口的“提取”按钮，可以发现，标记的部分已经被删除了，而且后半部分素材自动前移与前半部分连成了一个整体，如图 3.3.5 所示。

图 3.3.5　使用“提取”之后的效果

何时使用“提升”，何时使用“提取”，要根据影片的编辑情况来决定，并不能认为“提取”的功能比“提升”的功能强大。在很多情况下，使用“提升”造成的空白部分用另一段素材填满，往往会产生意想不到的效果。

3.3.3　预览剪辑下来的视频

在“节目监视器”窗口中，单击“播放”按钮，可以看到整段影片的效果。由于中间少了一段内容，看起来会有些不连贯，如图 3.3.6 所示。

图 3.3.6 播放整段影片

3.4 多种面板配合剪辑素材

3.4.1 三点剪辑法

在剪辑素材的过程中，往往不会仅仅局限在“源监视器”窗口、“节目监视器”窗口或者“时间轴”面板单一区域中，往往需要多个面板协同操作，实现快速准确地剪辑素材的目的。

三点剪辑法是一种比较独特的素材剪辑方法。它的基本操作方法是：“源监视器”窗口中可以标记入点和出点，时间轴面板中也可以标记入点和出点，这样一共就有 4 个点。从这 4 个点中任选 3 个点，就可以完成将素材剪辑并插入到时间轴的过程。

经过分析，可以发现，无论选择 4 个点中的哪 3 个点，都会有 2 个点确定剪辑的长度，而另一个点确定剪辑的开始位置或结束位置，所以三点剪辑法可以非常轻松地完成剪辑和插入功能。

下面的操作是用三点剪辑法将一段素材剪辑，并插入到时间轴面板的内容。这段素材是弹钢琴的远景，首先将它导入到当前序列中，并拖曳到“源监视器”上显示内容，如图 3.4.1 所示。

图 3.4.1 素材显示在“源监视器”窗口中

播放素材，确定入点和出点的大概位置，然后拖动“播放指示器”，此时可以单击“逐帧前进”或“逐帧后退”按钮，确定入点和出点，如图 3.4.2 所示。

图 3.4.2　标记入点和出点

在时间轴面板中拖动“播放指示器”到前一段影片的末尾，单击“节目监视器”中的“标记入点”按钮，如图 3.4.2 所示。

图 3.4.3　标记入点

这样一共标记 3 个点，就是“源监视器”窗口中的入点和出点，以及时间轴面板上的入点。在“源监视器”窗口中单击“插入”按钮，可以发现选择的素材被插入到时间轴面板上标记的位置，如图 3.4.4 所示。

仔细观察时间轴面板上的两段素材，前一段为“SANY0004.MP4”，后一段为“SANY0003.MP4”，它们被紧密地连接到一起。在“节目监视器”窗口中单击“播放”按钮，可以看到两段素材依次播放。

选择其他的 3 个点，体验一下“三点剪辑法”插入素材的方法。

图 3.4.4　素材被插入

3.4.2　四点剪辑法

顾名思义，四点剪辑法就是选择 4 个点来完成素材的剪辑和插入，既然使用 3 个点已经能很好地完成相关操作了，为什么还要选择 4 个点呢？这是因为选择 4 个点后，如果素材上入点和出点之间的长度与时间轴面板上入点和出点之间的长度不一样，可以经过相关设置，达到特殊的效果。

首先导入一段名为“特写.MP4”的素材，这段素材表现的是弹琴者的面部特写。然后拖曳这段视频到“源监视器”上，如图 3.4.5 所示。

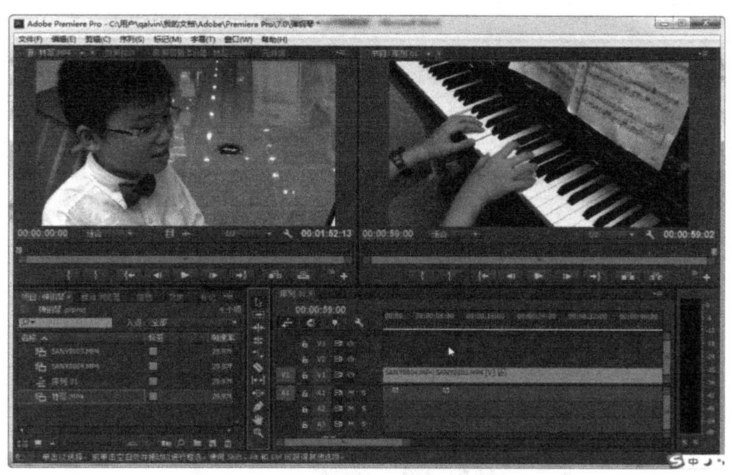

图 3.4.5　导入一段特写视频

在“源监视器”窗口标记入点和出点，时间长度为 3 秒，如图 3.4.6 所示。

在时间轴面板上标记入点和出点，时间长度为 5 秒，如图 3.4.7 所示。

在“源监视器”窗口中单击“插入”按钮，弹出如图 3.4.8 所示的“适合剪辑”对话框。只有当“源监视器”标记的素材长度和时间轴面板上标记的时间长度不一致时，才会弹出这个对话框。

图 3.4.6　标记入点和出点

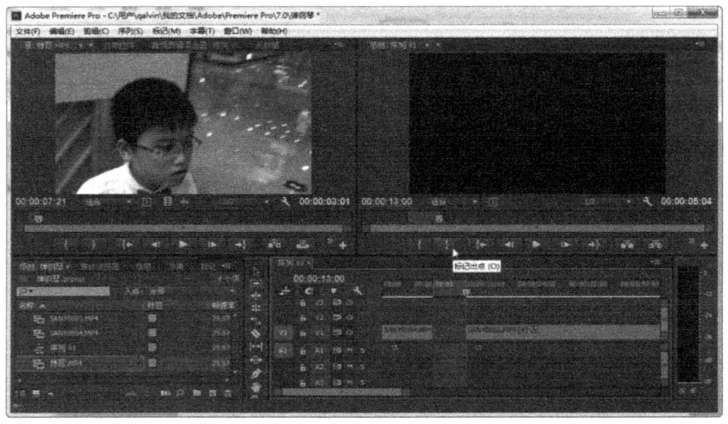

图 3.4.7　在时间轴面板标记入点和出点

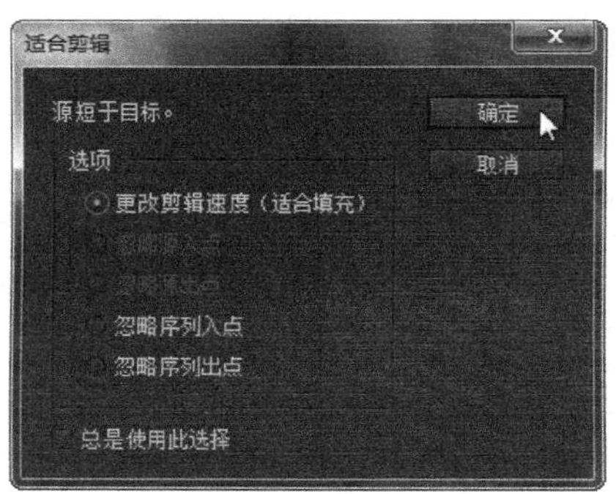

图 3.4.8　“适合剪辑”对话框

在该对话框中，默认的选项是“忽略序列出点”，如果采用这个选项，就等于只采用了 4 个标记点中的 3 个，也就和三点剪辑法一样了。图 3.4.8 中选择的是“更改剪辑速度（适合填充）”这个选项，意思是将“源监视器”窗口中标记的素材放慢播放速度，从而增加播放时间，紧密地插入到时间轴所标记的入点和出点之间。

单击“确定”按钮后，可以发现剪辑下来的“特写.MP4”被插入到时间轴面板中。三段素材被紧密地排列在一起，如图 3.4.9 所示。

图 3.4.9　“特写.MP4”被插入到时间轴面板中

3.4.3　预览剪辑下来的视频

在“节目监视器”窗口中，单击“播放”按钮，可以看到整段影片的效果。仔细观察可以发现，当播放到“特写.MP4”时，影片的播放速度明显变慢，而播放到第三段素材时，又恢复了正常的播放速度，如图 3.4.10 所示。

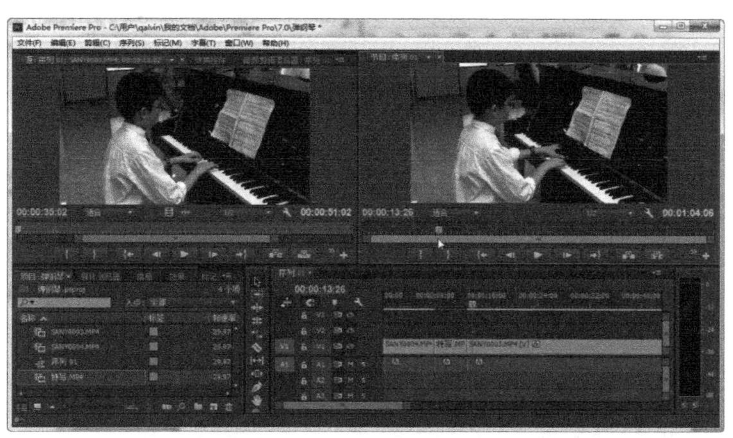

图 3.4.10　预览三段素材影片

认真观察可以发现，当播放到“特写.MP4”时，播放速度变缓，同时播放声音也变慢了，非常难听，这是因为视频轨道和音频轨道同步的结果。在以后的操作中必须对音频进行改变，使得影片更流畅。

3.5　多个素材的编辑方法

3.5.1　选择编辑

在编辑影片的过程中，常常会发生这样的情况，剪辑下来的素材发现并不合适，需要重新对素材进行剪辑，再次插入到时间轴面板中。这样就浪费了大量的时间，使得影片的编辑效率大打折扣。

能不能在时间轴面板中，随时进行素材的剪辑，同时也可以对剪辑错误的地方进行恢复和调整，以便得到最合适的素材呢？答案是肯定的。

最简单的方法是使用“选择”工具，对素材进行快速编辑。首先导入三段素材到序列中，然后不经过任何剪辑，直接插入到时间轴面板中，如图 3.5.1 所示。

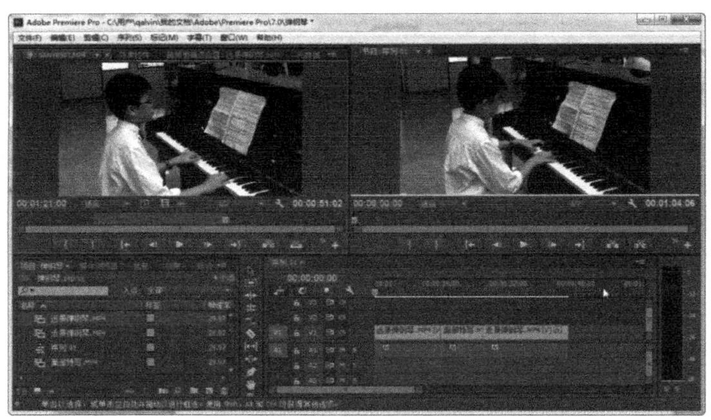

图 3.5.1　插入三段素材

选择“工具”面板中的“选取”工具，将鼠标指针移动到第一段素材的末尾，此时鼠标指针变为形状，向左拖动鼠标，可以发现第一段素材的长度在缩短，如图 3.5.2 所示。

图 3.5.2　第一段素材的长度在缩短

拖动鼠标到合适的位置，松开鼠标，可以发现第一段素材和后两段素材之间出现一段空白。这个操作实际上完成了对第一段素材的剪辑功能，如图 3.5.3 所示。

在保证时间轴面板上的“对齐”按钮被按下的情况下，拖动第二段素材向左平移，可以将三段素材连接在一起。在“节目监视器”窗口中单击“播放”按钮，可以看到第一段素材被剪掉的内容并没有显示，如图 3.5.4 所示。

第一段素材的内容真的被剪辑掉了吗？其实还可以随时进行恢复。首先将后两段素材向右拖动一段距离，空出让第一段素材恢复的空间。然后选择“工具”面板中的“选取”工具，将鼠标指针移动到第一段素材的末尾，此时鼠标指针变为形状，向右拖动鼠标，可以发现第一段素材的长度在增加，如图 3.5.5 所示。

图 3.5.3　第一段素材被剪辑掉后半部分

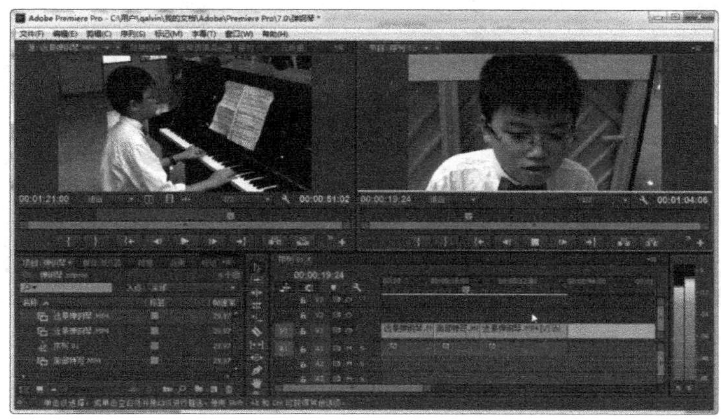

图 3.5.4　预览三段素材

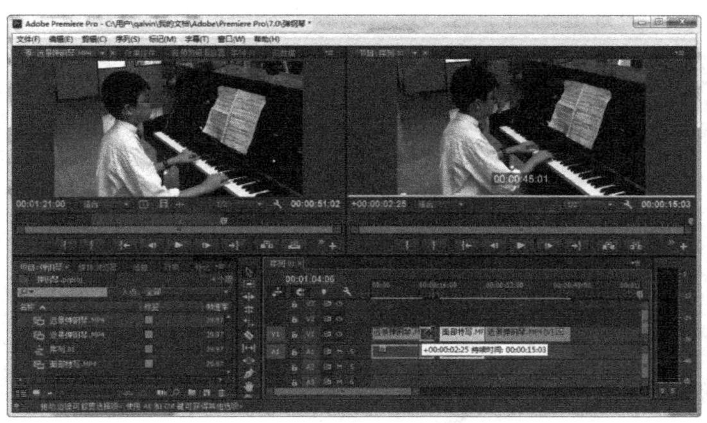

图 3.5.5　第一段素材的长度在增加

只要空间足够，拖动鼠标就能够将整段视频恢复。可以这样理解上面的“剪切”操作，其实素材并没有被剪掉，而是被遮住不能显示出来。这段被遮住不能显示的素材称为余量。

重复使用“选择”工具，可以简单剪辑出一段影片。

3.5.2 波纹编辑

波纹编辑是采用“工具”面板中的“波纹编辑工具”来实现的。作为一个强大的剪辑工具，“波纹编辑工具”主要用来编辑相邻的素材，它能够在剪辑素材的同时，调整其他素材的位置。

以上例中的三个素材来说明波纹编辑的操作过程。首先在“工具”面板中选择“波纹编辑工具”选项，然后移动鼠标指针到第一段素材的末尾，这时鼠标指针变成形状。此时鼠标指针的演示和“选择”工具相似，但颜色明显不同。向左拖动鼠标，可以发现第一段素材在缩短。此时，“节目监视器”窗口中出现两个画面：第一个画面是第一段视频末尾的画面，随着鼠标的拖动，上面的数字在减少，说明第一段视频正在被剪辑；第二个画面是第二段视频的开始画面，这个画面始终没有变化，说明第二段视频没有变化，如图 3.5.6 所示。

图 3.5.6 “节目监视器”窗口中出现两个画面

松开鼠标，可以发现第一段素材的长度缩短了，第二段素材和第三段素材的长度没有变化，但整个位置向左平移了，依然和第一段视频连接在一起。整个影片的长度缩短了，图 3.5.7 所示的播放指示器的位置很好地说明了这一点，这和上例中的“选择编辑”是不同的。

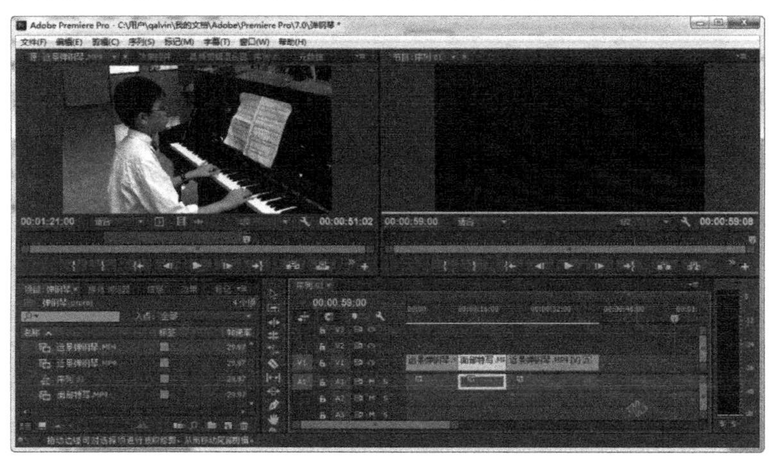

图 3.5.7 整个影片的长度缩短

如果重复上面的操作，向右拖动鼠标，第一段视频的长度会增加，第二段视频和第三段视频的位置会向右平移，整个影片的长度会增加。

注意

当向右拖动鼠标到第一段视频的余量都用尽时，Premiere 会出现“达到修剪媒体限制”的提示，此时的拖动已经没有任何效果了。

3.5.3 滚动编辑

滚动编辑是通过使用“滚动编辑工具”来实现的，它和波纹编辑最大的不同在于改变素材长度的同时会改变相邻素材的长度。

在“工具”面板中选择“滚动编辑工具”选项，然后移动鼠标指针到第二段素材的开头，这时鼠标指针变成 形状。向右拖动鼠标，可以发现第一段素材在增加，第二段素材在缩短。此时，“节目监视器”窗口中出现两个画面：第一个画面是第一段视频末尾的画面，随着鼠标的拖动，上面的数字在增加，说明第一段视频正在被恢复；第二个画面是第二段视频的开始画面，随着鼠标的拖动，上面的数字在减少，说明第二段视频正在被剪辑，如图 3.5.8 所示。

图 3.5.8 “节目监视器”窗口中出现两个画面

松开鼠标，可以发现三段素材仍然连接在一起。第一段素材的长度增加了，第二段素材的长度减少了，三段素材的总长度没有发生改变。

重复上面的操作，向左拖动鼠标，可以减少第一段视频的长度，增加第二段视频的长度，同时保证三段素材的总长度保持不变。值得注意的是，必须保证素材有足够的余量来增加长度，否则无法实现滚动编辑的效果。

3.5.4 滑动编辑

滑动编辑是通过“工具”面板中的“外滑工具”来实现的。它能够实现素材的内容发生变化，但素材的长度及相邻的素材不发生任何改变的效果。

注意

被操作的素材必须有足够的余量，否则无法实现滑动编辑的效果。

在“工具”面板中选择“外滑工具”，然后移动鼠标指针到第二段素材上，这时鼠标指针变成形状，向右拖动鼠标，可以发现“节目监视器”窗口中出现 4 个画面，如图 3.5.9 所示。

图 3.5.9　“节目监视器”窗口中出现 4 个画面

第一行左侧的画面是第一个素材的结束画面，第一行右侧的画面是第三个素材的开始画面。第二行左侧的画面是第二个素材的入点画面，第二行右侧的画面是第二个素材的出点画面。随着鼠标的拖动，第一行的画面没有发生变化，而第二行的画面一直发生变化，而且第二行画面上显示的数值差始终是一个值，这说明第二个素材的长度没有发生变化，但内容已经发生了变化。

松开鼠标指针，可以固定下第二个素材的显示内容。在“节目监视器”窗口中单击“播放”按钮，可以看到三段素材的内容。

重复上面的操作，再次在“节目监视器”窗口中预览影片内容，可以发现第一段素材和第三段素材的内容始终没有改变，第二段素材的长度也没有改变，改变的只是第二段素材的显示内容，如图 3.5.10 所示。

图 3.5.10　预览三段素材

3.5.5　滑行编辑

滑行编辑使用的是“工具”面板中的“内滑工具”，与滑动编辑不同，它不会改变选取素材的长度和内容，只改变选取素材的位置，相应地也改变了相邻素材的长度和内容。

要想实现滑行编辑的效果，其相邻的素材必须有足够的余量，来增加显示出来的素材内容。

在“工具”面板中选择“内滑工具”选项，然后移动鼠标指针到第二段素材上，这时鼠标指针变成 形状，向左拖动鼠标，可以发现“节目监视器”窗口中出现 4 个画面，如图 3.5.11 所示。

图 3.5.11　“节目监视器”窗口中出现 4 个画面

第一行左侧的画面是第二个素材的入点，第一行右侧的画面是第二个素材的出点。第二行左侧的画面是第一个素材的出点，第二行右侧的画面是第三个素材的入点。随着鼠标的拖动，第一行的画面没有发生变化，而第二行的画面一直发生变化，而且第二行画面上显示的数值也发生相应的变化。

松开鼠标指针，可以发现，第一段素材的长度减少了，第二段素材没有发生任何变化，只是位置向左移动了一段距离，第三段素材的长度增加了，影片总长度没有变化。在“节目监视器”窗口中单击“播放”按钮，可以看到三段素材的内容。

重复上面的操作，再次在“节目监视器”窗口中预览影片内容，可以发现第二段素材的长度和内容始终没有改变，而第一段素材的出点和第三段素材的入点一直在发生改变，如图 3.5.12 所示。

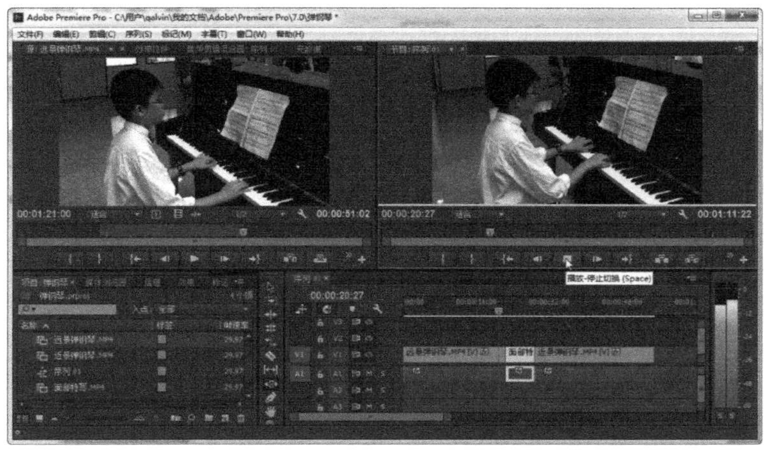

图 3.5.12　预览滑行编辑的效果

习题 3

1. 在“源监视器”面板中的插入与覆盖有什么不同？
2. 在编辑视频前，为什么要先在“源监视器”进行简单的编辑？
3. 设置“像素比”有什么作用？
4. 波纹编辑工具和滚动编辑工具有什么不同？
5. 内滑工具和外滑工具有什么不同？
6. 提升和提取的作用分别是什么？
7. “三点剪辑法”中的“三点”是指什么？
8. 与“三点剪辑法”相比，“四点剪辑法”有什么优点？
9. 操作练习：在时间轴面板上拖曳三段视频，进行实际操作，体会波纹编辑与滚动编辑、滑动编辑与滑行编辑的不同。

在 Premiere 中使用视频过渡特效

4.1 视频过渡概述

4.1.1 视频过渡的作用

一部完整的影片由多个素材组成，每个素材都有独立的场景，当这些素材连接到一起时，就会涉及场景的切换，这就是视频过渡，也称为转场。为场景切换而添加的特效称为视频过渡特效。

根据视频过渡的影响范围，视频过渡方式分为两类：单边视频过渡和双边视频过渡。单边视频过渡只影响编辑点前面的一个素材，或者后面的一个素材，而双边视频过渡则需要前后两个素材片段都参与。

镜头切换是最简单的视频过渡，直接将两段素材片段连在一起。一般将前一个素材的最后一个画面结束称为“镜头切出”或“切出”，后一个素材画面的开始称为“镜头切入”或“切入”。镜头切换没有技巧，完全是突变的，因而常常用于简单的叙述，在电影和电视剧中也比较常见。

Premiere 提供了 10 类 72 种视频过渡特效，这些视频过渡特效除了实现“切入”和“切出”的功能以外，还具有“镜头切换”无法表达的含义。例如，“溶解”特效中的“渐隐为黑色”，常用于一个段落的结束，除了表现场景的转移外，还用于表现不同的情绪和节奏。而“划像”特效中的“圆划像”特效，是前一个镜头从画面中由大变小逐渐离开，后一个镜头由小变大进入逐渐占据整个画面，除了镜头切换，还对后一个镜头实现了特写，如图 4.1.1 所示。

4.1.2 添加视频过渡效果

视频过渡效果需要两段素材首尾相连，第一段素材的出点和第二段素材的入点重叠在一起，才能够实现。

图 4.1.1　划像特效

将两段素材插入到时间轴面板后，就可以使用视频过渡特效，为两段素材的连接设置过渡效果。在窗口的左下角，单击“效果”选项卡，可以看到“视频过渡”选项，如图 4.1.2 所示。

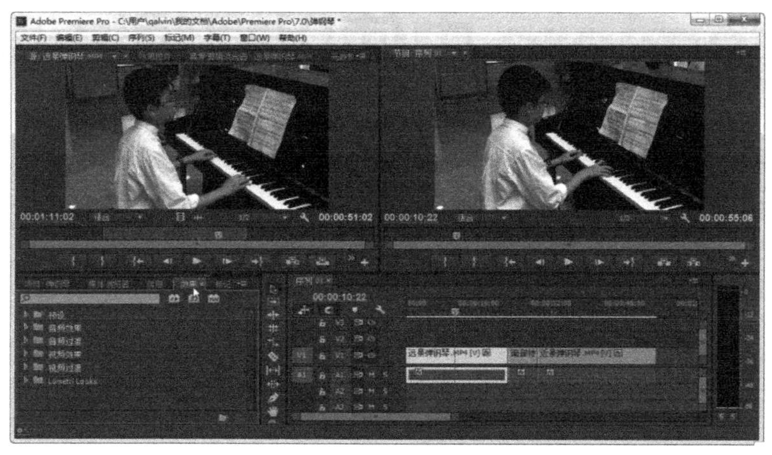

图 4.1.2　“视频过渡”选项

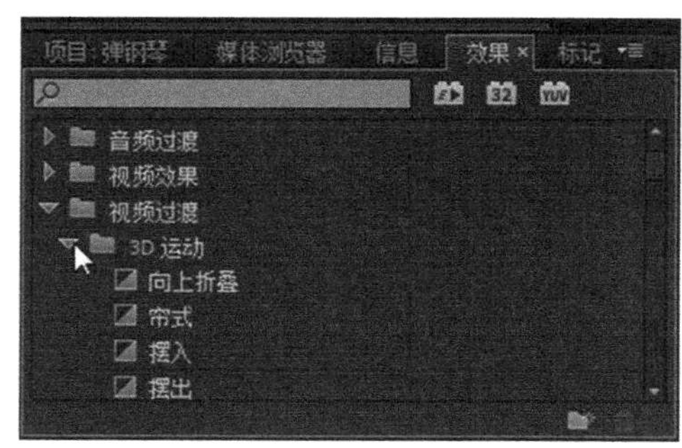

图 4.1.3　展开“视频过渡”选项

单击“视频过渡”左边的小三角形，展开“视频过渡”选项，就可以看到 10 种视频过渡特效。用相同的方法，展开各个视频过渡的下拉菜单，就可以看到全部的 72 种视频过渡特效。如图 4.1.3 所示。

选择一种过渡特效，拖动鼠标，将它拖到两种素材的连接处，松开鼠标，就可以设置视频过渡的效果。图 4.1.4 所示的是将“3D 运动”中的“向上折叠”特效添加到两段素材连接处的情景。

此时两段素材之间出现一个矩形框，这个框横跨两段素材之间，说明这是一个“双边视频过渡”。这个矩形框上会出现特效的名称，如图 4.1.5 所示，因为视频过渡时间太短，矩形框空间不够，仅仅显示出了“向上折叠”中的第一个字“向”。

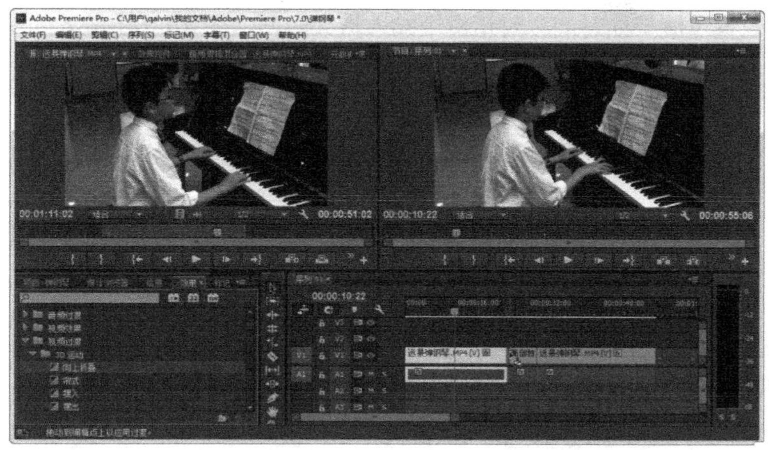

图 4.1.4　添加“向上折叠”特效

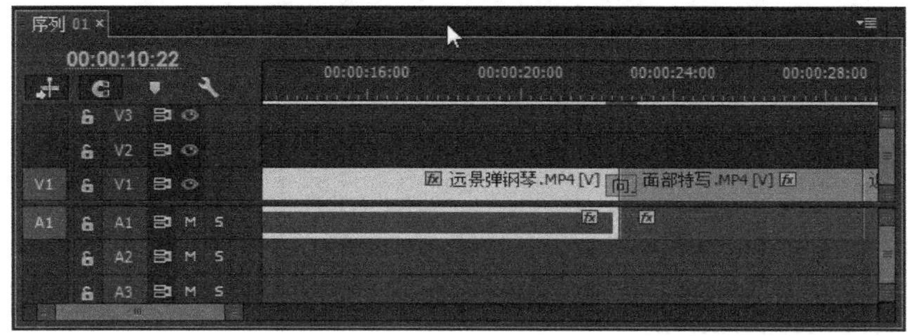

图 4.1.5　视频过渡特效设置成功

4.1.3　更改视频过渡效果持续时间

通常默认的持续时间比较短，常常还没看清过渡特效就结束了，此处将持续时间修改得长一些。将鼠标指针放在标识视频过渡的矩形框上，单击鼠标右键，在弹出的快捷菜单中选择“设置过渡持续时间”选项，如图 4.1.6 所示。

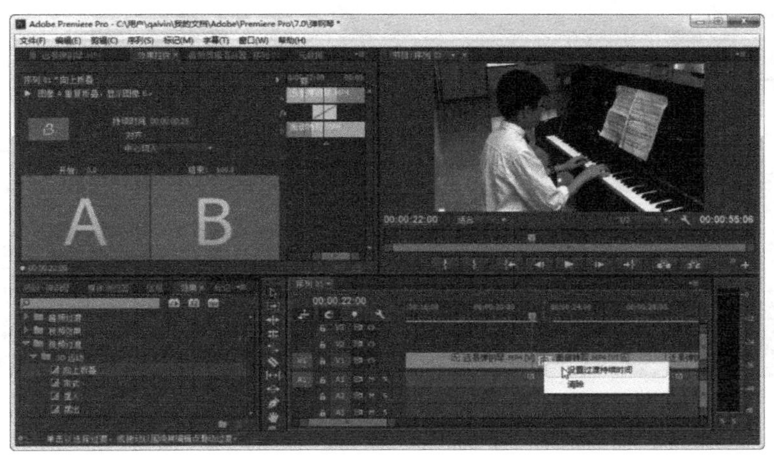

图 4.1.6　选择“设置过渡持续时间”选项

在弹出的“设置过渡持续时间”对话框中输入持续时间，图 4.1.7 中输入的是“00:00:02:00”，也就是 2 秒钟。

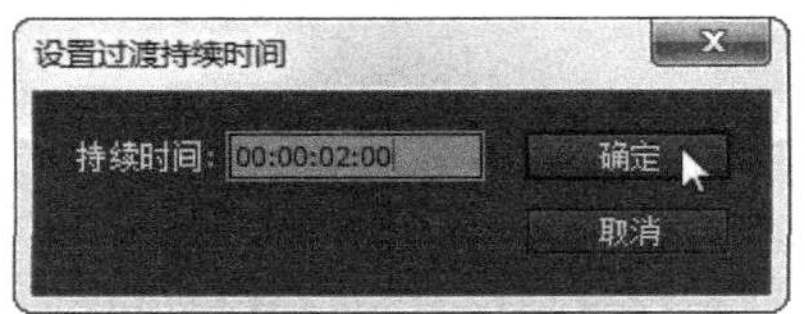

图 4.1.7 “设置过渡持续时间”对话框

此时可以发现，矩形框的宽度发生了变化，显示出了“向上”两个字，说明持续时间增加了，如图 4.1.8 所示。

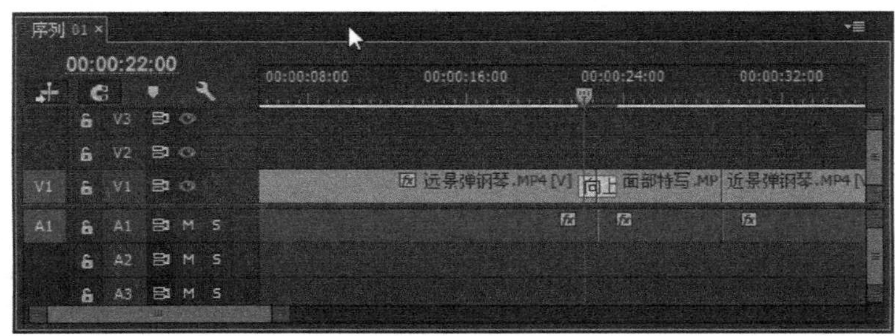

图 4.1.8 过渡持续时间增加了

4.1.4 预览视频过渡效果

在“节目监视器”窗口中单击“播放”按钮，可以欣赏连接在一起的素材，也可以看到视频过渡特效的效果，如图 4.1.9～图 4.1.11 所示。

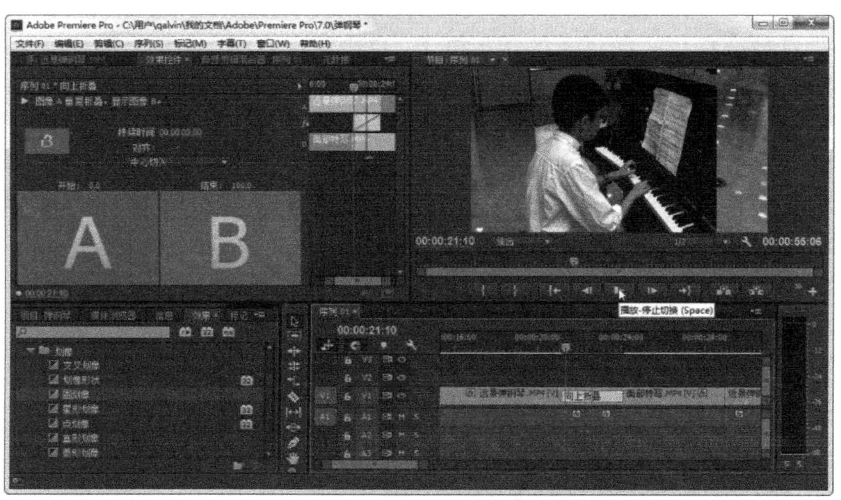

图 4.1.9 画面第一次折叠

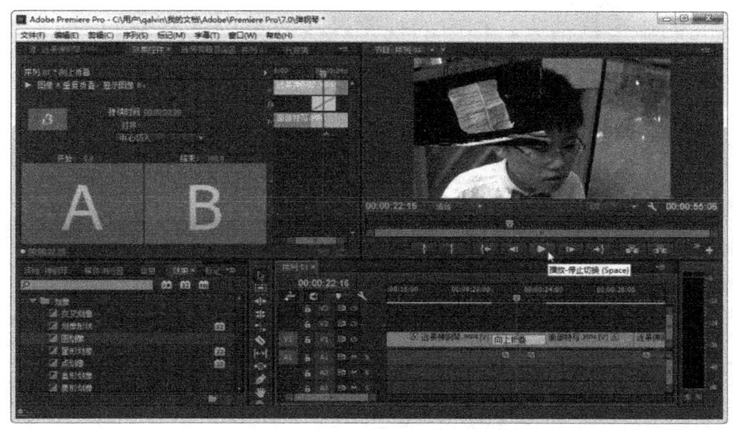

图 4.1.10 画面第二次折叠

图 4.1.11 画面第三次折叠

4.1.5 删除视频过渡效果

删除视频过渡效果的方法非常简单，在时间轴面板中，单击“标识视频过渡”特效的矩形框，在弹出的快捷菜单中选择“清除”命令，如图 4.1.12 所示。

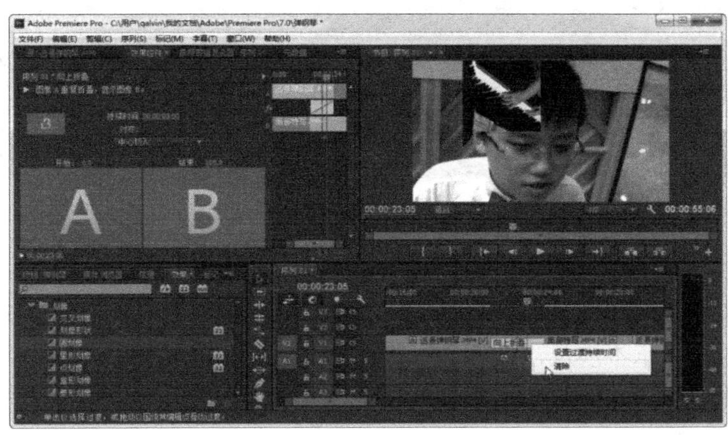

图 4.1.12 删除视频过渡效果操作过程

此时，素材之间的矩形框消失，相应的视频过渡效果也就消失了，这时“效果控件”面板的设置内容也消失了，如图 4.1.13 所示。

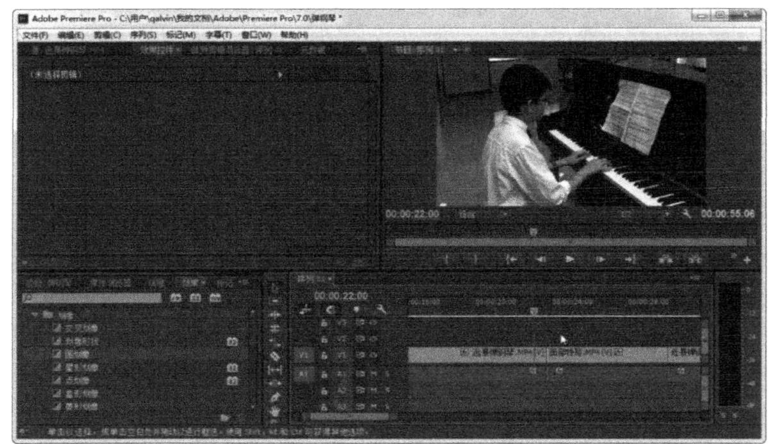

图 4.1.13　视频过渡特效被删除

4.2　设置视频过渡效果

4.2.1　“效果控件”面板

在添加了视频过渡效果以后，要对过渡效果进行设置，来达到预期的效果。单击窗口左上方的“效果控件”选项卡，打开“效果控件”面板，如图 4.2.1 所示。

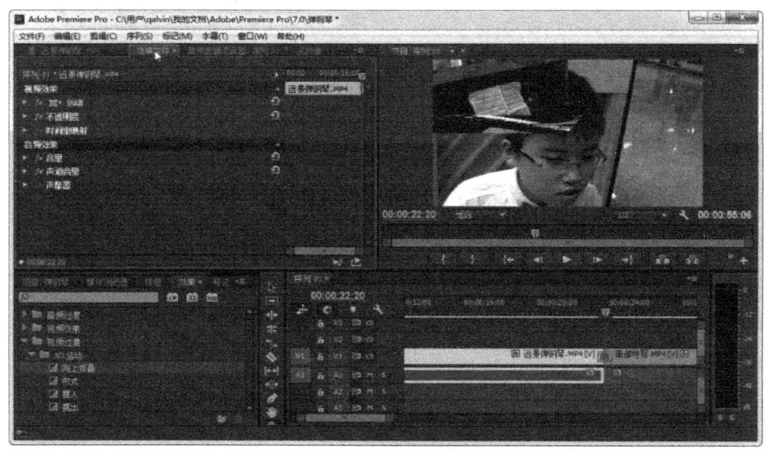

图 4.2.1　“效果控件”面板

单击左侧的小三角形，打开各个项目，可以看到关于视频效果的各项设置，如视频的位置、缩放比例、旋转角度等，如图 4.2.2 所示。这是因为在时间轴选中素材的结果，并没有视频过渡的内容。这些内容本章不涉及，后面会有相应的介绍。

在时间轴面板中单击“标识视频过渡”的矩形框，可以发现，“效果控件”面板已经发生了变化，如图 4.2.3 所示。

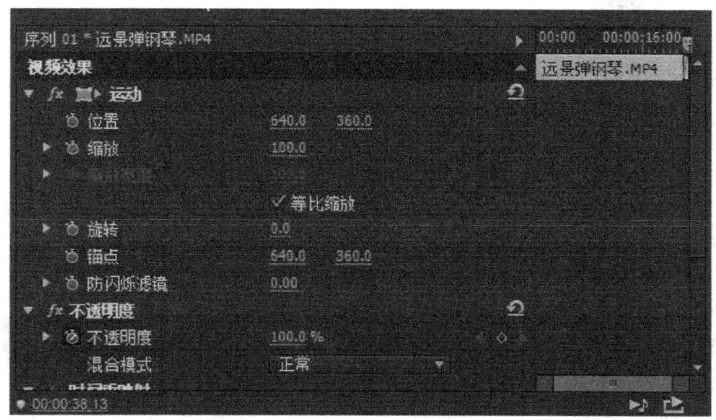

图 4.2.2 展开“视频效果”项目

图 4.2.3 “效果控件”面板出现视频过渡内容

“效果控件”面板的上端介绍了“向上折叠”的含义：“图像 A 重复折叠，显示图像 B”，在它的下面还显示了“向上折叠”的效果截图。如果对该视频过渡效果不了解，可以通过这些介绍有个初步的印象。

第一个设置项是“持续时间”，将鼠标指针移到“持续时间”数值上，当鼠标指针变成手的形状时，水平向左或者水平向右拖动，可以改变特效持续的时间，或者单击数值后直接输入数值也会达到相同的效果。图 4.2.4 所示的是直接输入数值为 3 秒的情景。

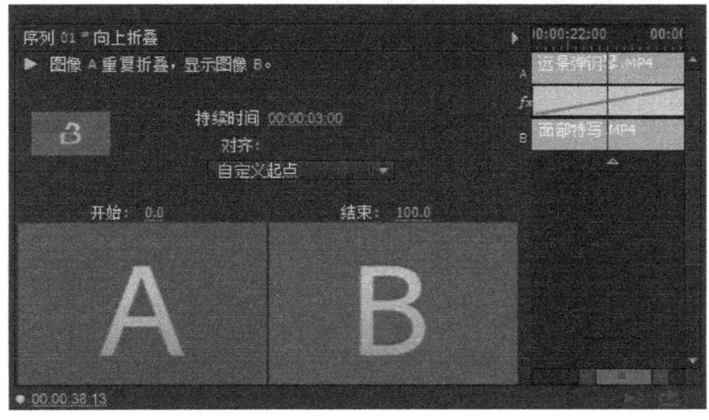

图 4.2.4 更改视频过渡持续时间为 3 秒

视频过渡的对齐方式分为 4 种：中心切入、起点切入、终点切入和自定义起点。

（1）中心切入：是一种双边视频过渡效果，过渡特效按照视频过渡时间一分为二，一半的视频过渡时间分配给前一段，一半的视频过渡时间分配给后一段，如图 4.2.5 所示。

图 4.2.5　中心切入

这种视频过渡特效只适用于在一个轨道中进行设置，当两段素材在不同的轨道中时，没有中心切入这种选择。

（2）起点切入：是指视频过渡从第二段素材的起点开始，整个视频过渡时间都发生在第二段素材上。也就是说，发生视频过渡特效时，画面的背景是第二段素材，如图 4.2.6 所示。

图 4.2.6　起点切入

（3）终点切入：是指视频过渡在第一段素材的终点结束，整个视频过渡时间都发生在第一段素材上。也就是说，发生视频过渡特效时，画面的背景是第一段素材，如图 4.2.7 所示。

（4）自定义起点：相对于上面 3 种情况更灵活一些，但在有些情况下无法实现。

对视频过渡特效的开始画面和结束画面进行设置的方法和更改“持续时间”一样，可以通过拖动鼠标实现，也可以直接输入数值。图 4.2.8 所示的是更改开始画面为“20”、结束画面为“80”的效果。

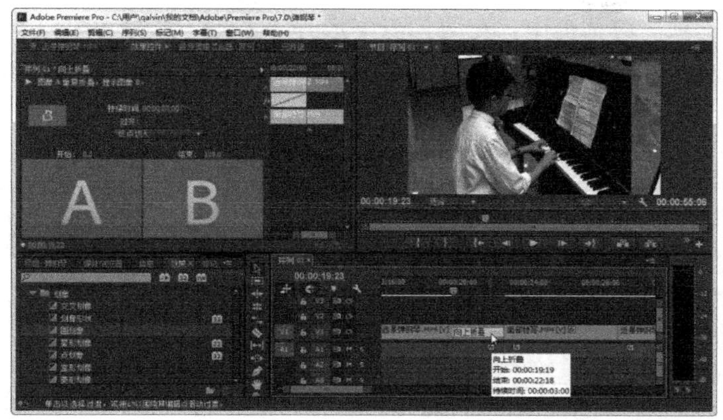

图 4.2.7　终点切入

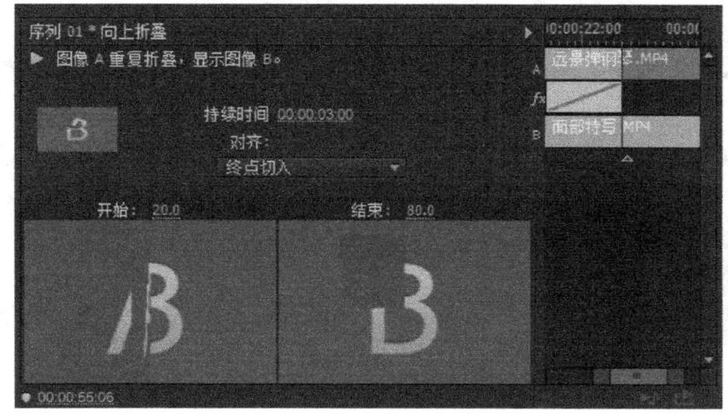

图 4.2.8　更改特效的开始画面和结束画面

4.2.2　设置默认视频过渡时间

一段影片往往由多段素材组成，如果视频过渡特效的持续时间太短，那么每添加一个视频特效，都要对持续时间进行特效，这将浪费大量的时间。

Premiere 提供了默认视频过渡时间功能，在建立项目文件之后，先设置好默认过渡时间，以后再设置视频过渡特效，就不用为每一个视频过渡特效修改持续时间了。

单击“编辑”菜单，在弹出的菜单中选择“首选项”级联菜单中的“常规”命令，如图 4.2.9 所示。

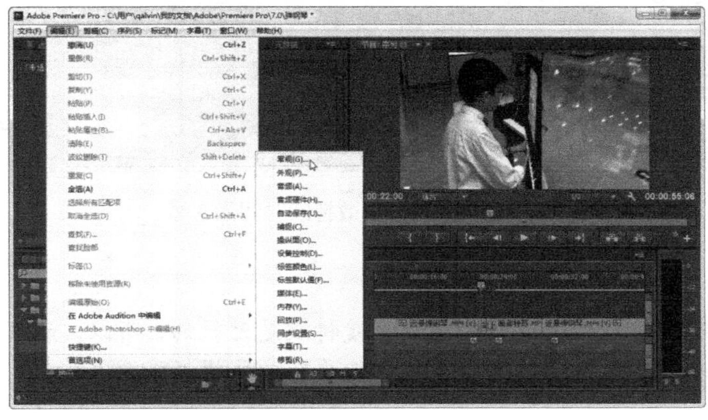

图 4.2.9　“编辑”菜单

在弹出的“首选项”对话框中，左边列表中选择“常规”命令，可以发现右边有一个“视频过渡默认持续时间”的选项，默认是 25 帧，也就是 1 秒。修改此处的值为 75 帧，也就是 3 秒。单击“确定”按钮，如图 4.2.10 所示。

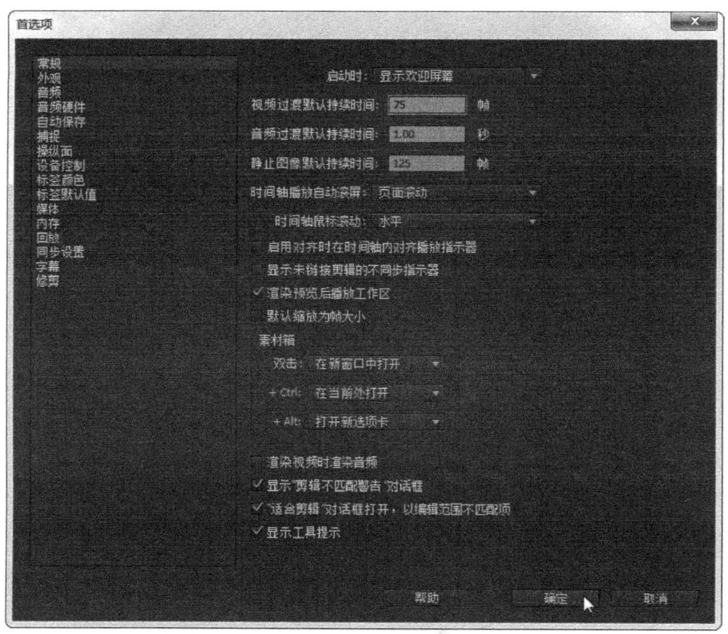

图 4.2.10 “首选项”对话框

此时，在为第二段素材和第三段素材设置视频过渡特效时，可以发现持续时间已经变为了 3 秒，如图 4.2.11 所示。

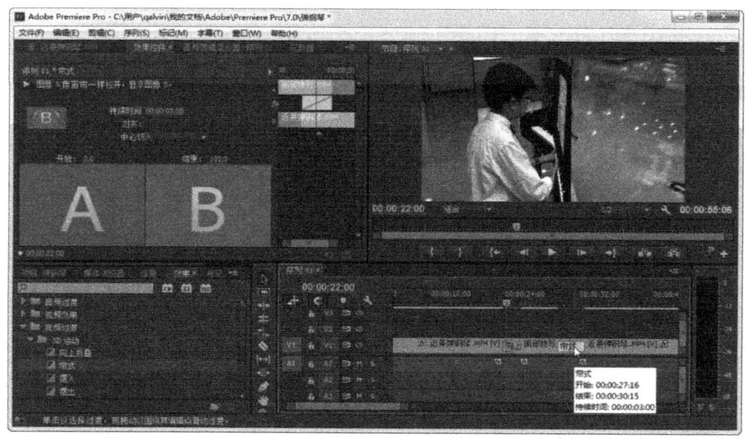

图 4.2.11 新的特效持续时间为 3 秒

注意

此时更改的持续时间对已经设置的视频过渡特效是无效的。所以，最好在建立项目文件后就设置视频过渡特效的默认持续时间，这样才能更有效地提高效率。

4.3　常用的视频过渡效果

Premiere 软件提供了 10 类 72 种视频过渡特效，这些特效的设置方法都大同小异。除了几个特效有特殊的选项外，一般只有持续时间和对齐方式可以进行设置。

下面简单介绍一下这 10 类 72 种视频过渡特效。

4.3.1　3D 运动视频过渡

3D 运动视频过渡就是将前后两个素材的画面进行层次化处理，给人一种三维立体的视觉效果，将 3D 运动视频过渡与其他的视频特效综合使用，常常会产生意想不到的效果。

3D 运动视频过渡有以下 10 种特效。

1. 向上折叠

向上折叠实现的是第一段素材图像重复折叠变小，最后显示第二段素材图像的过程。图 4.3.1 所示的是“向上折叠”特效的设置面板。拖动滚动条，还可以看到更多的设置项目，包括框线粗细、颜色等。

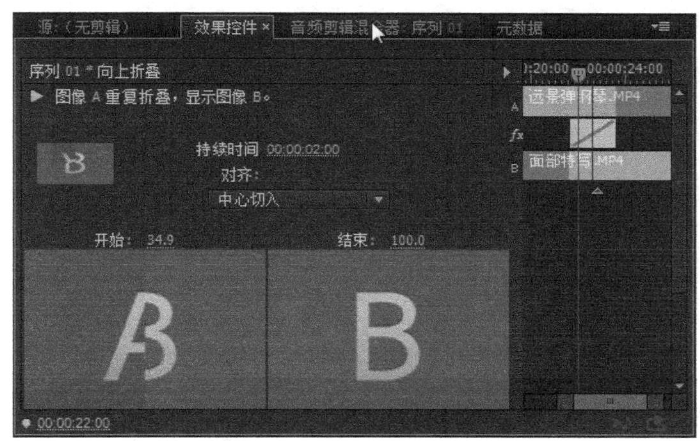

图 4.3.1　“向上折叠”特效的设置面板

图 4.3.2 所示的是“向上折叠”视频过渡特效的变化过程。

（a）

图 4.3.2　“向上折叠”视频过渡特效

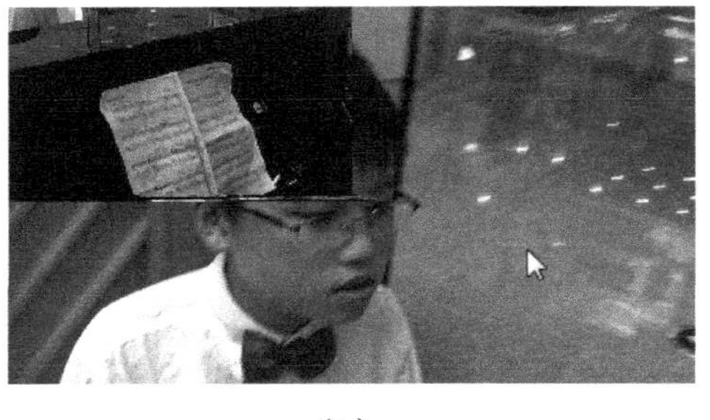

（b）

（c）

图 4.3.2 “向上折叠”视频过渡特效（续）

2. 帘式

“帘式”实现的是将第一段素材的图像像窗帘一样拉开，显示出第二段素材图像的过程。图 4.3.3 所示的是“帘式”特效的设置面板。

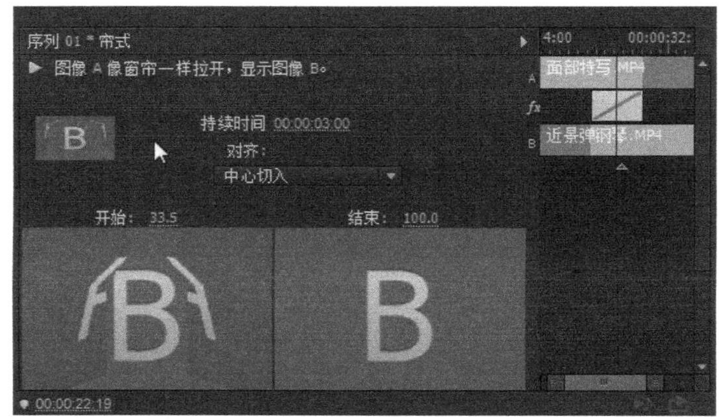

图 4.3.3 “帘式”特效的设置面板

图 4.3.4 所示的是“帘式”视频过渡特效的变化过程。

（a）

（b）

图 4.3.4 “帘式”视频过渡特效

3. 摆入

“摆入”实现的是将第二段素材的入点图像摆入，覆盖第一段素材图像的过程。图 4.3.5 所示的是“摆入”特效的设置面板，单击左上角特效示意图上的 4 个小三角形，可以更改第二段素材的入点图像出现的位置。

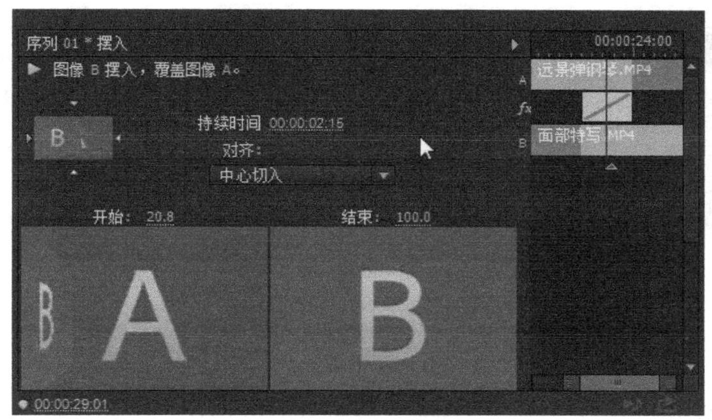

图 4.3.5　“摆入”特效的设置面板

图 4.3.6 所示的是“摆入”视频过渡特效的变化过程。

（a）

（b）

图 4.3.6　“摆入”视频过渡特效

4. 摆出

“摆出”实现的是将第二段素材的入点图像摆出，覆盖第一段素材图像的过程。图 4.3.7 所示的是“摆出”特效的设置面板，单击左上角特效示意图上的 4 个小三角形，可以更改第二段素材的入点图像出现的位置。

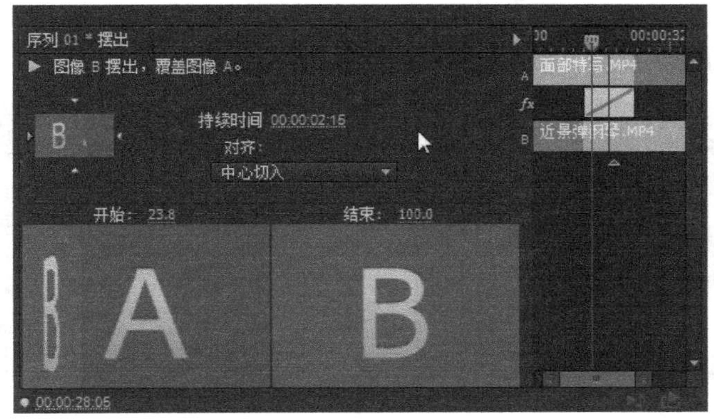

图 4.3.7　“摆出”特效的设置面板

图 4.3.8 所示的是“摆出”视频过渡特效的变化过程。

（a）

（b）

图 4.3.8 “摆出”视频过渡特效

“摆入”视频过渡特效与“摆出”视频过渡特效的区别在于：在“摆入”中，第二段素材的入点图像是以透视的形式，也就是梯形的样子出现的，而在“摆出”中是以矩形的样子出现的。

5. 旋转

“旋转”实现的是将第二段素材的入点图像旋转覆盖到第一段素材上的过程。图 4.3.9 所示的是“旋转”特效的设置面板，单击左上角特效示意图上的 4 个小三角形，可以更改第二段素材的入点图像旋转进入的方向。

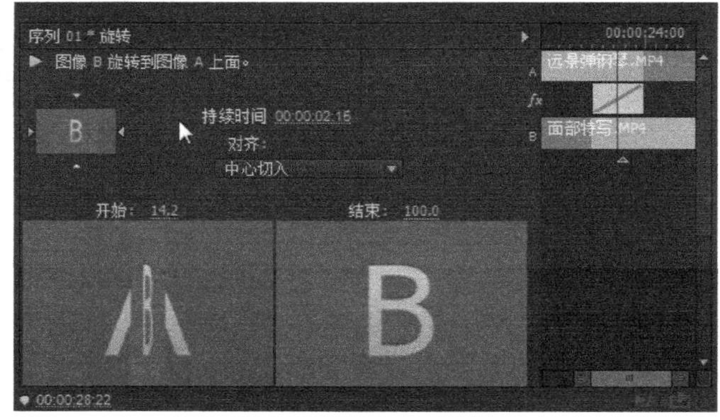

图 4.3.9 “旋转”特效的设置面板

图 4.3.10 所示的是“旋转”视频过渡特效的变化过程。

（a）

（b）

图 4.3.10 “旋转”视频过渡特效

6. 旋转离开

“旋转离开”实现的是将第二段素材的入点图像通过透视平面旋转覆盖到第一段素材上的过程，也就是说第二段素材的入点图像呈现的是梯形的样子。图 4.3.11 所示的是“旋转离开”特效的设置面板，单击左上角特效示意图上的 4 个小三角形，可以更改第二段素材的入点图像旋转进入的方向。

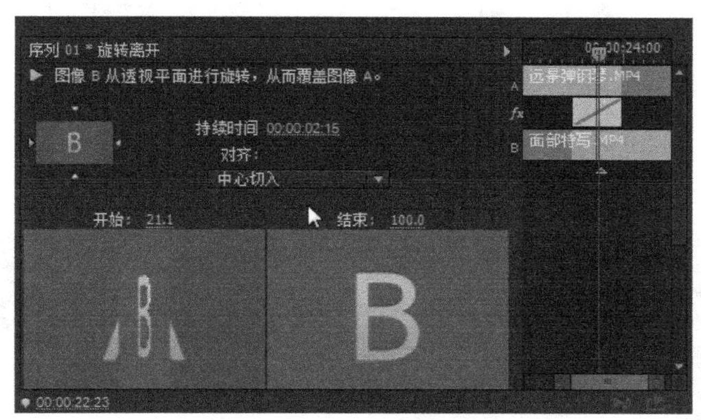

图 4.3.11　“旋转离开”特效的设置面板

图 4.3.12 所示的是“旋转离开”视频过渡特效的变化过程。

（a）

（b）

图 4.3.12　“旋转离开”视频过渡特效

在“旋转”视频过渡特效中，第二段素材的入点图像呈现的是矩形的样子；在“旋转离开”视频过渡特效中，第二段素材的入点图像呈现的是梯形的样子。这是两种特效外观上的区别。

7. 立方体旋转

“立方体旋转”实现的是将第一段素材的图像进行旋转，最终显示出第二段素材的过程。在旋转的过程中，第一段素材的图像和第二段素材的图像分别投影到立方体的两个面上。图 4.3.13 所示的是“立方体旋转”特效的设置面板，单击左上角特效示意图上的 4 个小三角形，可以更改图像旋转的方向。

图 4.3.14 所示的是“立方体旋转”视频过渡特效的变化过程。

如果不仔细观察，“立方体旋转”和“摆出”两种特效在过程中很像，而和“摆出”相比，“立方体旋转”突出的是特效的立体效果。

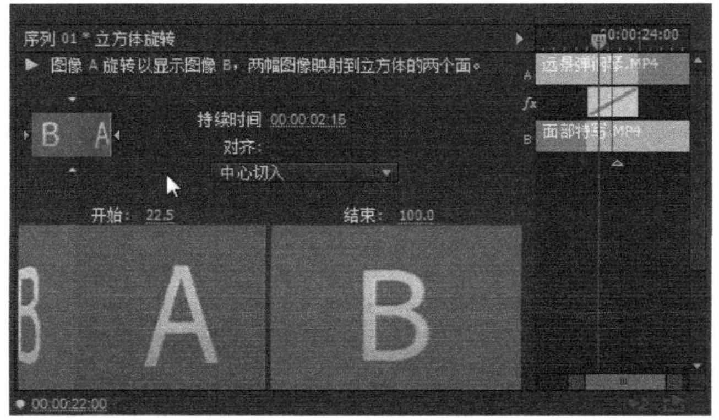

图 4.3.13 “立方体旋转”特效的设置面板

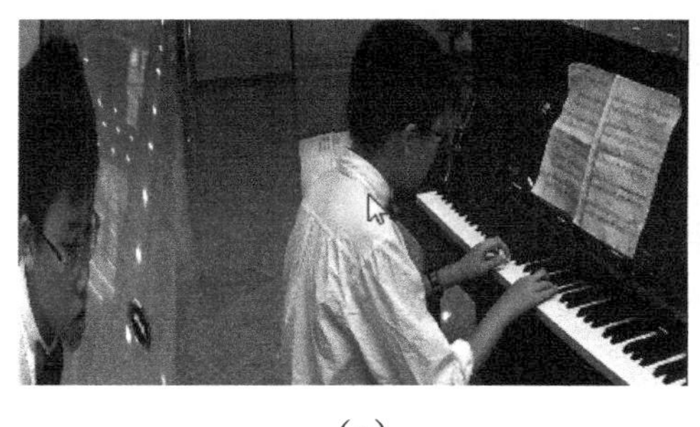

（a）

（b）

图 4.3.14 “立方体旋转”视频过渡特效

8. 筋斗过渡

“筋斗过渡”实现的是将第一段素材的图像像翻筋斗一样翻出，最终显示出第二段素材图像的过程。图 4.3.15 所示的是“筋斗过渡”特效的设置面板，单击左上角特效示意图上的 4 个小三角形，可以更改第一段素材图像筋斗翻出的方向。

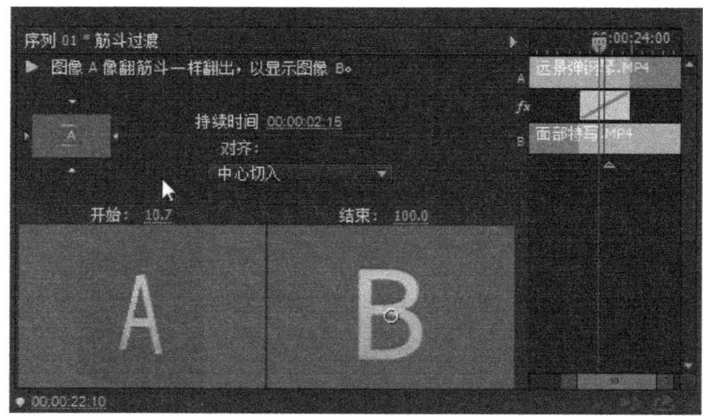

图 4.3.15 “筋斗过渡”特效的设置面板

图 4.3.16 所示的是“筋斗过渡”视频过渡特效的变化过程。

9. 翻转

“翻转”实现的是将第一段素材图像旋转消失在左上角特效示意图上的颜色中，然后第二段素材图像旋转翻出，显示到整个窗口的过程。图 4.3.17 所示的是“翻转”特效的设置面板，单击左上角特效示意图上的 4 个小三角形，可以更改第一段素材图像旋转的方向。

（a）

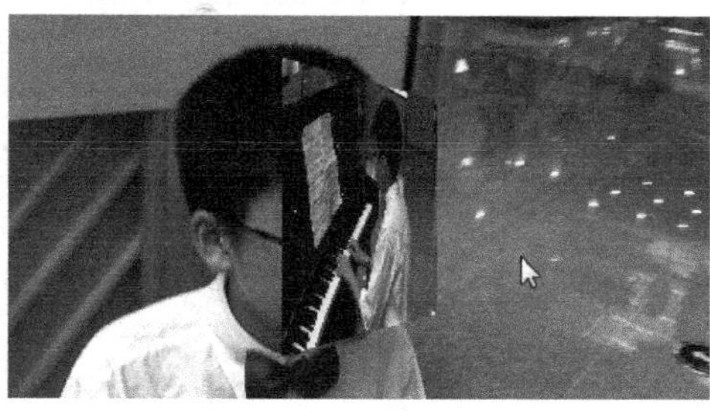

（b）

图 4.3.16 “筋斗过渡”视频过渡特效

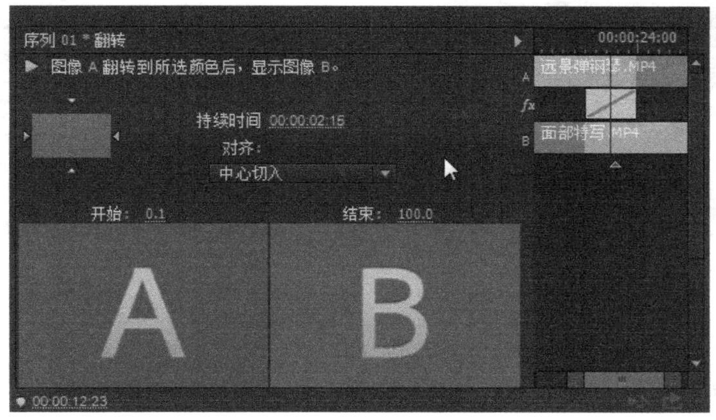

图 4.3.17 “翻转”特效的设置面板

图 4.3.18 所示的是“翻转”视频过渡特效的变化过程。

（a）

（b）

图 4.3.18 “翻转”视频过渡特效

10. 门

“门”实现的是将第二段素材的入点图像像两扇门一样关闭，覆盖到第一段素材图像上的过程。图 4.3.19 所示的是“门”特效的设置面板，单击左上角特效示意图上的 4 个小三角形，可以更改第二段素材的入点图像进入的方向。

图 4.3.20 所示的是“门”视频过渡特效的变化过程。

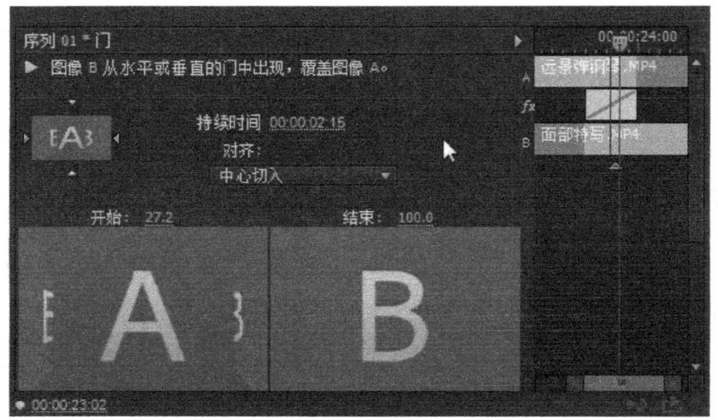

图 4.3.19 “门”特效的设置面板

（a）

（b）

图 4.3.20 “门”视频过渡特效

4.3.2 伸缩视频过渡

伸缩视频过渡有 4 种特效。

1. 交叉伸展

“交叉伸展”实现的是将第二段素材的入点图像从一端开始伸展，而第一段素材的图像开始压缩，直至消失的过程。图 4.3.21 所示的是“交叉伸展”特效的设置面板，单击左上角特效示意图上的 4 个小三角形，可以更改第二段素材的入点图像伸展的方向。

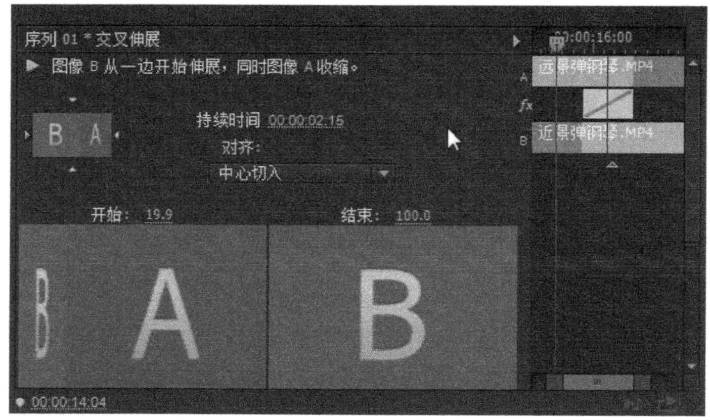

图 4.3.21 “交叉伸展”特效的设置面板

图 4.3.22 所示的是“交叉伸展”视频过渡特效的变化过程。

（a）

（b）

图 4.3.22 “交叉伸展”视频过渡特效

2. 伸展

“伸展”实现的是将第二段素材的入点图像伸展到整个画面窗口，完全覆盖第一段素材图像的过程。图 4.3.23 所示的是“伸展”特效的设置面板，单击左上角特效示意图上的 8 个小三角形，可以更改第二段素材的入点图像进入的位置和方向。

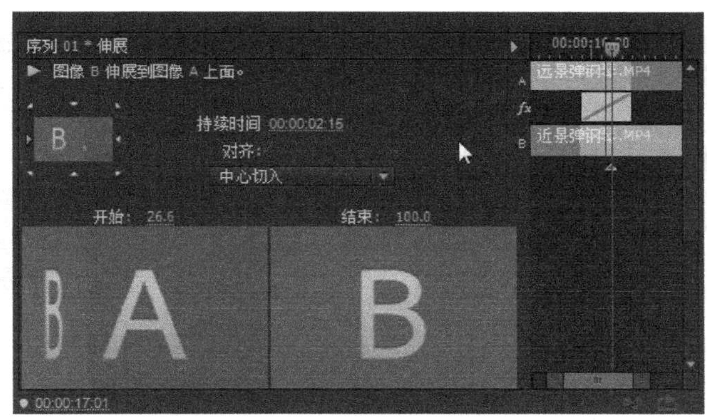

图 4.3.23 “伸展”特效的设置面板

图 4.3.24 所示的是“伸展”视频过渡特效的变化过程，仔细观察可以发现，在第二段素材入点图像伸展的过程中，第一段素材的图像没有发生变化。

（a）

（b）

图 4.3.24 “伸展”视频过渡特效

3. 伸展覆盖

“伸展覆盖”实现的是将第二段素材的入点图像沿一条线展开，覆盖到第一段素材图像上的过程。图 4.3.25 所示的是“伸展覆盖”特效的设置面板，单击左上角特效示意图上的 4 个小三角形，可以选择第二段素材图像进入的方式是横向还是纵向。

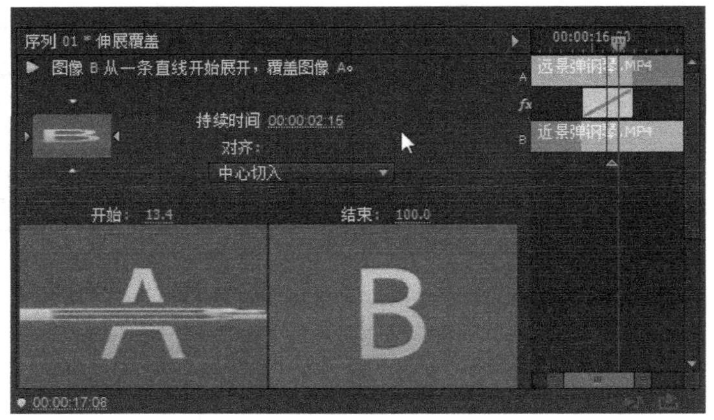

图 4.3.25 “伸展覆盖”特效的设置面板

图 4.3.26 所示的是“伸展覆盖”视频过渡特效的变化过程。

（a）

（b）

图 4.3.26 “伸展覆盖”视频过渡特效

4. 伸展进入

“伸展进入”实现的是将第一段素材的图像逐渐消隐，而第二段素材图像逐渐显现并覆盖到第一段素材图像上的过程。图 4.3.27 所示的是“伸展进入”特效的设置面板，单击左上角特效示意图上的 4 个小三角形，可以更改第二段素材的入点图像进入的方向。

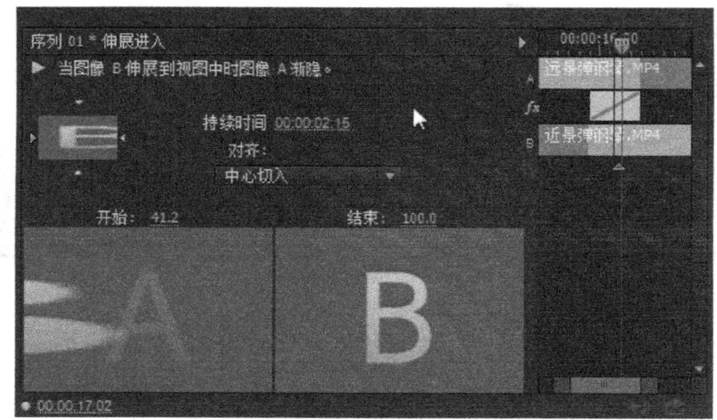

图 4.3.27 “伸展进入”特效的设置面板

图 4.3.28 所示的是“伸展进入”视频过渡特效的变化过程。

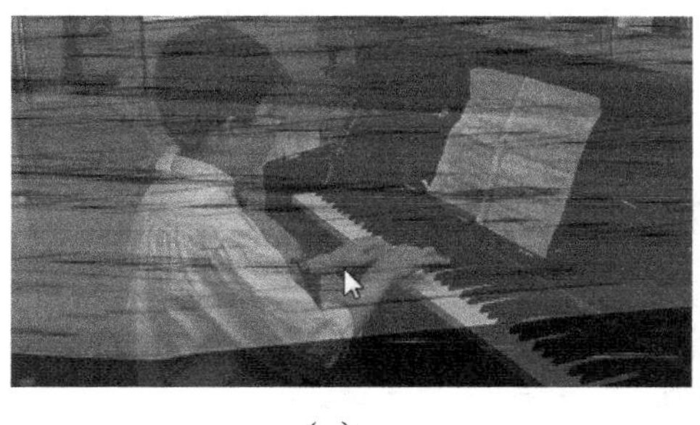

（a）

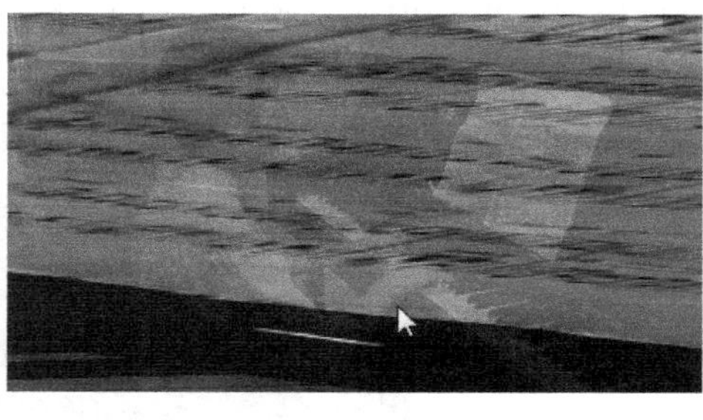

（b）

图 4.3.28 “伸展进入”视频过渡特效

4.3.3 划像视频过渡

划像视频过渡主要通过分割图像的方式来完成场景的转换，它有以下 7 种特效。

1. 交叉划像

“交叉划像”实现的是将第一段素材的图像以交叉的形式分割、擦除，最终显示下面第二段素材图像的过程。图 4.3.29 所示的是“交叉划像”特效的设置面板。

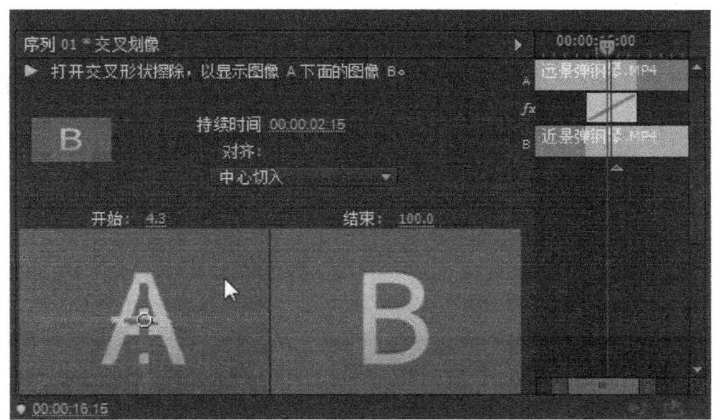

图 4.3.29 “交叉划像”特效的设置面板

图 4.3.30 所示的是“交叉划像”视频过渡特效的变化过程。

（a）

（b）

图 4.3.30 “交叉划像”视频过渡特效

2. 划像形状

“划像形状”实现的是将第一段素材的图像以某种形状或形状集的形式进行分割并擦除，显示出第二段素材的过程。图 4.3.31 所示的是“划像形状”特效的设置面板，单击左上角特效示意图上的 4 个小三角形，可以更改第二段素材的入点图像进入的方向。

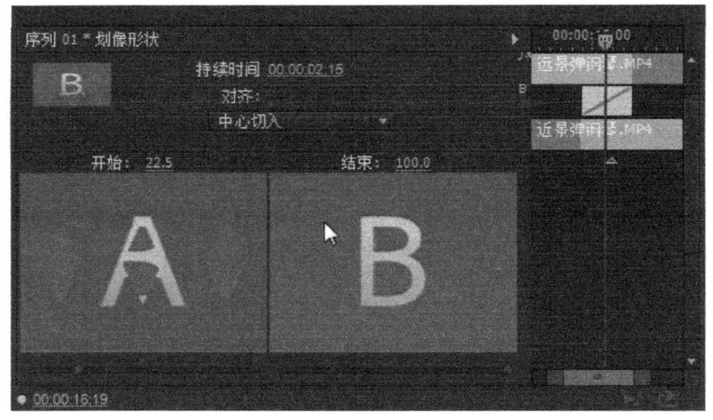

图 4.3.31 “划像形状”特效的设置面板

单击设置面板最下面的“自定义”按钮，可以打开“划像形状设置”对话框，对形状的样式等进行设置，如图 4.3.32 所示。

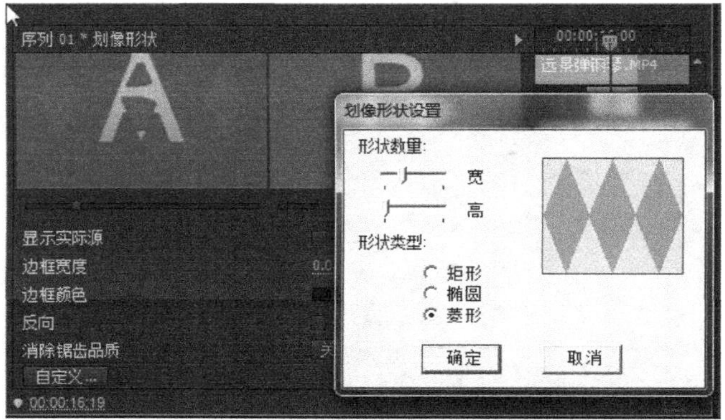

图 4.3.32 对划像形状的样式进行设置

图 4.3.33 所示的是“划像形状”视频过渡特效的变化过程。

（a）

（b）

图 4.3.33 “划像形状”视频过渡特效

3. 圆划像

“圆划像”实现的是在第一段素材的中心，以同心圆的形状向外扩展擦除，显示出第二段素材图像的过程。图 4.3.34 所示的是“圆划像”特效的设置面板。

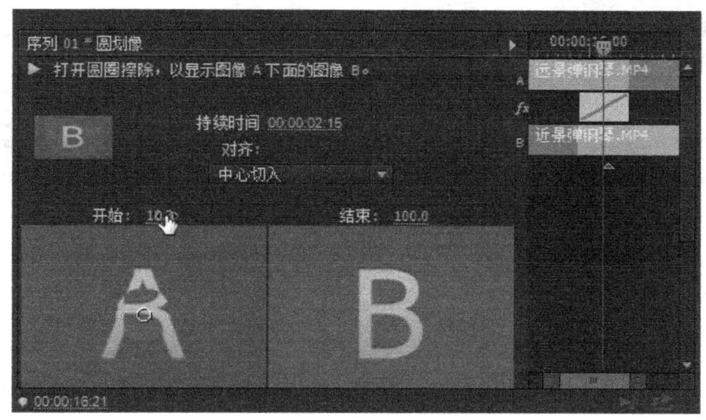

图 4.3.34　“圆划像”特效的设置面板

图 4.3.34 所示的是“圆划像”视频过渡特效的变化过程。

（a）

（b）

图 4.3.35　“圆划像”视频过渡特效

4. 星形划像

“星形划像”实现的是在第一段素材的中心，以星形的形状向外扩张擦除，显示出第二段素材图像的过程。图 4.3.36 所示的是“星形划像”特效的设置面板。

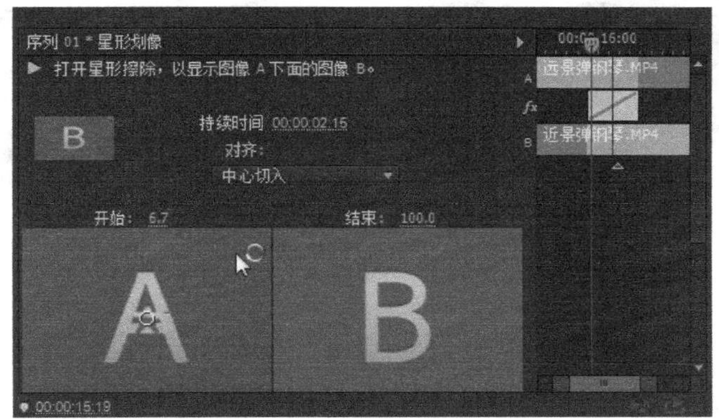

图 4.3.36　“星形划像”特效的设置面板

图 4.3.37 所示的是“星形划像”视频过渡特效的变化过程。

（a）

（b）

图 4.3.37 “星形划像”视频过渡特效

5. 点划像

“点划像”实现的是在第一段素材的图像上，从 4 个边的方向擦除图像，最后显示出第二段素材图像的过程。图 4.3.38 所示的是“点划像”特效的设置面板。

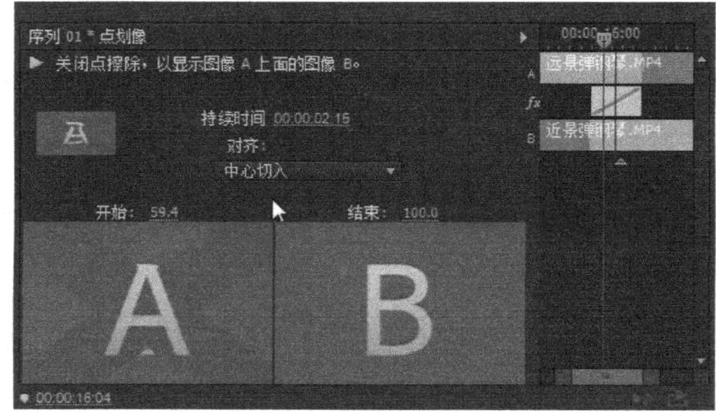

图 4.3.38 “点划像”特效的设置面板

图 4.3.39 所示的是“点划像”视频过渡特效的变化过程。

（a）

（b）

图 4.3.39 “点划像”视频过渡特效

6. 盒形划像

“盒形划像”类似于“圆划像”，它是以矩形的形状向外擦除，显示出第二段素材的入点图像的过程。图 4.3.40 所示的是“盒形划像”特效的设置面板。

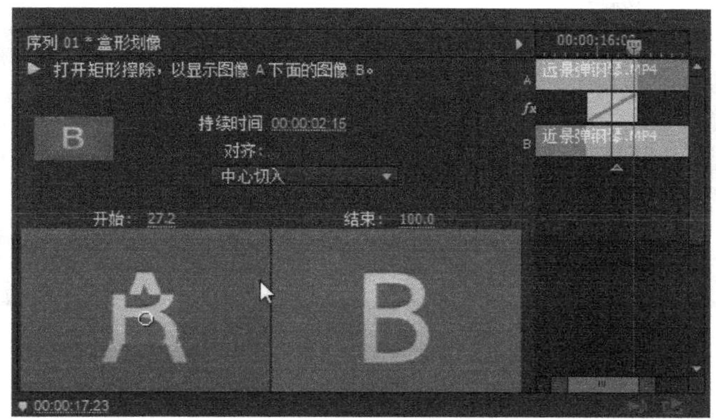

图 4.3.40 “盒形划像”特效的设置面板

图 4.3.41 所示的是“盒形划像”视频过渡特效的变化过程。

（a）

（b）

图 4.3.41 “盒形划像”视频过渡特效

7. 菱形划像

“菱形划像”实现的是以“菱形”的形状向外擦除图像，最终显示出第二段素材的图像过程。图 4.3.42 所示的是“菱形划像”特效的设置面板。

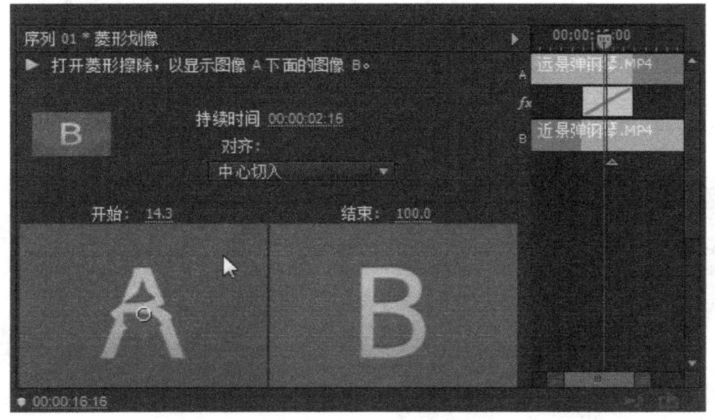

图 4.3.42 “菱形划像”特效的设置面板

图 4.3.43 所示的是“菱形划像”视频过渡特效的变化过程。

（a）

（b）

图 4.3.43　“菱形划像”视频过渡特效

4.3.4　擦除视频过渡

擦除视频过渡有以下 17 种特效。

1. 划出

“划出”实现的是以移动的方式将第一段素材的图像擦除，显示出第二段素材图像的过程。图 4.3.44 所示的是“划出”特效的设置面板，单击左上角特效示意图上的 8 个小三角形，可以更改第二段素材的入点图像进入的方向。

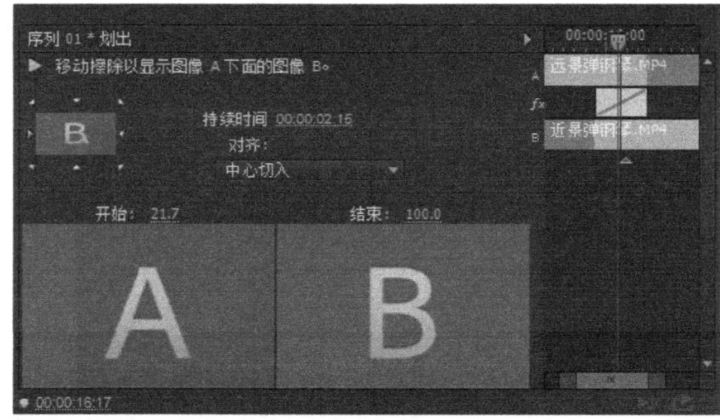

图 4.3.44　“划出”特效的设置面板

图 4.3.45 所示的是“划出”视频过渡特效的变化过程。

（a）

（b）

图 4.3.45　“划出”视频过渡特效

2. 双侧平推门

“双侧平推门”实现的是将第二段素材的入点图像，像推门一样由中央向外打开，擦除第一段素材图像的过程。图 4.3.46 所示的是“双侧平推门”特效的设置面板，单击左上角特效示意图上的 4 个小三角形，可以更改第二段素材的入点图像进入的方向。

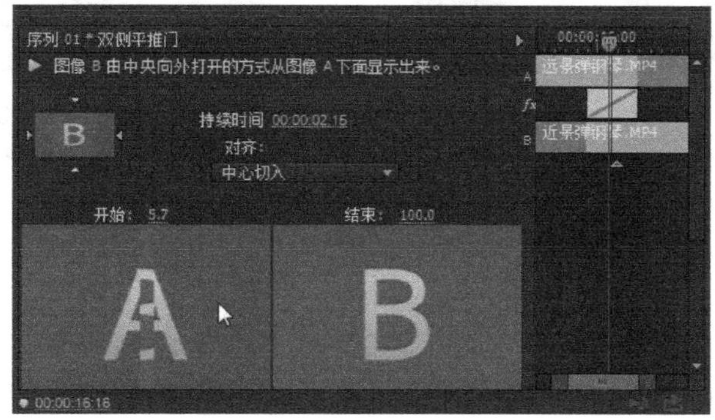

图 4.3.46　“双侧平推门”特效的设置面板

图 4.3.47 所示的是“双侧平推门”视频过渡特效的变化过程。

（a）

（b）

图 4.3.47　“双侧平推门”视频过渡特效

3. 带状擦除

“带状擦除”实现的是第二段素材的入点图像，在水平、垂直或者对角线方向上以带状擦除的方式将第一段素材图像擦除，最终完全显示的过程。图 4.3.48 所示的是“带状擦除”特效的设置面板，单击左上角特效示意图上的 8 个小三角形，可以更改第二段素材的入点图像进入的方向。

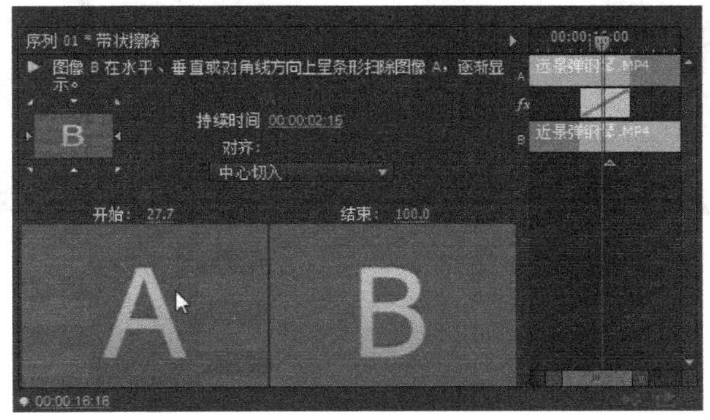

图 4.3.48　“带状擦除”特效的设置面板

图 4.3.49 所示的是“带状擦除”视频过渡特效的变化过程。

（a）

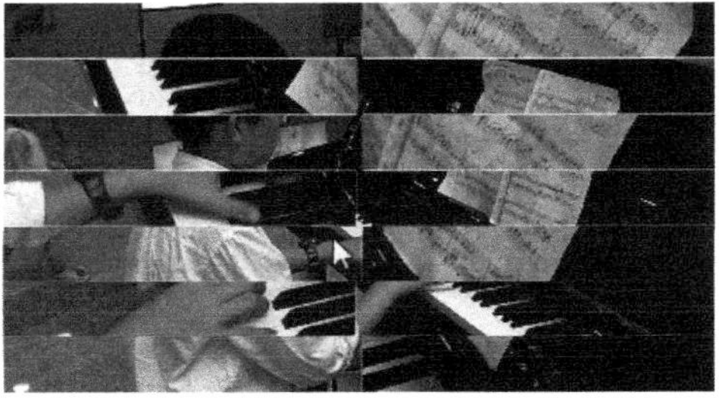

（b）

图 4.3.49　“带状擦除”视频过渡特效

4. 径向擦除

“径向擦除”实现的是以一个角为原点，以半径擦除的方式将第一段素材图像擦除，同时显示出第二段素材图像的过程。图 4.3.50 所示的是“径向擦除”特效的设置面板，单击左上角特效示意图上的 4 个小三角形，可以更改“径向擦除”的原点。

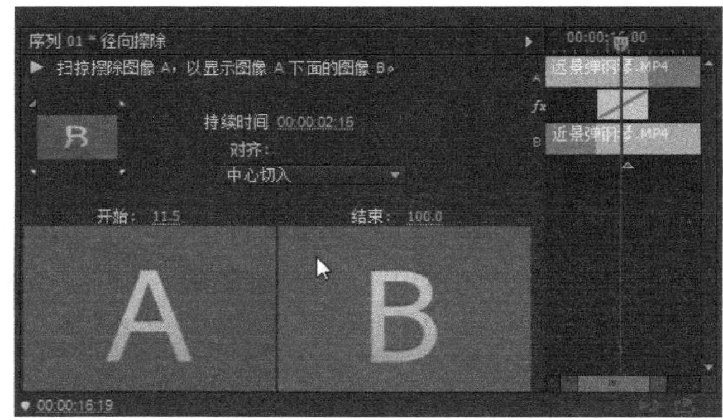

图 4.3.50　“径向擦除”特效的设置面板

图 4.3.51 所示的是“径向擦除”视频过渡特效的变化过程。

（a）

（b）

图 4.3.51　“径向擦除”视频过渡特效

5. 插入

“插入”实现的是从画面的一个角开始，以“矩形”的形状向对角线方向擦除第一段素材图像，并将第二段素材的入点图像显示出来的过程。图 4.3.52 所示的是“插入”特效的设置面板，单击左上角特效示意图上的 4 个小三角形，可以更改第二段素材的入点图像进入的方向。

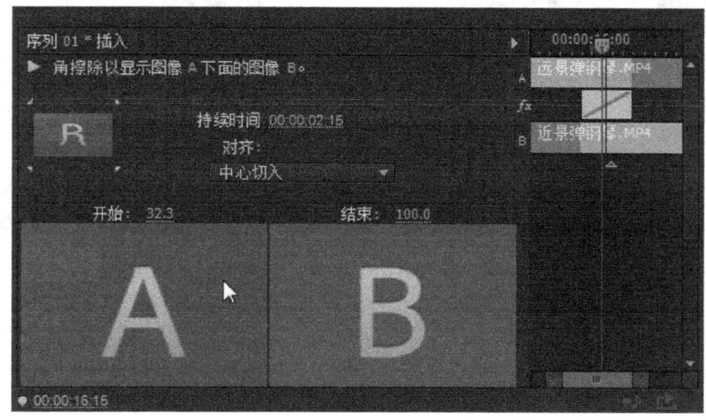

图 4.3.52　“插入”特效的设置面板

图 4.3.53 所示的是“插入”视频过渡特效的变化过程。

（a）

（b）

图 4.3.53　“插入”视频过渡特效

6. 时钟式擦除

“时钟式擦除”实现的是以画面的中心为圆心，然后像钟表指针一样擦除第一段素材图像，并将第二段素材的入点图像显示出来的过程。图 4.3.54 所示的是“时钟式擦除”特效的设置面板，单击左上角特效示意图上的 8 个小三角形，可以更改擦除起点的位置。

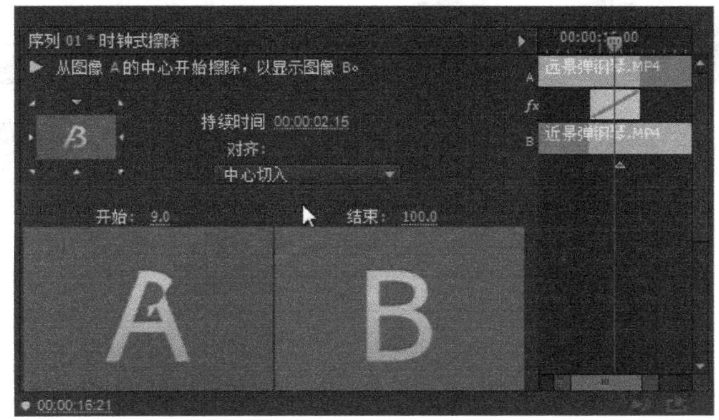

图 4.3.54　“时钟式擦除”特效的设置面板

图 4.3.55 所示的是“时钟式擦除”视频过渡特效的变化过程。

（a）

（b）

图 4.3.55　“时钟式擦除”视频过渡特效

7. 棋盘

“棋盘”实现的是将第一段素材的图像由两组框交替擦除，就像国际象棋的棋盘一样，最终显示出第二段素材入点图像的过程。图 4.3.56 所示的是“棋盘”特效的设置面板。

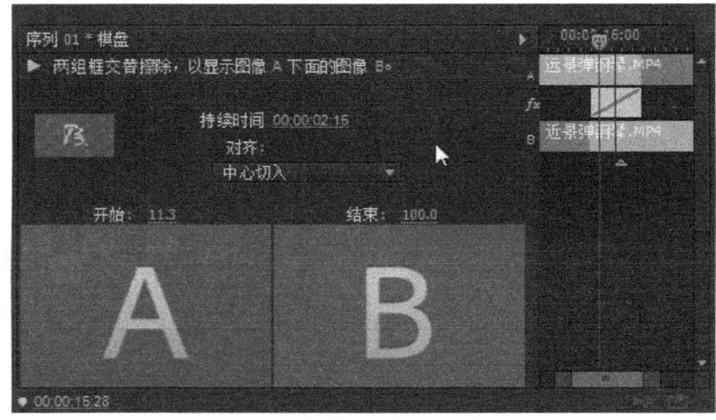

图 4.3.56　“棋盘”特效的设置面板

图 4.3.57 所示的是“棋盘”视频过渡特效的变化过程。

（a）

（b）

图 4.3.57　“棋盘”视频过渡特效

8. 棋盘擦除

“棋盘擦除”和“棋盘”的效果很像，只是“棋盘擦除”不是一个格一个格进行擦除的，而是像国际象棋棋盘一样，同时擦除不相邻的格，最终显示出第二段素材的入点图像的过程。

图 4.3.58 所示的是“棋盘擦除”特效的设置面板，单击左上角特效示意图上的 8 个小三角形，可以更改擦除的方向。

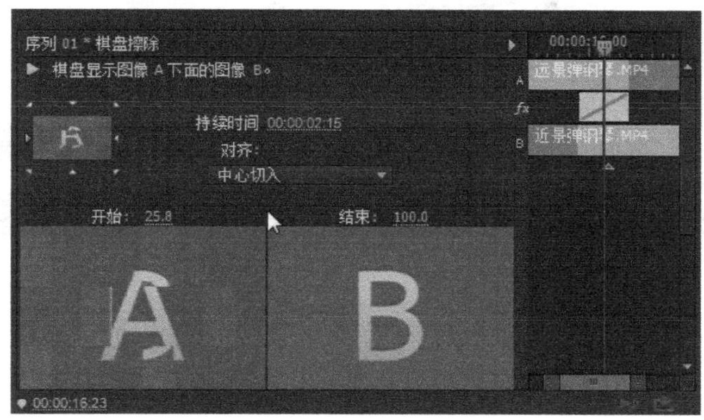

图 4.3.58　“棋盘擦除”特效的设置面板

图 4.3.59 所示的是“棋盘擦除”视频过渡特效的变化过程。

（a）

（b）

图 4.3.59　“棋盘擦除”视频过渡特效

9. 楔形擦除

“楔形擦除”初看起来像“时钟式擦除”视频过渡特效，但它是从顺时针、逆时针方向同时擦除的，开始的状态就像一个楔子。图 4.3.60 所示的是“楔形擦除”特效的设置面板，单击左上角特效示意图上的 8 个小三角形，可以更改特效的开始位置。

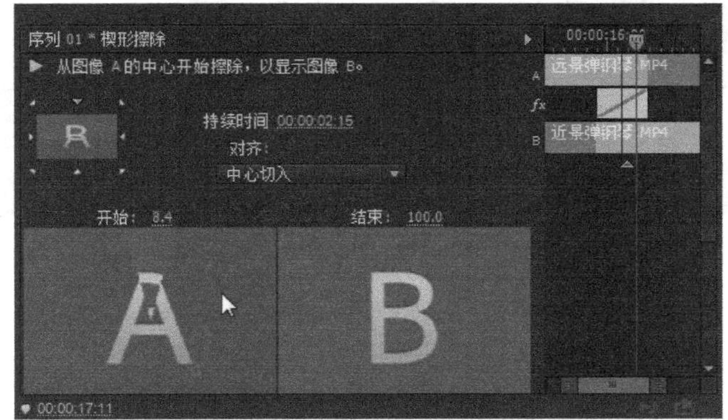

图 4.3.60　“楔形擦除”特效的设置面板

图 4.3.61 所示的是“楔形擦除”视频过渡特效的变化过程。

（a）　　（b）

图 4.3.61　“楔形擦除”视频过渡特效

10. 水波块

“水波块”实现的是用来回反复的方式，对第一段素材图像进行块状擦除，最终显示出第二段素材的入点图像的过程。图 4.3.62 所示的是“水波块”特效的设置面板，单击左上角特效示意图上的 4 个小三角形，可以更改第二段素材的入点图像进入的方向。

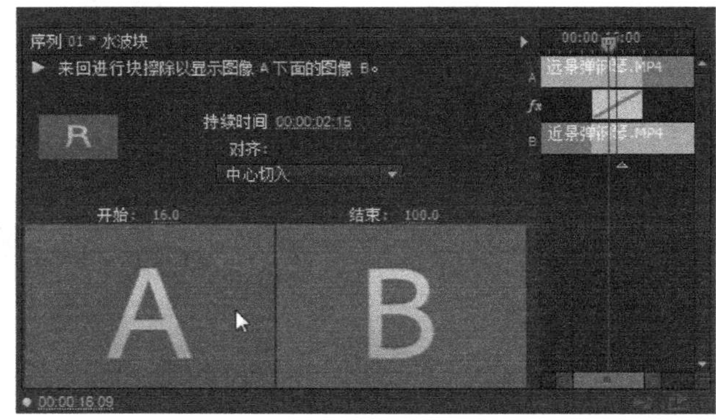

图 4.3.62　“水波块”特效的设置面板

图 4.3.63 所示的是“水波块”视频过渡特效的变化过程。

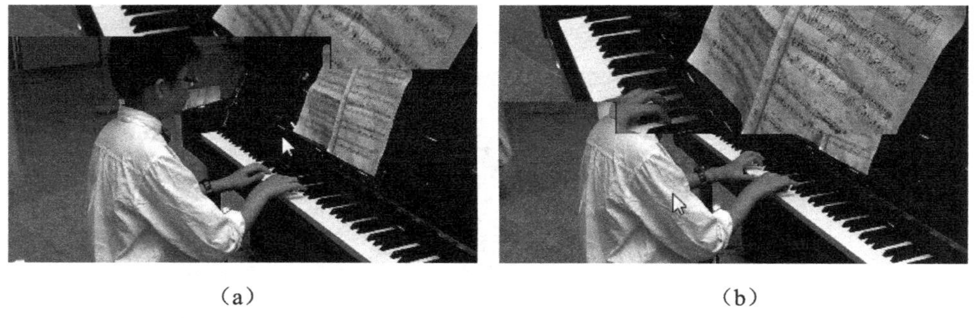

（a）　　（b）

图 4.3.63　“水波块”视频过渡特效

11. 油漆飞溅

“油漆飞溅”实现的是模仿油漆滴落的方式擦除第一段素材图像，同时在滴落的位置显示第二段素材的入点图像，最终显示出第二段素材图像的过程。图 4.3.64 所示的是“油漆飞溅”

特效的设置面板。

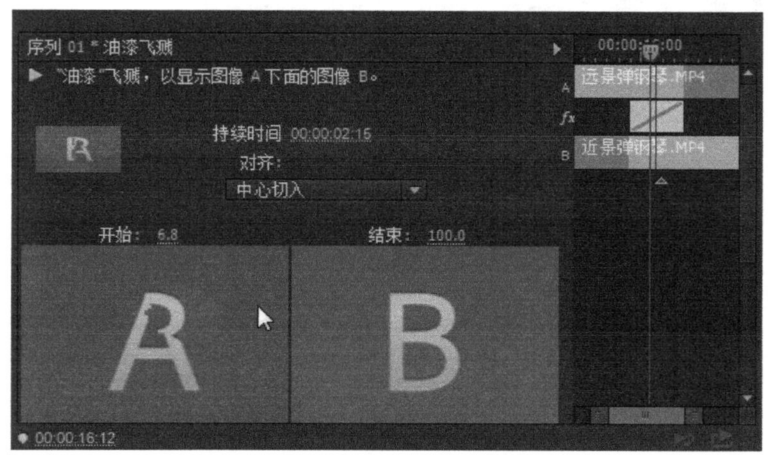

图 4.3.64 “油漆飞溅”特效的设置面板

图 4.3.65 所示的是“油漆飞溅”视频过渡特效的变化过程。

（a）

（b）

图 4.3.65 “油漆飞溅”视频过渡特效

12. 渐变擦除

在使用“渐变擦除”特效时，首先会弹出如图 4.3.66 所示的“渐变擦除设置”对话框，单击“选择图像”按钮，选择一幅图像，这幅图像将参与到特效当中。图 4.3.67 所示的是选择一幅小鱼图像的结果。

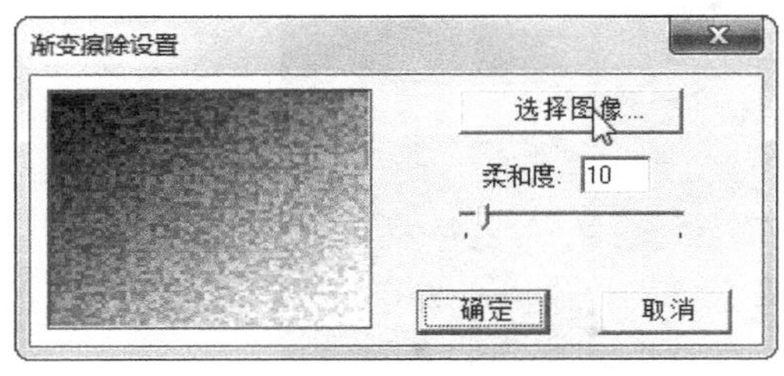

图 4.3.66 “渐变擦除设置”对话框

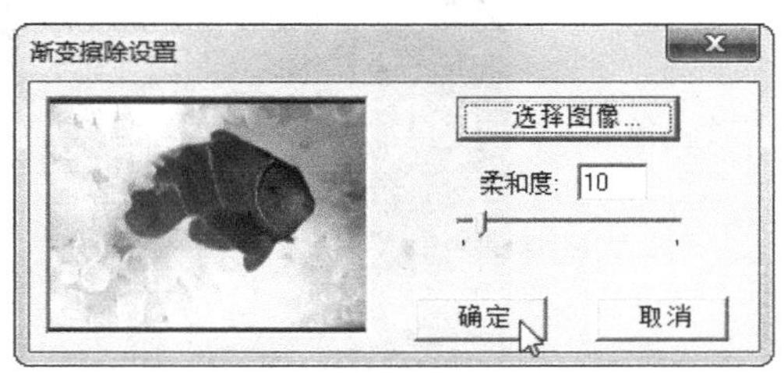

图 4.3.67 选择一幅小鱼图像

“渐变擦除”特效将使用选择的图像，然后采用渐变柔和的方式逐渐显示出第二段素材的入点图像，覆盖到第一段素材图像上的过程。图 4.3.68 所示的是“渐变擦除”特效的设置面板，从左上角特效示意图上可以看到小鱼的形状。

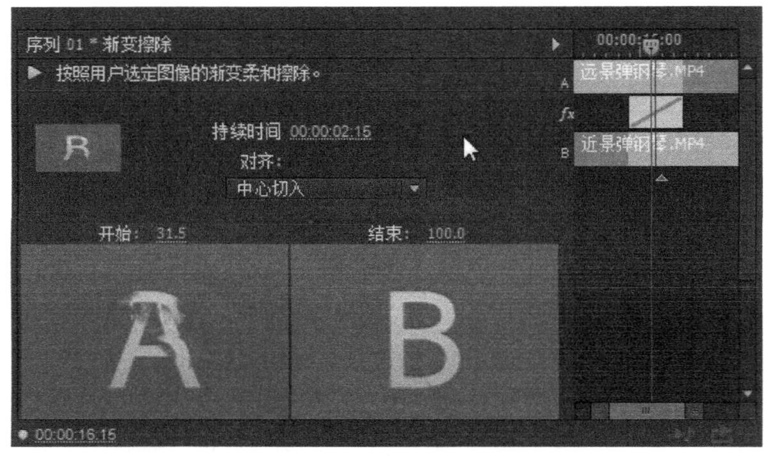

图 4.3.68　“渐变擦除”特效的设置面板

图 4.3.69 所示的是“渐变擦除”视频过渡特效的变化过程。

（a）

（b）

图 4.3.69　“渐变擦除”视频过渡特效

13. 百叶窗

“百叶窗”实现的是以类似百叶窗的样子擦除第一段素材图像，显示出第二段素材图像的过程。图 4.3.70 所示的是“百叶窗”特效的设置面板，滑动滚动条，可以看到更多的设置，包括“百叶窗”的条块数。单击左上角特效示意图上的 4 个小三角形，可以更改百叶窗的方向。

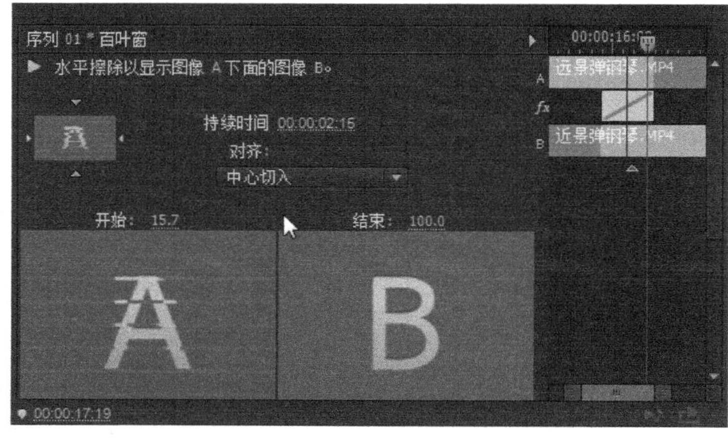

图 4.3.70　“百叶窗”特效的设置面板

图 4.3.71 所示的是“百叶窗”视频过渡特效的变化过程。

（a）

（b）

图 4.3.71　“百叶窗”视频过渡特效

14. 螺旋框

“螺旋框”实现的是从外向内，呈螺旋状擦除第一段素材图像，并显示出第二段素材图像的过程。图 4.3.72 所示的是“螺旋框”特效的设置面板。

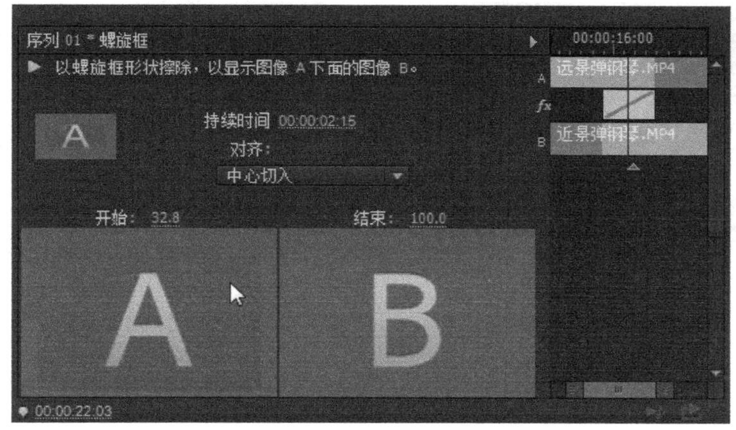

图 4.3.72　“螺旋框”特效的设置面板

图 4.3.73 所示的是“螺旋框”视频过渡特效的变化过程。

（a）

（b）

图 4.3.73　“螺旋框”视频过渡特效

15. 随机块

“随机块”实现的是随机出现一些小方块将第一段素材图像擦除，并同时显示出第二段素材图像的过程。图 4.3.74 所示的是“随机块”特效的设置面板。

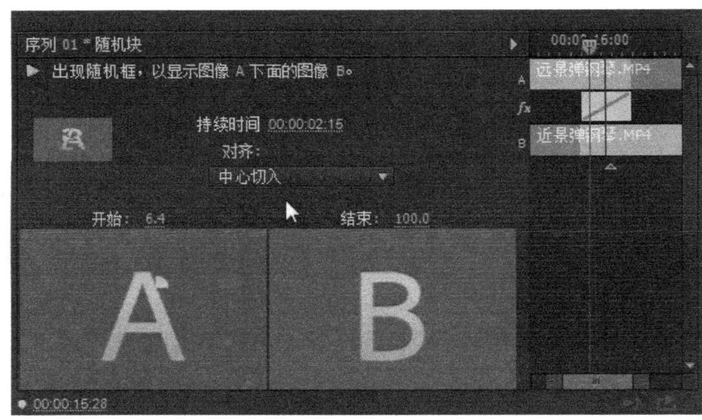

图 4.3.74 “随机块”特效的设置面板

图 4.3.75 所示的是“随机块”视频过渡特效的变化过程。

（a）

（b）

图 4.3.75 “随机块”视频过渡特效

16. 随机擦除

“随机擦除”实现的是在第一段素材图像的边缘随机进行擦除，显示出第二段素材图像的过程。图 4.3.76 所示的是“随机擦除”特效的设置面板，单击左上角特效示意图上的 4 个小三角形，可以更改随机擦除出现的方向。

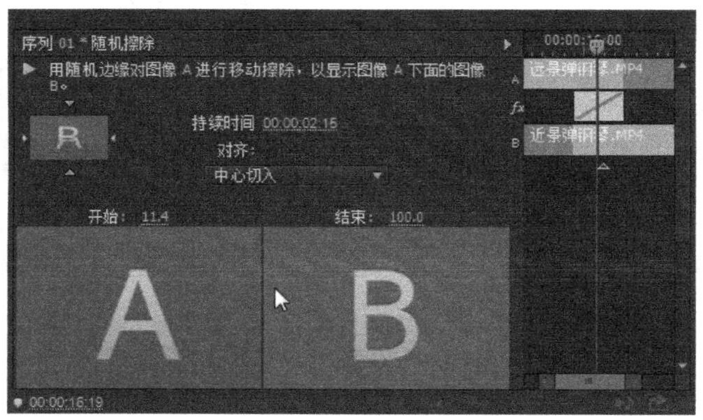

图 4.3.76 “随机擦除”特效的设置面板

图 4.3.77 所示的是“随机擦除”视频过渡特效的变化过程。

（a）

（b）

图 4.3.77　“随机擦除”视频过渡特效

17. 风车

“风车”实现的是以第一段素材图像的中心为圆点，出现多个擦除区域，像风车叶片一样将图像擦除，最终显示出第二段素材入点图像的过程。图 4.3.78 所示的是“风车”特效的设置面板。

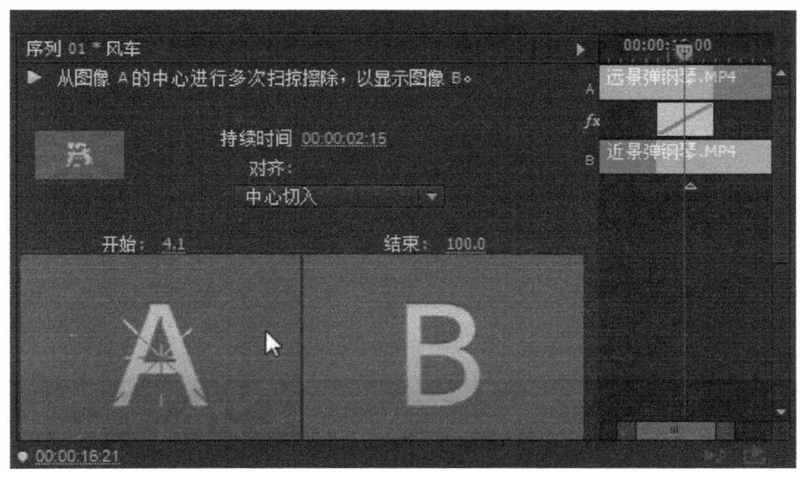

图 4.3.78　“风车”特效的设置面板

图 4.3.79 所示的是“风车”视频过渡特效的变化过程。

（a）

（b）

图 4.3.79　“风车”视频过渡特效

4.3.5 映射视频过渡

映射视频过渡有以下两种视频特效。

1. 声道映射

使用“声道映射”时，会弹出如图 4.3.80 所示的“通道映射设置”对话框，在该对话框中可以对第一段素材的映射通道进行设置。

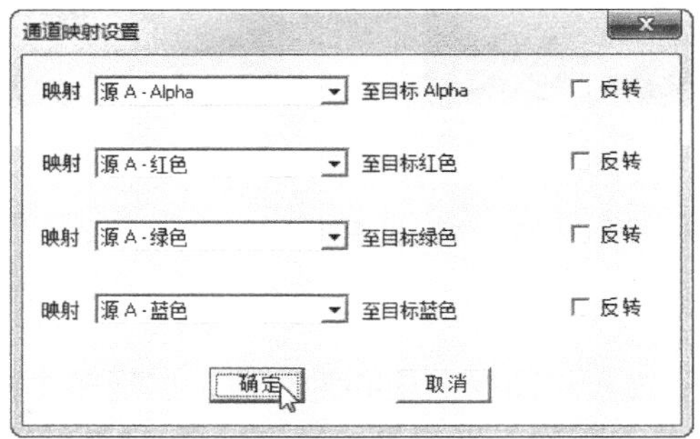

图 4.3.80 “通道映射设置”对话框

“声道映射”特效实现的是将第一段素材的图像和第二段素材的图像通过选定的通道进行输出。图 4.3.81 所示的是“声道映射”特效的设置面板。

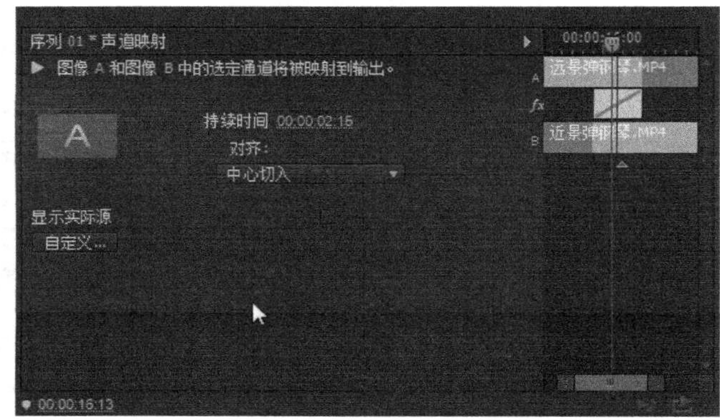

图 4.3.81 “声道映射”特效的设置面板

图 4.3.82 所示的是将两段素材图像进行反转映射的过渡特效。

图 4.3.82 “声道映射”视频过渡特效

2. 明亮度映射

“明亮度映射”实现的是将第一段素材图像的明亮度映射到第二段素材的图像上。图 4.3.83 所示的是“明亮度映射”特效的设置面板。

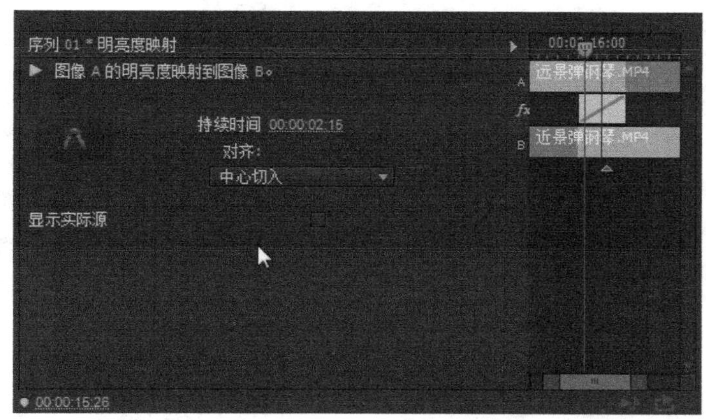

图 4.3.83　“明亮度映射”特效的设置面板

图 4.3.84 所示的是“明亮度映射”视频过渡特效。

图 4.3.84　“明亮度映射”视频过渡特效

4.3.6　溶解视频过渡

溶解主要以溶入、溶出及渗透等方式产生过渡效果。溶入是指一段视频剪辑开始的时候由暗逐渐变亮。溶出就是一段视频剪辑结束时由亮逐渐变暗。它们主要用于分割段落，表现时空的悠长转换，也称为淡入淡出，或者渐隐渐现。这种特效除了用于表现地点的转移外，还用于表现不同的情绪和节奏。

溶解视频过渡有以下 8 种特效。

1. 交叉溶解

“交叉溶解”实现的是将第一段素材图像渐渐隐没，也就是不透明度逐渐减低直至消失，逐渐显示出第二段素材图像的过程。图 4.3.85 所示的是“交叉溶解”特效的设置面板。

图 4.3.86 所示的是“交叉溶解”视频过渡特效的变化过程。

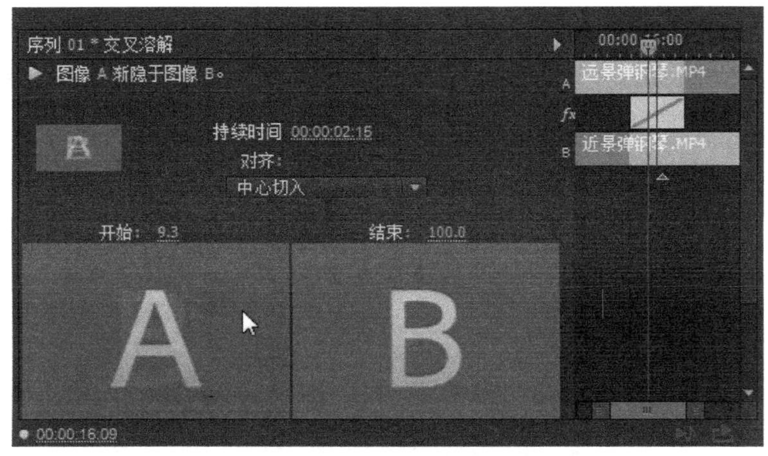

图 4.3.85　“交叉溶解”特效的设置面板

（a）

（b）

图 4.3.86　“交叉溶解”视频过渡特效

2. 叠加溶解

“叠加溶解”实现的是第一段素材图像渐渐隐没在第二段素材中，在隐没的过程中，图像的叠加部分发生颜色的变化。图 4.3.87 所示的是“叠加溶解”特效的设置面板。

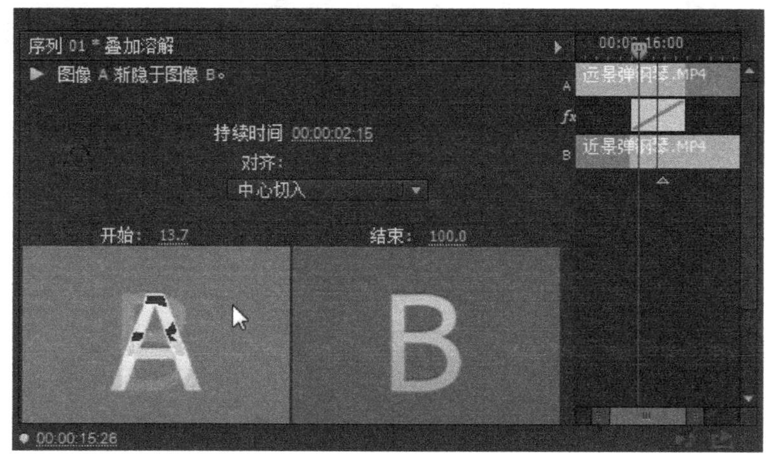

图 4.3.87　“叠加溶解”特效的设置面板

图 4.3.88 所示的是“叠加溶解”视频过渡特效的变化过程。

(a)

(b)

图 4.3.88　“叠加溶解”视频过渡特效

3. 抖动溶解

“抖动溶解”实现的是第一段素材图像渐渐隐没到第二段素材的图像中，在隐没的过程中，第二段素材的图像以点状渗透的方式出现。图 4.3.89 所示的是“抖动溶解”特效的设置面板。

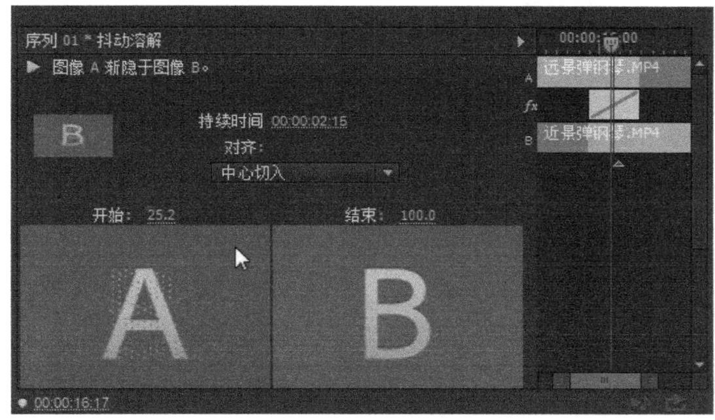

图 4.3.89　“抖动溶解”特效的设置面板

图 4.3.90 所示的是“抖动溶解”视频过渡特效的变化过程。

(a)

(b)

图 4.3.90　“抖动溶解”视频过渡特效

4. 渐隐为白色

“渐隐为白色”实现的是将第一段素材图像逐渐变为白色，然后从白色又逐渐显示出第二段素材图像的过程。图 4.3.91 所示的是“渐隐为白色”特效的设置面板。

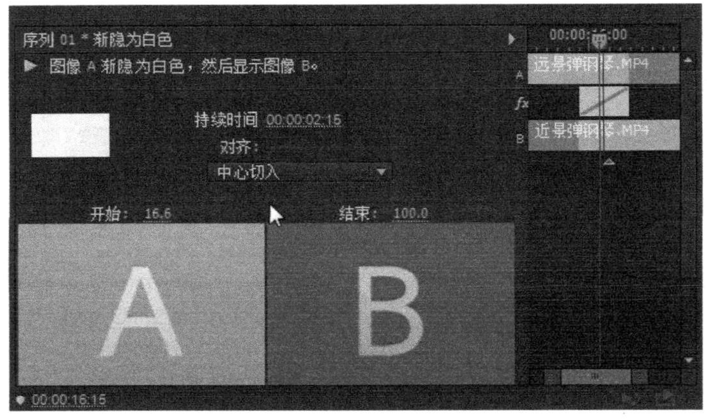

图 4.3.91　“渐隐为白色”特效的设置面板

图 4.3.92 所示的是“渐隐为白色”视频过渡特效的变化过程。

（a）

（b）

图 4.3.92　“渐隐为白色”视频过渡特效

5. 渐隐为黑色

“渐隐为黑色”实现的是第一段素材图像逐渐变为黑色，然后又从黑色逐渐显示出第二段素材图像的过程。图 4.3.93 所示的是“渐隐为黑色”特效的设置面板。

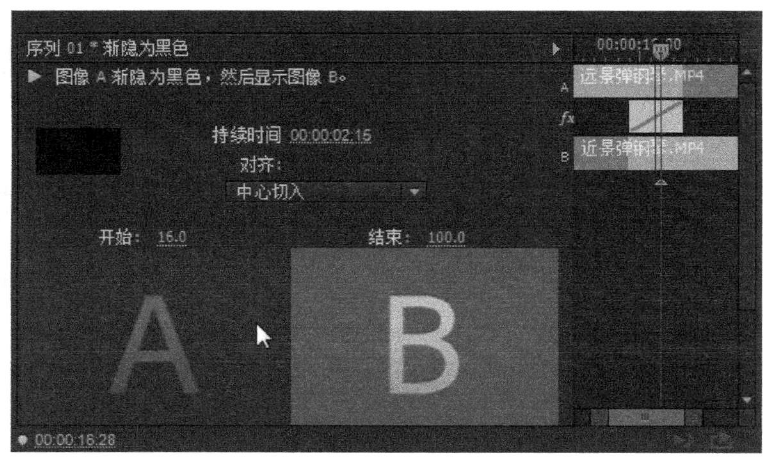

图 4.3.93　“渐隐为黑色”特效的设置面板

图 4.3.94 所示的是“渐隐为黑色”视频过渡特效的变化过程。

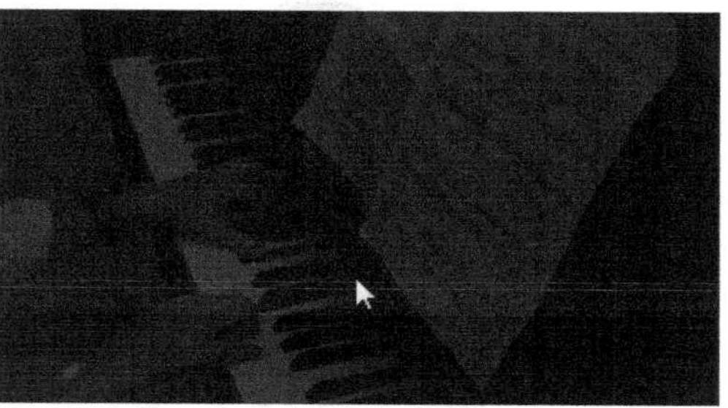

图 4.3.94 “渐隐为黑色”视频过渡特效

6. 胶片溶解

“胶片溶解”实现的是将第一段素材图像线性溶解于第二段素材图像的过程。图 4.3.95 所示的是“胶片溶解”特效的设置面板。

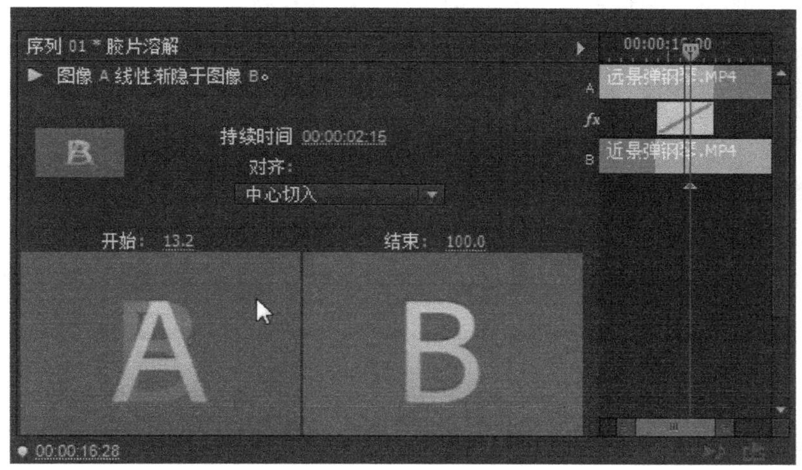

图 4.3.95 “胶片溶解”特效的设置面板

图 4.3.96 所示的是“胶片溶解”视频过渡特效的变化过程。

（a）

（b）

图 4.3.96 “胶片溶解”视频过渡特效

7. 随机反转

“随机反转”实现的是在第一段素材图像上随机出现反色色块并消失，同时第二段素材图像随机出现的过程。图 4.3.97 所示的是“随机反转”特效的设置面板。

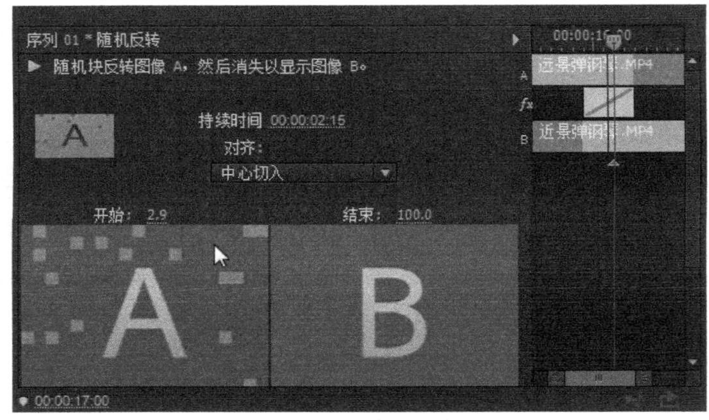

图 4.3.97 “随机反转”特效的设置面板

图 4.3.98 所示的是“随机反转”视频过渡特效的变化过程。

（a）

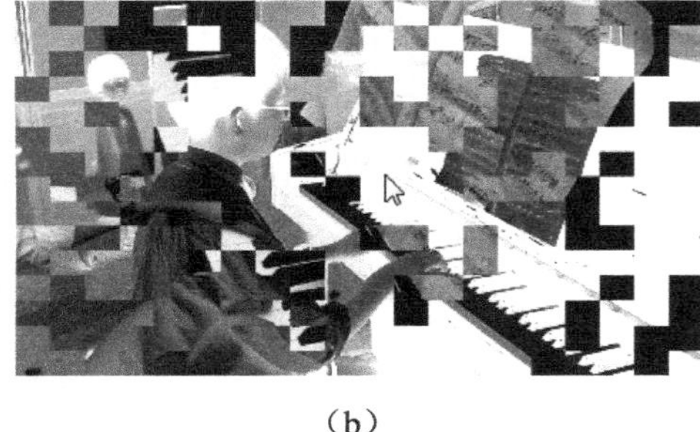

（b）

图 4.3.98 “随机反转”视频过渡特效

8. 非叠加溶解

“非叠加溶解”实现的特效是第二段素材图像的最亮部分在第一段素材图像上出现，然后逐渐显现在窗口中，而第一段素材图像则逐渐消失的过程。图 4.3.99 所示的是“非叠加溶解”特效的设置面板。

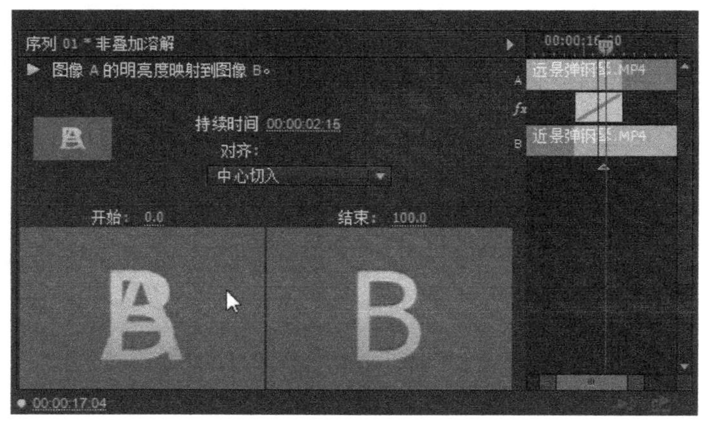

图 4.3.99 “非叠加溶解”特效的设置面板

图 4.3.100 所示的是“非叠加溶解”视频过渡特效的变化过程。

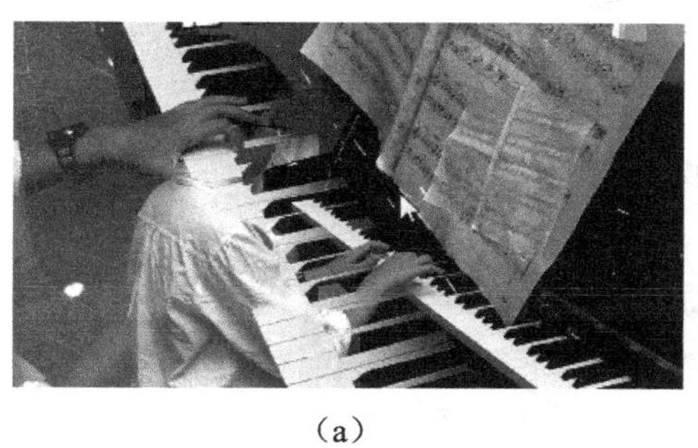

（a）

（b）

图 4.3.100　“非叠加溶解”视频过渡特效

4.3.7　滑动视频过渡

滑动视频过渡有以下 12 种特效。

1. 中心合并

在“中心合并”特效中，将第一段素材图像分为 4 个部分，然后向图像中心滑动并消失，最终显示出第二段素材图像的过程。图 4.3.101 所示的是“中心合并”特效的设置面板。

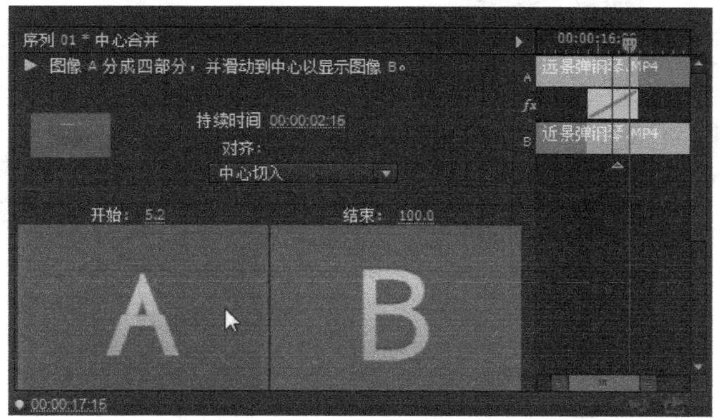

图 4.3.101　“中心合并”特效的设置面板

图 4.3.102 所示的是“中心合并”视频过渡特效的变化过程。

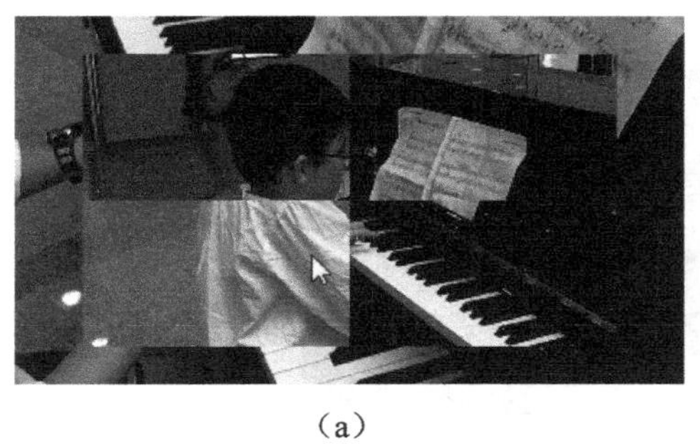

（a）

（b）

图 4.3.102　“中心合并”视频过渡特效

2. 中心拆分

“中心拆分”和“中心合并”正好相反，它是将第一段素材图像拆分为 4 块，然后向 4

个角滑动，最终显示出第二段素材图像的过程。图 4.3.103 所示的是“中心拆分”特效的设置面板。

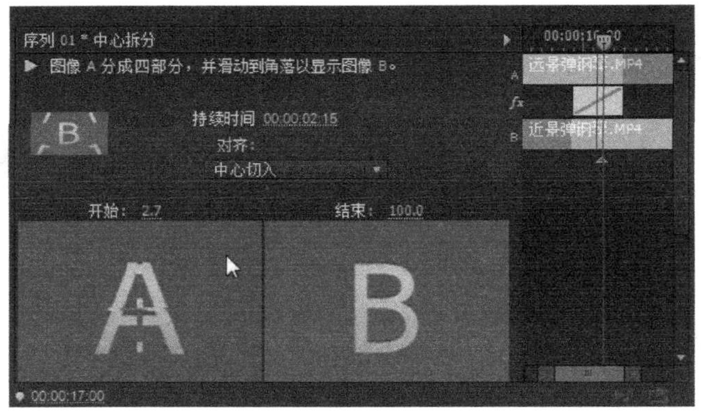

图 4.3.103 “中心拆分”特效的设置面板

图 4.3.104 所示的是“中心拆分”视频过渡特效的变化过程。

（a）

（b）

图 4.3.104 “中心拆分”视频过渡特效

3. 互换

“互换”的效果有点像老式幻灯片切换：第一段素材图像和第二段素材图像同时向两边滑动，然后再次向中间滑动，此时两个图像的层叠次序发生变化，第二段素材图像显示在窗口中。图 4.3.105 所示的是“互换”特效的设置面板，单击左上角特效示意图上的 4 个小三角形，可以更改图像进入的方向。

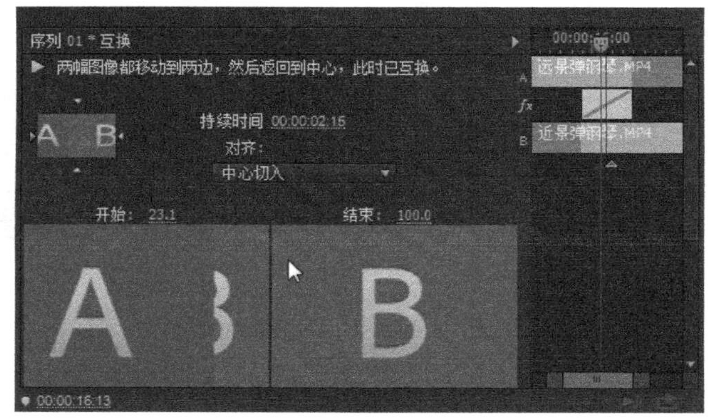

图 4.3.105 “互换”特效的设置面板

图 4.3.106 所示的是“互换”视频过渡特效的变化过程。

（a）

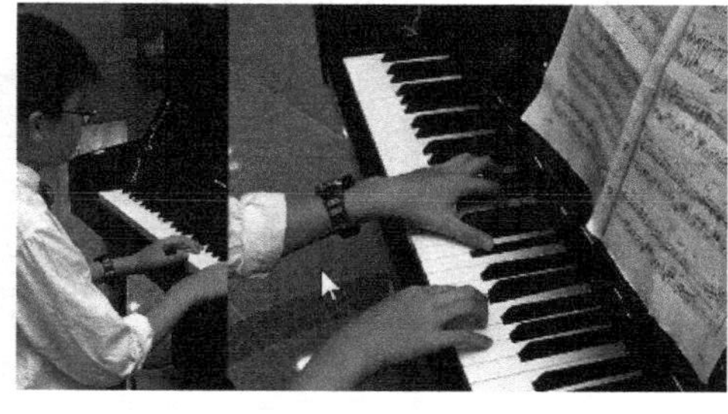

（b）

图 4.3.106 “互换”视频过渡特效

4. 多旋转

“多旋转”的特效是在第一段素材图像上出现多个旋转的矩形，这些矩形是第二段素材图像的一部分，随着旋转逐渐变大，并完全显示出来。图 4.3.107 所示的是“多旋转”特效的设置面板。

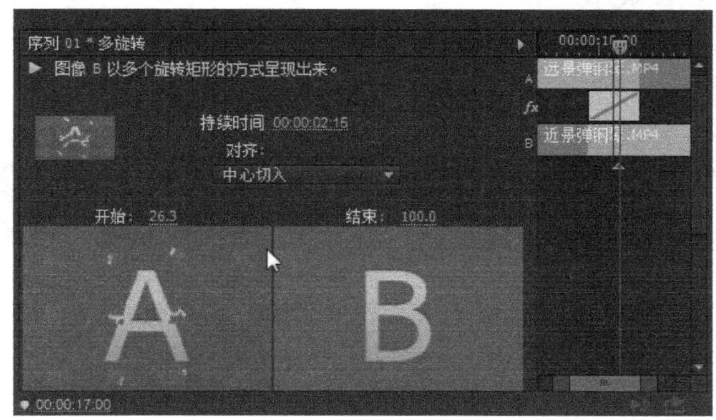

图 4.3.107 “多旋转”特效的设置面板

图 4.3.108 所示的是“多旋转”视频过渡特效的变化过程。

（a）

（b）

图 4.3.108 “多旋转”视频过渡特效

5. 带状滑动

“带状滑动”实现的特效是第二段素材图像以条状从水平、垂直或对角线方向滑动进入覆盖到第一段素材图像上，并完全显示出来的过程。图 4.3.109 所示的是“带状滑动”特效的设置面板，单击左上角特效示意图上的 8 个小三角形，可以更改图像滑入的方向。

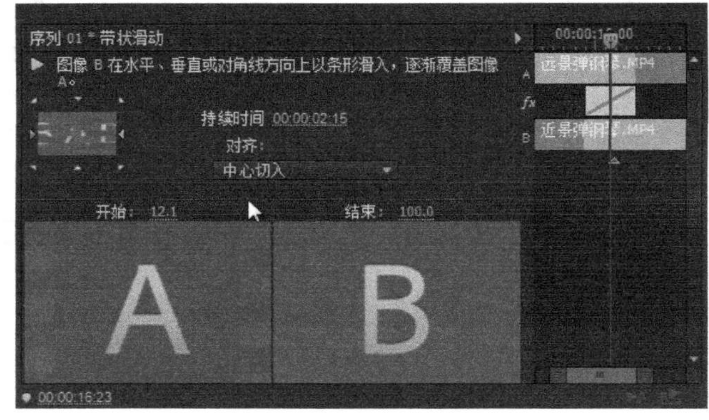

图 4.3.109　“带状滑动”特效的设置面板

图 4.3.110 所示的是“带状滑动”视频过渡特效的变化过程。

（a）

（b）

图 4.3.110　“带状滑动”视频过渡特效

6. 拆分

“拆分”实现的特效是将第一段素材的图像拆分并向两边滑出，显示出第二段素材图像的过程。图 4.3.111 所示的是“拆分”特效的设置面板，单击左上角特效示意图上的 4 个小三角形，可以更改图像滑出的方向。

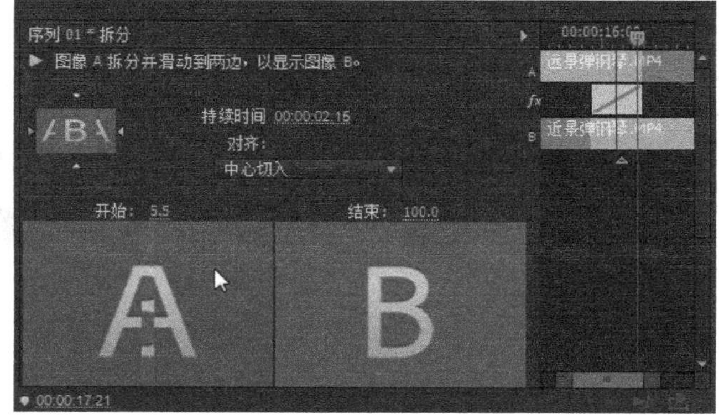

图 4.3.111　“拆分”特效的设置面板

图 4.3.112 所示的是“拆分”视频过渡特效的变化过程。

（a）

（b）

图 4.3.112　“拆分”视频过渡特效

7. 推

“推”实现的特效是第二段素材的图像将第一段素材图像推到一边，占据显示区域的过程。图 4.3.113 所示的是“推”特效的设置面板，单击左上角特效示意图上的 4 个小三角形，可以更改第二段素材图像进入的方向。

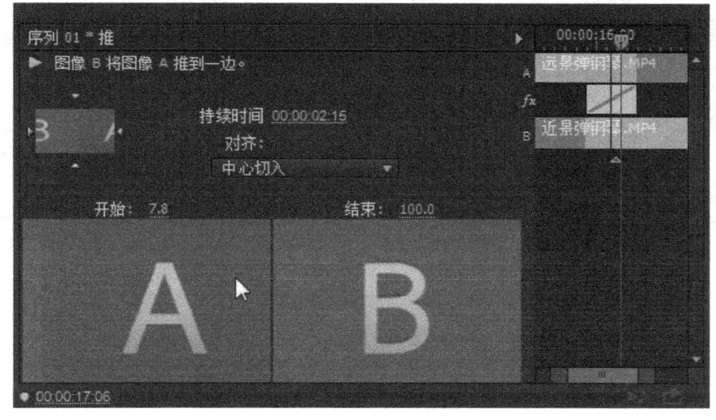

图 4.3.113　“推”特效的设置面板

图 4.3.114 所示的是“推”视频过渡特效的变化过程。

（a）

（b）

图 4.3.114　“推”视频过渡特效

8. 斜线滑动

“斜线滑动”实现的特效是将第二段素材的入点图像分割成很多独立的部分，然后滑动到第一段素材图像上，并将其覆盖的过程。图 4.3.115 所示的是“斜线滑动”特效的设置面板，单击左上角特效示意图上的 8 个小三角形，可以更改第二段素材图像进入的方向。

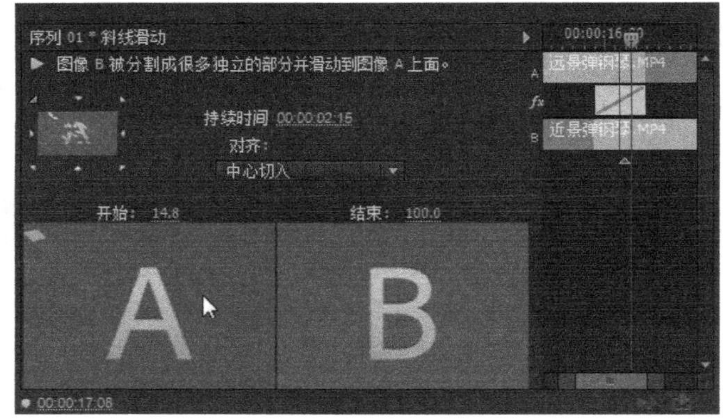

图 4.3.115 “斜线滑动”特效的设置面板

图 4.3.116 所示的是“斜线滑动”视频过渡特效的变化过程。

（a）

（b）

图 4.3.116 “斜线滑动”视频过渡特效

9. 旋绕

“旋绕”实现的特效是将第二段素材的入点图像分割成多个矩形图像，然后这些图像旋转进入，覆盖到第一段素材图像上的过程。图 4.3.117 所示的是“旋绕”特效的设置面板。

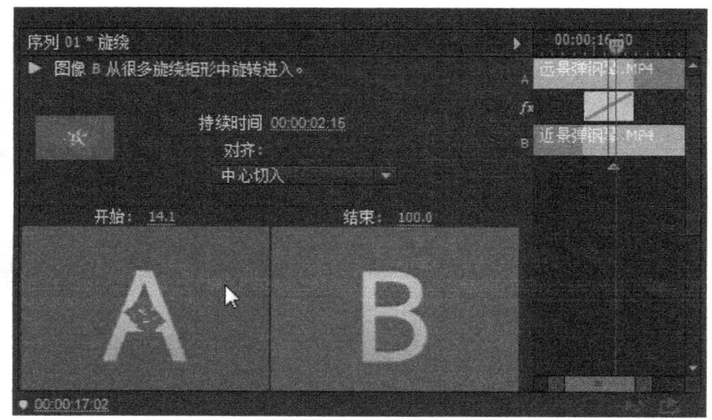

图 4.3.117 “旋绕”特效的设置面板

图 4.3.118 所示的是“旋绕”视频过渡特效的变化过程。

（a）

（b）

图 4.3.118　“旋绕”视频过渡特效

10. 滑动

“滑动”实现的特效是将第二段素材的入点图像滑动到第一段素材图像上，在这个过程中，第一段素材图像保持不变。图 4.3.119 所示的是“滑动”特效的设置面板，单击左上角特效示意图上的 8 个小三角形，可以更改第二段素材的入点图像进入的方向。

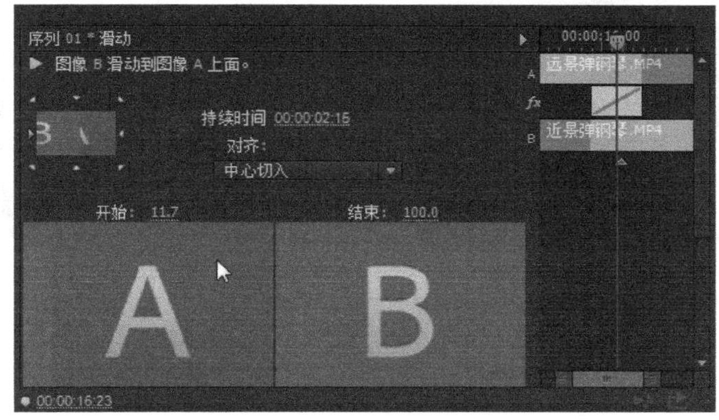

图 4.3.119　“滑动”特效的设置面板

图 4.3.120 所示的是“滑动”视频过渡特效的变化过程。

（a）

（b）

图 4.3.120　“滑动”视频过渡特效

11. 滑动带

“滑动带”实现的特效是通过水平或者垂直条带分割第一段素材图像，显示出第二段素材图像的过程。图 4.3.121 所示的是“滑动带”特效的设置面板，单击左上角特效示意图上的 4 个小三角形，可以更改特效开始的方向。

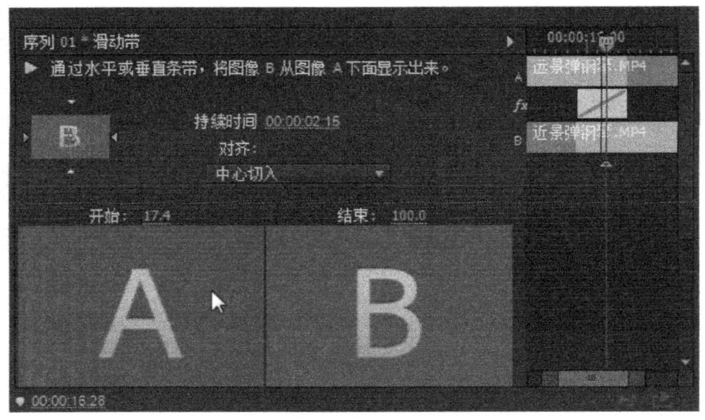

图 4.3.121 “滑动带”特效的设置面板

图 4.3.122 所示的是“滑动带”视频过渡特效的变化过程。

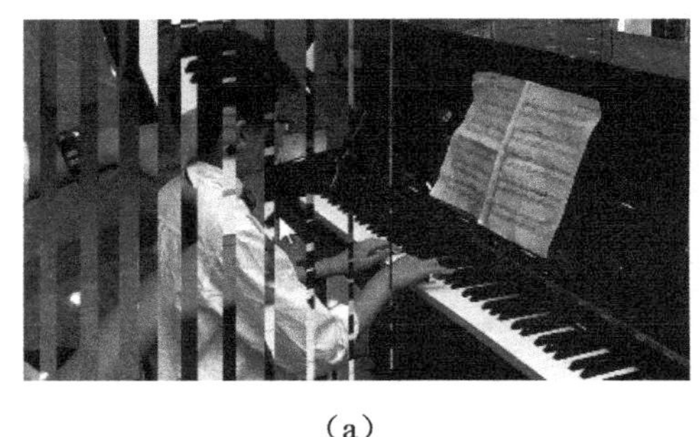

（a）

（b）

图 4.3.122 “滑动带”视频过渡特效

12. 滑动框

“滑动框”实现的特效是以条带状方式将第二段素材的入点图像依次滑动到第一段素材图像上的过程。图 4.3.123 所示的是“滑动框”特效的设置面板，单击左上角特效示意图上的 4 个小三角形，可以更改第二段素材的入点图像进入的方向。

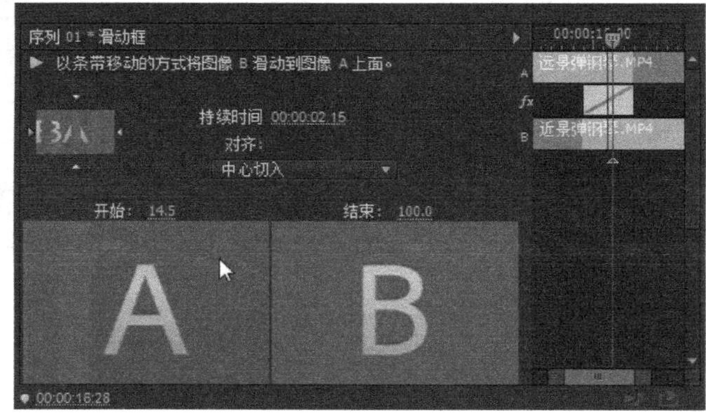

图 4.3.123 “滑动框”特效的设置面板

图 4.3.124 所示的是“滑动框”视频过渡特效的变化过程。

（a）

（b）

图 4.3.124　“滑动框”视频过渡特效

4.3.8　特殊效果视频过渡

特殊效果视频过渡有以下 3 种特效。

1．三维

“三维”实现的特效是将图像映射到红色和蓝色输出通道中的过程。图 4.3.125 所示的是“三维”特效的设置面板。

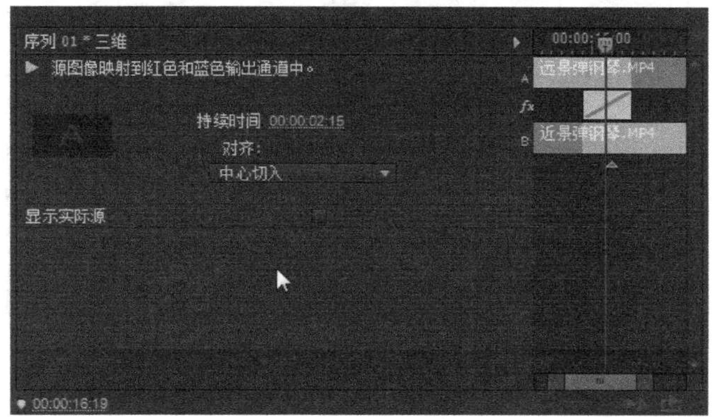

图 4.3.125　“三维”特效的设置面板

图 4.3.126 所示的是“三维”视频过渡特效。

图 4.3.126　“三维”视频过渡特效

2. 纹理化

“纹理化”实现的特效是以纹理化的方式将第一段素材图像映射到第二段素材图像上的过程。图 4.3.127 所示的是“纹理化”特效的设置面板。

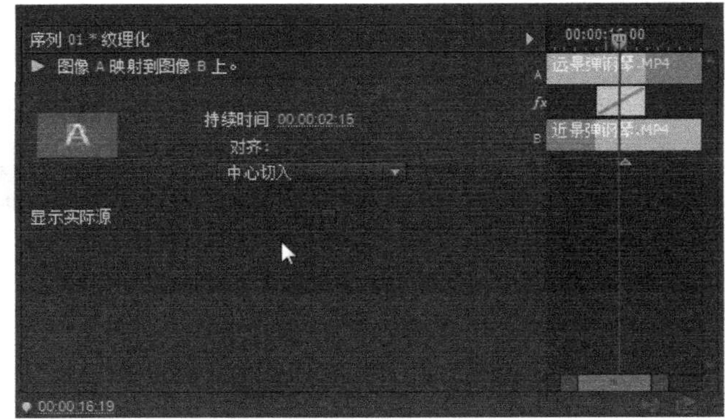

图 4.3.127 “纹理化”特效的设置面板

图 4.3.128 所示的是“纹理化”视频过渡特效。

图 4.3.128 “纹理化”视频过渡特效

3. 置换

“置换”实现的特效是使用第一段素材图像的 RGB 通道置换第二段素材图像的过程。图 4.3.129 所示的是“置换”特效的设置面板。

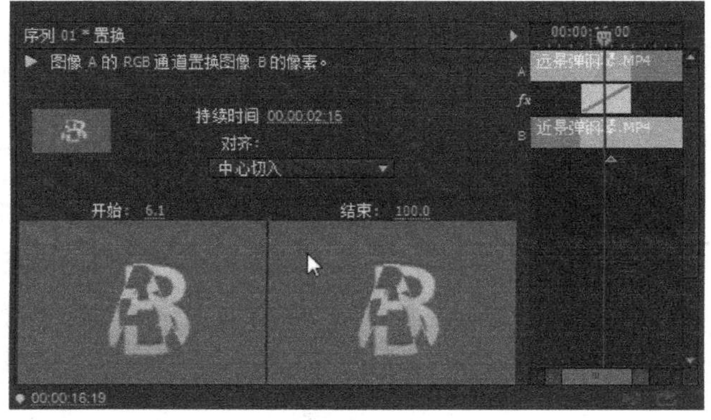

图 4.3.129 “置换”特效的设置面板

图 4.3.130 所示的是“置换”视频过渡特效。

图 4.3.130 “置换”视频过渡特效

4.3.9 缩放视频过渡

缩放视频过渡有以下 4 种特效。

1. 交叉缩放

“交叉缩放”实现的是将第一段素材的图像逐渐放大，然后画面又逐渐缩小为第二段素材图像的过程。图 4.3.131 所示的是“交叉缩放”特效的设置面板。

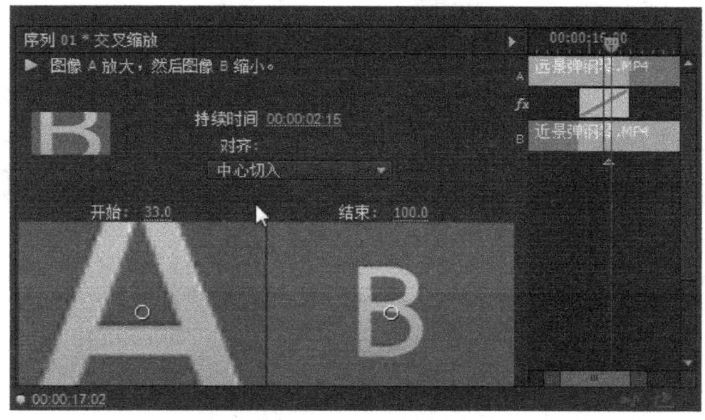

图 4.3.131 “交叉缩放”特效的设置面板

图 4.3.132 所示的是“交叉缩放”视频过渡特效的变化过程。

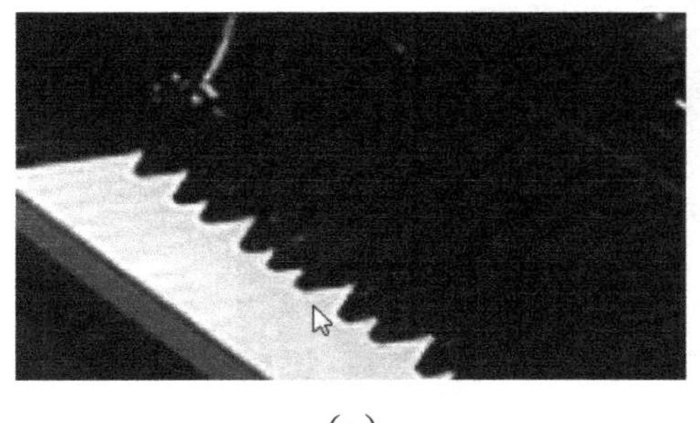

（a）

（b）

图 4.3.132 “交叉缩放”视频过渡特效

2. 缩放

“缩放”实现的是将第二段素材的入点图像从第一段素材图像的中心逐渐放大，最终完全覆盖的过程。图 4.3.133 所示的是“缩放”特效的设置面板。

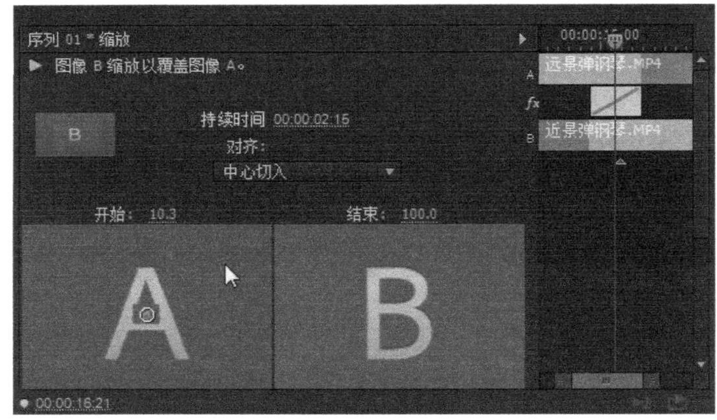

图 4.3.133　“缩放”特效的设置面板

图 4.3.134 所示的是“缩放”视频过渡特效的变化过程。

（a）

（b）

图 4.3.134　“缩放”视频过渡特效

3. 缩放框

“缩放框”实现的特效是将第二段素材的入点图像以多个矩形框的方式放大，覆盖到第一段素材图像上的过程。图 4.3.135 所示的是“缩放框”特效的设置面板。

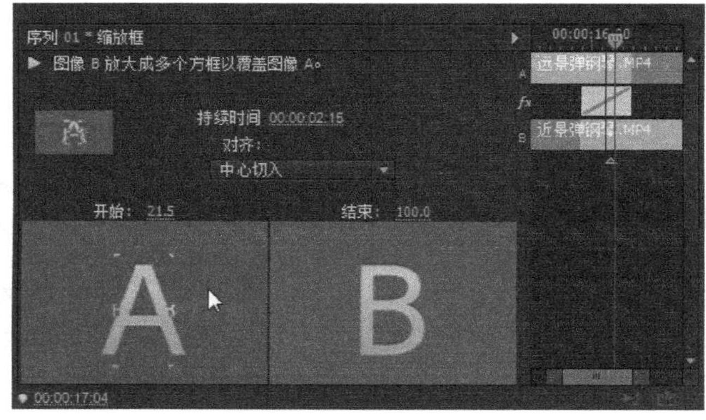

图 4.3.135　“缩放框”特效的设置面板

图 4.3.136 所示的是“缩放框”视频过渡特效的变化过程。

（a）

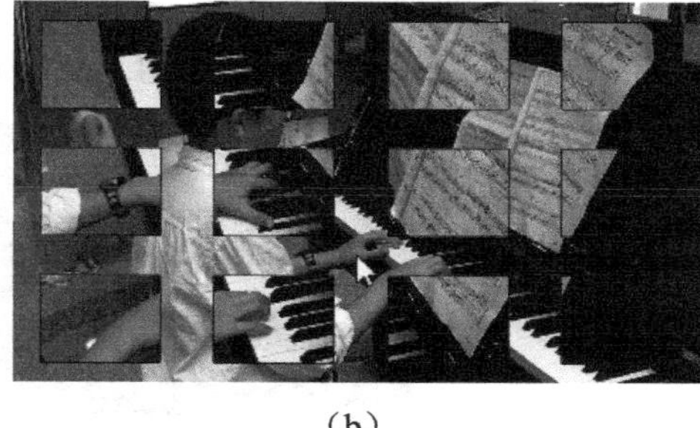

（b）

图 4.3.136　“缩放框”视频过渡特效

4. 缩放轨迹

“缩放轨迹”实现的特效是第一段素材图像逐渐向中心缩小，缩小的过程中会留下图像边缘痕迹，最终显示出第二段素材的入点图像的过程。图 4.3.137 所示的是“缩放轨迹”特效的设置面板。

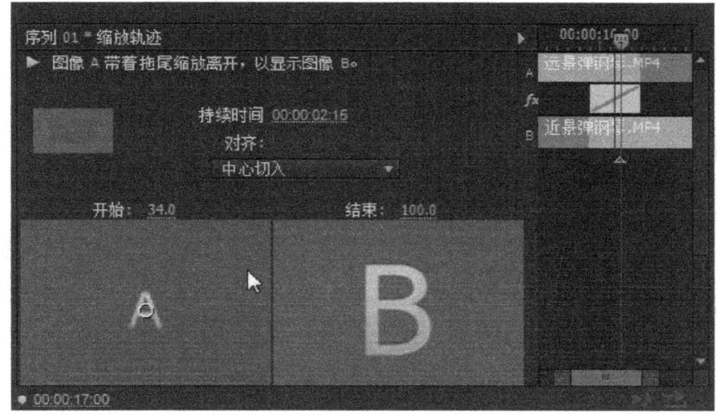

图 4.3.137　“缩放轨迹”特效的设置面板

图 4.3.138 所示的是“缩放轨迹”视频过渡特效的变化过程。

（a）

（b）

图 4.3.138　“缩放轨迹”视频过渡特效

4.3.10　页面剥落视频过渡

页面剥落视频过渡有以下 5 种特效。

1. 中心剥落

“中心剥落”实现的特效是第一段素材图像从中心开始卷曲，卷曲过程中留下阴影，最终显示出第二段素材图像的过程。图 4.3.139 所示的是“中心剥落”特效的设置面板。

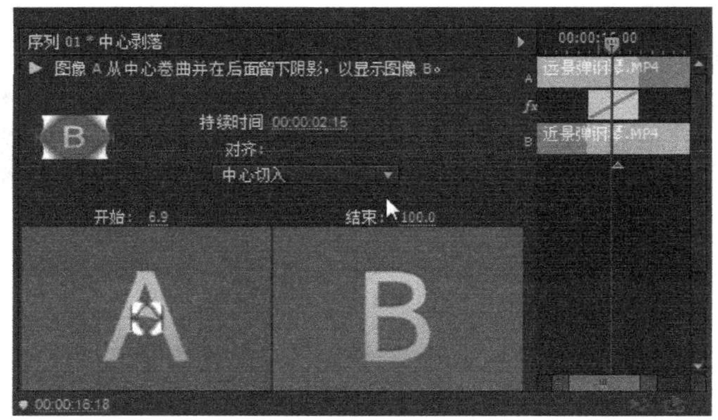

图 4.3.139 “中心剥落”特效的设置面板

图 4.3.140 所示的是“中心剥落”视频过渡特效的变化过程。

（a）

（b）

图 4.3.140 “中心剥落”视频过渡特效

2. 剥开背面

“剥开背面”实现的特效是从第一段素材图像的中心依次向 4 个角发生卷曲，卷曲时产生阴影，并逐渐显示出第二段素材的入点图像的过程。图 4.3.141 所示的是“剥开背面”特效的设置面板。

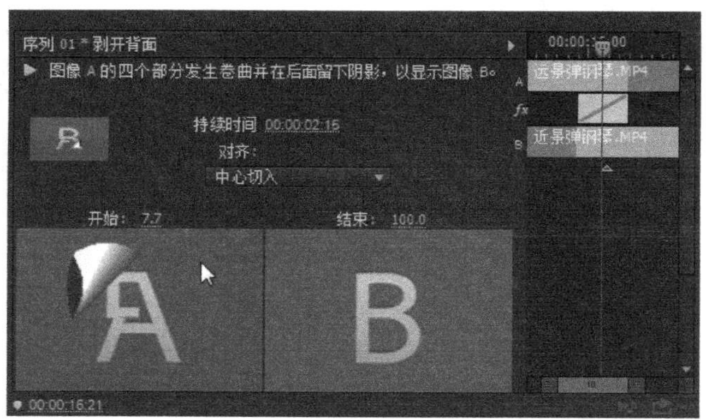

图 4.3.141 “剥开背面”特效的设置面板

图 4.3.142 所示的是“剥开背面”视频过渡特效的变化过程。

（a）

（b）

图 4.3.142　“剥开背面”视频过渡特效

3. 卷走

“卷走”实现的特效是通过滚动擦除第一段素材图像，显示出第二段素材的入点图像的过程。图 4.3.143 所示的是“卷走”特效的设置面板，单击左上角特效示意图上的 4 个小三角形，可以更改擦除的方向。

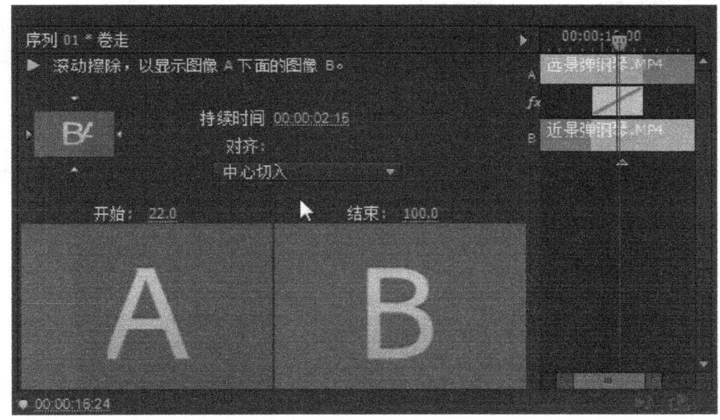

图 4.3.143　“卷走”特效的设置面板

图 4.3.144 所示的是“卷走”视频过渡特效的变化过程。

（a）

（b）

图 4.3.144　“卷走”视频过渡特效

4. 翻页

“翻页”实现的特效是将第一段素材图像像翻书一样卷曲，显示出第二段素材的入点图像的过程。图 4.3.145 所示的是“翻页”特效的设置面板，单击左上角特效示意图上的 4 个小三角形，可以更改翻页的方向。

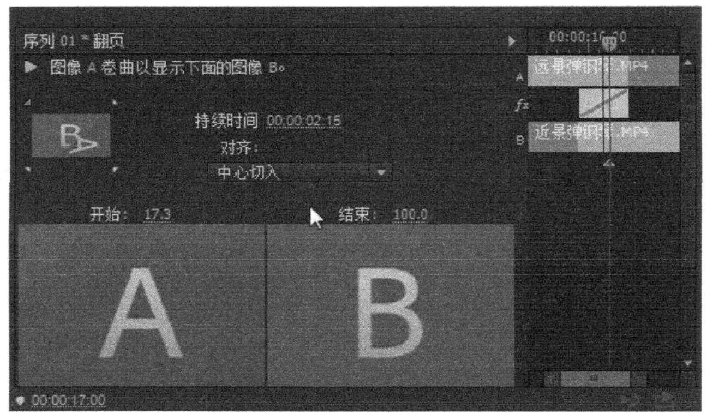

图 4.3.145　“翻页”特效的设置面板

图 4.3.146 所示的是“翻页”视频过渡特效的变化过程。

（a）

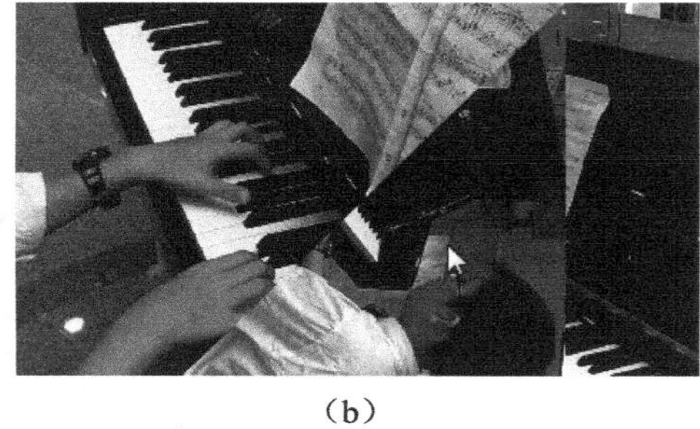

（b）

图 4.3.146　“翻页”视频过渡特效

5. 页面剥落

“页面剥落”实现的特效就像撕贴在墙上的一幅画一样，第一段素材图像卷曲，并在后面留下阴影，逐渐显示出第二段素材图像的过程。图 4.3.147 所示的是“页面剥落”特效的设置面板，单击左上角特效示意图上的 4 个小三角形，可以更改第一段素材图像卷曲的方向。

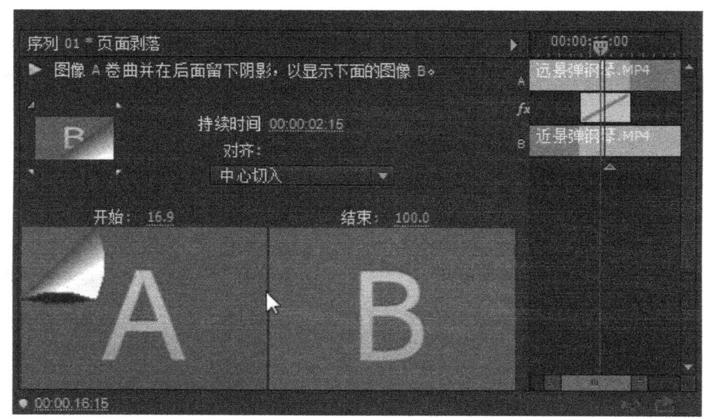

图 4.3.147　“页面剥落”特效的设置面板

图 4.3.148 所示的是“页面剥落”视频过渡特效的变化过程。

（a）

（b）

图 4.3.148　“页面剥落”视频过渡特效

习题 4

1. 视频过渡方式可以分为哪两类？
2. 视频过渡特效可以在哪个选项卡中找到？
3. 视频过渡特效一共有哪几类？
4. 如何删除“视频过渡”特效？
5. 为视频添加视频过渡特效后，在哪个选项卡可以对特效的效果进行设置？
6. 在什么情况下，视频过渡的对齐方式没有“中心切入”？
7. 操作练习：在时间轴面板中拖曳几段视频，依次体会各种视频过渡效果，总结一下哪些特效可以进行效果设置。

在 Premiere 中使用视频动画

5.1 视频动画简介

5.1.1 “效果控件”面板

动态的画面更能够吸引人的注意力，许多网页上的广告都是靠动画来吸引浏览者的。那么本来就是动态画面的视频是否也能实现动画效果呢？答案是肯定的，Premiere 软件就提供了视频画面的动画功能。

视频动画是在视频播放的过程中，整个画面发生扭曲、位移、缩放等效果，达到正常拍摄无法实现的视频特效。视频动画和诸多视频特效相结合，就能够完成现在电视机上常见的特殊效果。

视频动画是在“效果控件”面板中完成的。效果控件是通过使用基于关键帧的技术来设置特殊效果的，在该面板中还可以完成运动特效和透明特效。

下面的操作实例主要介绍“效果控件”面板的布局和功能。打开 Premiere 软件，将视频素材拖到时间轴上，此时“效果控件”面板是空白的，如图 5.1.1 所示。

在时间轴中点击视频，可以看到“效果控件”面板出现了相应的选项，共有“运动”、“不透明度”、“时间重映射”三类视频效果选项，如图 5.1.2 所示。

在“效果控件”面板中，单击“运动”、“不透明度”左边的三角形按钮，将各个设置选项打开，单击面板右上角的“显示/隐藏时间轴视图”按钮，可以得到如图 5.1.3 所示的“效果控件”面板。

图 5.1.1　“效果控件”面板

图 5.1.2　“效果控件”面板上出现“视频效果”选项

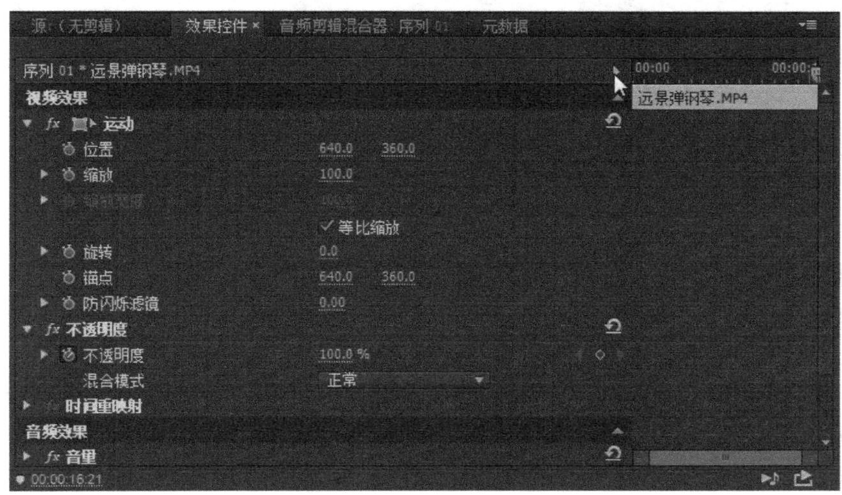

图 5.1.3　隐藏时间轴视图后的“效果控件”面板

“效果控件”面板的右边用于显示选定素材所在的轨道或者是选定过渡特效相关的轨道。面板的左边用于显示和设置各种特效，主要介绍其中的 3 种。

（1）运动：可以通过设置实现视频画面的位移、缩放和旋转等效果，也可以将这些效果进行组合叠加，产生新的效果。其中，位移效果是通过确定动画中视频起始画面和终止画面的不同位置来实现的。缩放效果是通过设置动画中视频起始画面和终止画面的显示比例来实现的。旋转效果的角度也可以进行设置。

（2）不透明度：通过确定动画中视频起始画面和终止画面的不透明度来实现特殊的效果，该特效还提供 27 种混合模式，灵活使用这些模式可以实现意想不到的效果。

（3）时间轴：位于面板的右侧，可以通过单击“显示/隐藏时间轴视图”按钮来显示和隐藏它。在时间轴视图上进行插入、编辑和删除关键帧，从而达到视频动画的效果。

“效果控件”面板上还有一些其他的设置选项，将鼠标指针悬停在相应按钮上，可以看到它的名称，通过名称大概可以了解它的作用。例如，左下端的数字是当前编辑帧在时间轴上的位置。

5.1.2 添加运动动画效果

下面是一个为视频设置位移动画的实例，通过该实例来了解使用关键帧实现动画的一般步骤。

将视频素材拖到时间轴上，然后单击该视频，此时在“效果控件”面板中出现相应设置，单击“运动”前面的小三角形，将其展开，然后单击“显示/隐藏时间轴视图”按钮，将“效果控件”面板中的时间轴打开，结果如图 5.1.4 所示。

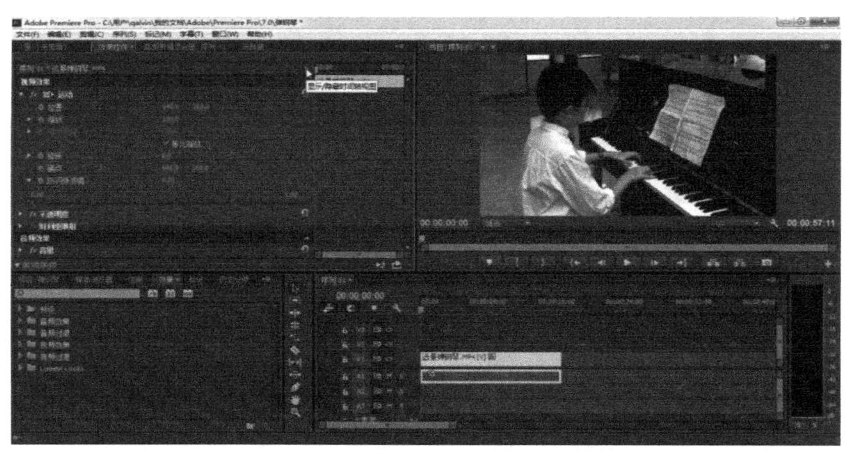

图 5.1.4 “效果控件”面板中显示时间轴视图

在“效果控件”面板中，单击“位置”前的“切换动画”按钮，此时可以发现，在“位置”这一行的右端出现三个按钮，同时“效果控件”面板的时间轴上也出现一个标记，如图 5.1.5 所示。

在出现的三个按钮中，第一个按钮为“转到上一关键帧”，单击该按钮，就把播放指示器左边的关键帧指定为当前关键帧；第二个按钮为“添加/删除关键帧”，单击该按钮，时间轴上播放指示器相应位置就会出现一个关键帧，同时，按钮变成形状，如果再次单击该按钮，则当前关键帧被删除，同时按钮恢复原状；第三个按钮为“转到下一关键帧”，单击该按钮，就把播放指示器右边的关键帧指定为当前关键帧。

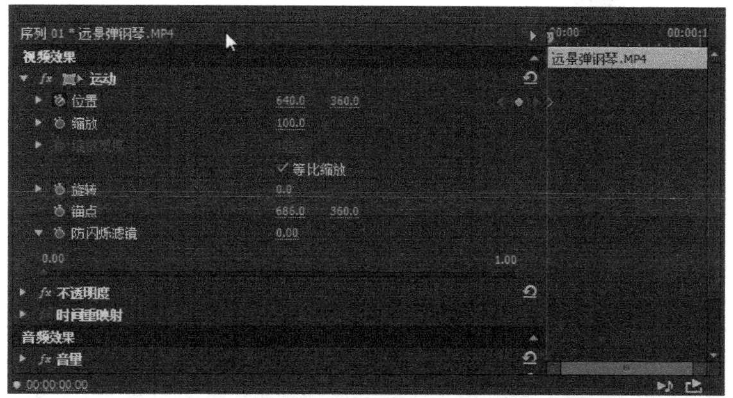

图 5.1.5　“位置”前的“切换动画”按钮

当单击“切换动画”按钮时，时间轴上播放指示器的正下方出现一个关键帧的标志，再次单击按钮时，该按钮会弹起，同时弹出如图 5.1.6 所示的对话框，单击“确定”后，时间轴上所有的关键帧都被删除。

图 5.1.6　“警告”对话框

下面的操作要达到这样一个效果，视频从屏幕的左边逐渐移动到屏幕的中央，5 秒钟后停止移动。在这个过程中，视频一直处于播放的状态。

要实现这样一个效果，需要两个关键帧。第一个关键帧在时间轴的最左端，此时，视频应该在“监视器”的左边，并且不会显示在“监视器”中。第二个关键帧出现在 5 秒钟处，此时视频占据整个“监视器”画面，而且不再移动。至于视频的移动路径、移动速度由软件自动生成，并且在 5 秒钟之内完成。

第一，设置第一个关键帧。将时间轴上的播放指示器拖动到最左端，单击“位置”前的“切换动画”按钮，此时，在时间轴的最左端出现一个关键帧的标识，如图 5.1.7 所示。

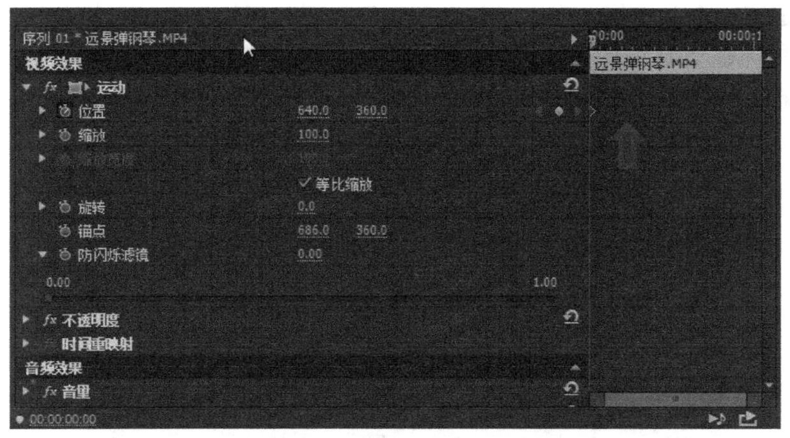

图 5.1.7　设置第一个关键帧

第二，需要改变视频画面的起始位置。将鼠标移动到“位置”后的横坐标数值处，当鼠标指针出现双向剪头时，按住鼠标左键，向左拖动，如图 5.1.8 所示。此时可以发现，随着鼠标的拖动，横坐标的数值开始减小，并逐渐出现负值。同时，监视器中视频的画面也开始向左移动，当视频画面完全移出“监视器”窗口后，松开鼠标，结果如图 5.1.9 所示。

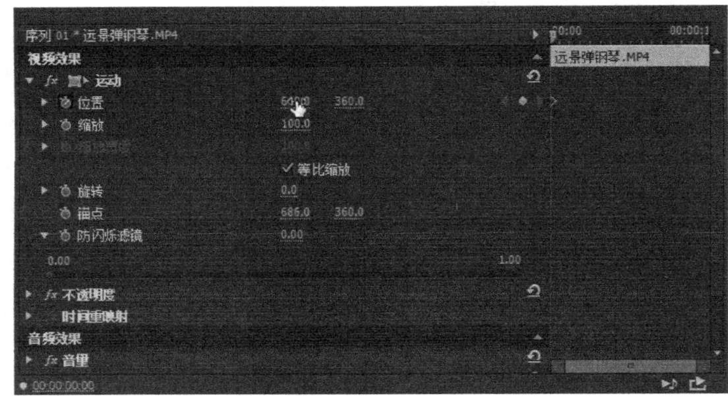

图 5.1.8　改变视频画面的起始位置

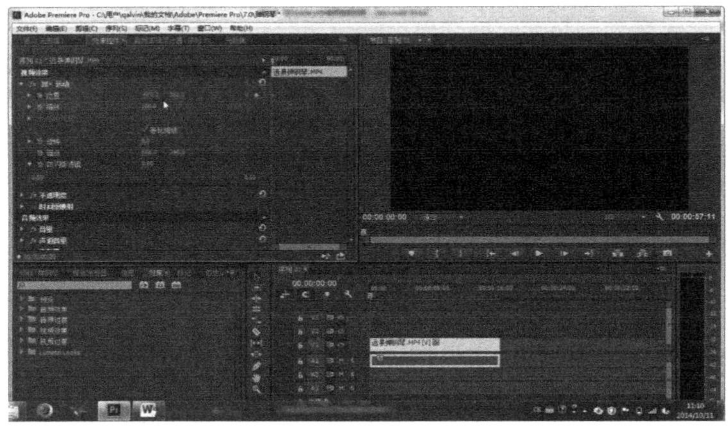

图 5.1.9　视频画面已经移出“监视器”

第三，确定第二个关键帧。拖动“效果控件”面板时间轴上端的“播放指示器”到 5 秒钟处。此处，使用鼠标拖动容易掌握，可以直接单击“效果控件”面板左下角的时间码，输入“5:00”，能达到同样的效果，如图 5.1.10 所示。

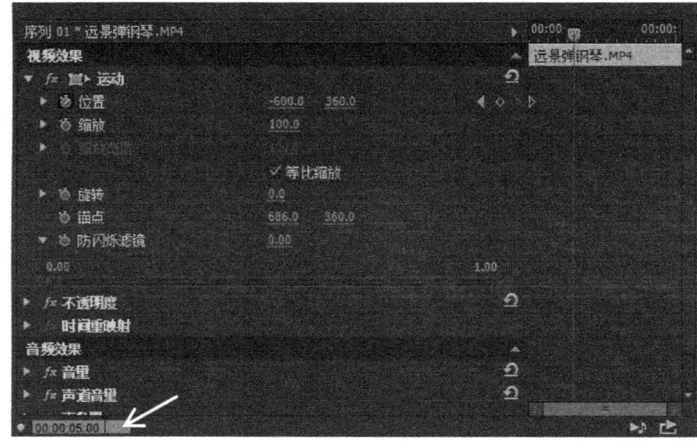

图 5.1.10　输入时间码

单击“添加关键帧”按钮，此时在 5 秒钟处，出现一个关键帧，如图 5.1.11 所示。

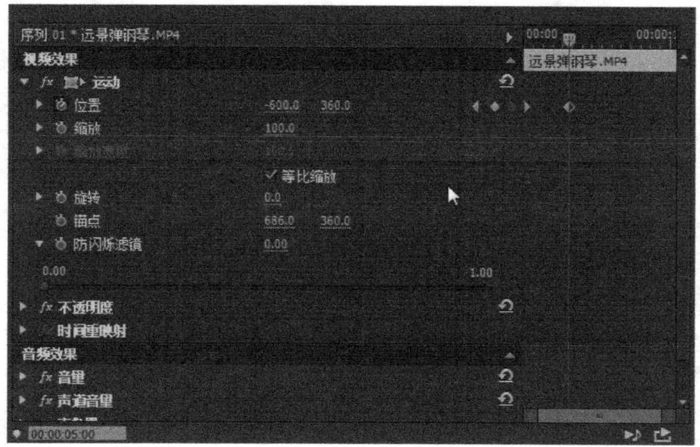

图 5.1.11　确定第二个关键帧

第四，要改变视频画面的位置将其移回到“监视器”窗口中。将鼠标移动到“位置”后的横坐标数值处，当鼠标指针出现双向剪头时，按住鼠标左键向右拖动，随着鼠标的拖动，横坐标的数值开始增加，并逐渐出现正值。同时，监视器中视频的画面也开始向右移动，当视频画面完全占据“监视器”窗口后，松开鼠标，结果如图 5.1.12 所示。

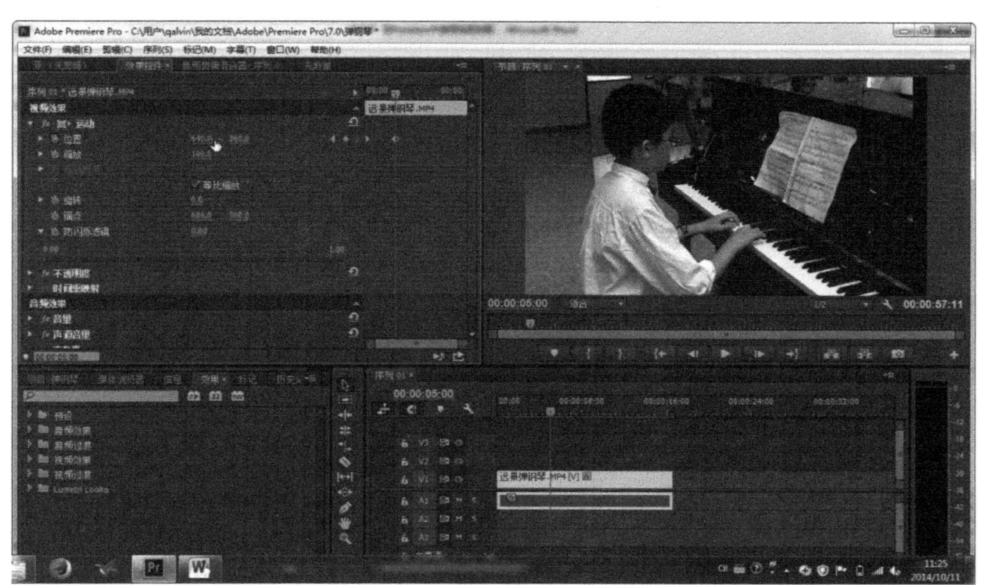

图 5.1.12　视频画面回到“监视器”窗口中

此时位移视频动画已经完成。

5.1.3　预览运动动画效果

单击“视频监视器”中的“播放”按钮，可以看到视频画面从“监视器”的左端开始逐渐进入，同时，画面正常播放，当播放到 5 秒钟处时，画面停止移动，视频继续播放，直到视频播放完毕，如图 5.1.13 所示。

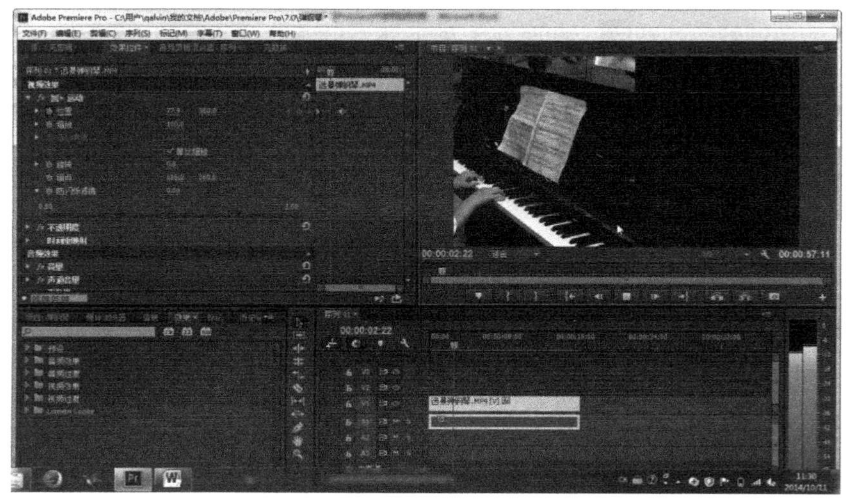

图 5.1.13　预览视频动画

5.1.4　删除运动动画效果

删除视频动画的方法很简单，单击“位置”前的“切换动画”按钮，该按钮弹起，同时弹出如图 5.1.14 所示的对话框，单击“确定”按钮后，时间轴上的各个关键帧也都消失。重新播放视频，发现视频动画效果消失了，结果如图 5.1.15 所示。

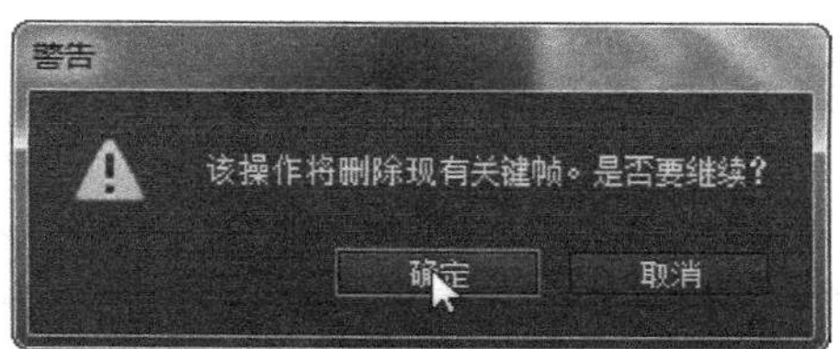

图 5.1.14　“警告”对话框

图 5.1.15　关键帧被删除

上例仅介绍了视频画面从左边移动进入的步骤。也可以从右边进入，从顶端进入，从底部进入，甚至从左斜上方进入，从右斜上方进入，从左斜下方进入，从右斜下方进入……有多种位移视频动画的方法。

5.2　设置视频动画效果

5.2.1　设置视频动画路径

在 Premiere 中，不仅可以设置简单的视频位移动画，而且还可以设置一个位移的路径，从而达到更加奇妙的效果。

下面的项目实例，最终的效果是让一只飞舞的蝴蝶在弹奏钢琴的视频中，沿特定的路线移动，从而达到蒙太奇的效果。

在设置视频动画之前，先介绍一下表现蝴蝶飞舞的文件。这是一组扩展名为 TGA 的文件。在人们的经验中，图像文件往往是方形的，即使背景透明的图片文件，插入后也有一个框框着。这样的图片应用到视频中很不协调。TGA 格式的文件自带一个通道，可以支持不规则形状的图形和图像，而一系列的 TGA 文件就能形成动画的视频效果。

具体操作步骤如下。

首先，建立项目文件，建立序列，导入弹钢琴的视频素材，将它拖放到 V1 轨道中，结果如图 5.2.1 所示。

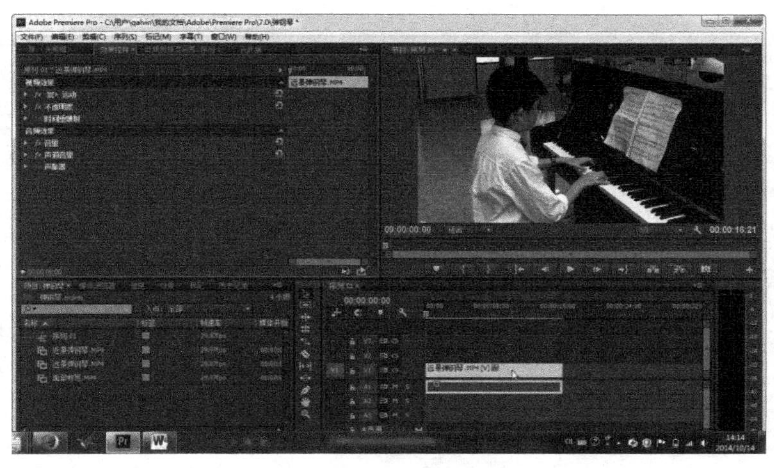

图 5.2.1　导入弹钢琴的视频

然后导入展示蝴蝶飞舞的 TGA 文件。和导入其他文件一样，在项目面板中单击右键，在弹出的快捷菜单中选择“导入”命令，出现如图 5.2.2 所示的对话框。在“导入”对话框中，找到存放 TGA 文件的文件夹，选择“蝴蝶 01.tga”文件。然后选中“图像序列”复选框后单击“打开”按钮。

注意

由于导入的是一组动态的图像文件，因此一定要选中“图像序列”复选框，否则无法达到预定的效果。

导入完成后，在“项目”面板中出现名为“蝴蝶 01.tga”的文件，如图 5.2.3 所示。

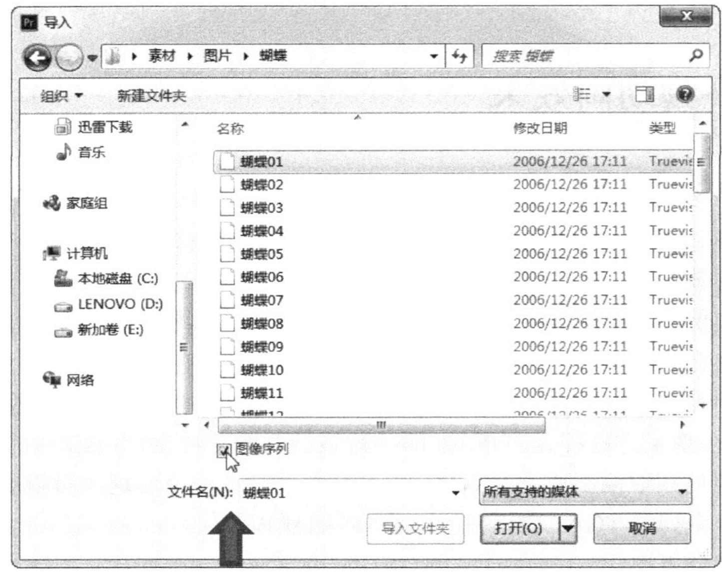

图 5.2.2 “导入”对话框

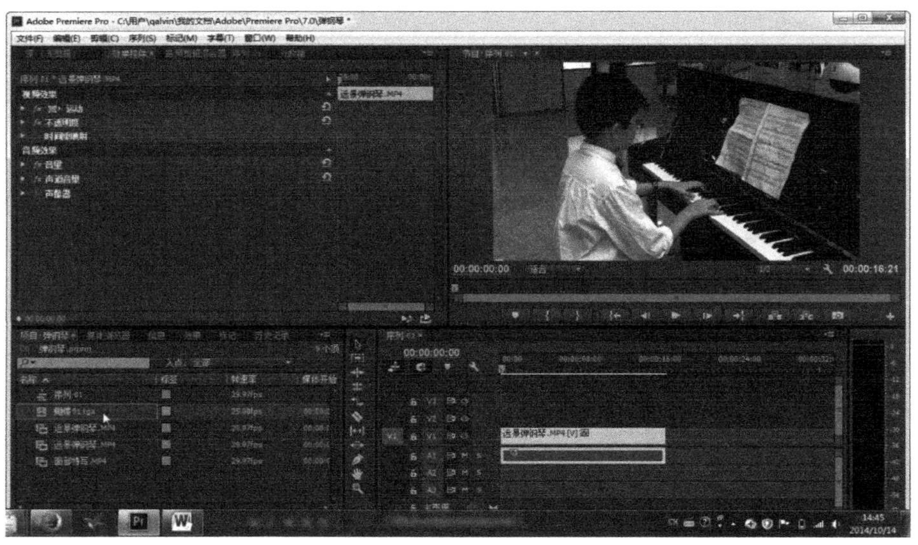

图 5.2.3 文件导入成功

将“蝴蝶 01.tga”文件拖动到时间轴 V2 轨道中，此时静态的蝴蝶图案和原有的视频一起出现在监视器窗口中，如图 5.2.4 所示。

在时间轴面板中，单击“蝴蝶 01.tga”文件，打开“效果控件”面板，将播放指示器拖动到最左端，选择“效果控件”面板中的“运动”选项，此时，监视器中的蝴蝶被一个框包围，同时四周出现 8 个小方块，而且中心有一个圆圈包围的小“十”字形，如图 5.2.5 所示。

在“效果控件”面板中，单击“运动”左侧的小三角形，展开“运动”下的各种设置。然后在监视器中，将鼠标放在蝴蝶图案中心的“十”字形上，拖动鼠标，将蝴蝶图案移动到屏幕左下角。此时，可以发现“效果控件”面板中“位置”的坐标发生了变化，如图 5.2.6 所示。

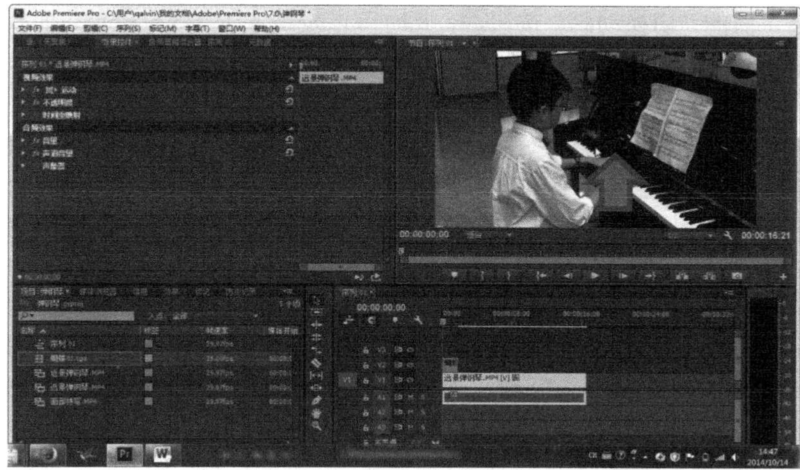

图 5.2.4　蝴蝶出现在监视器窗口中

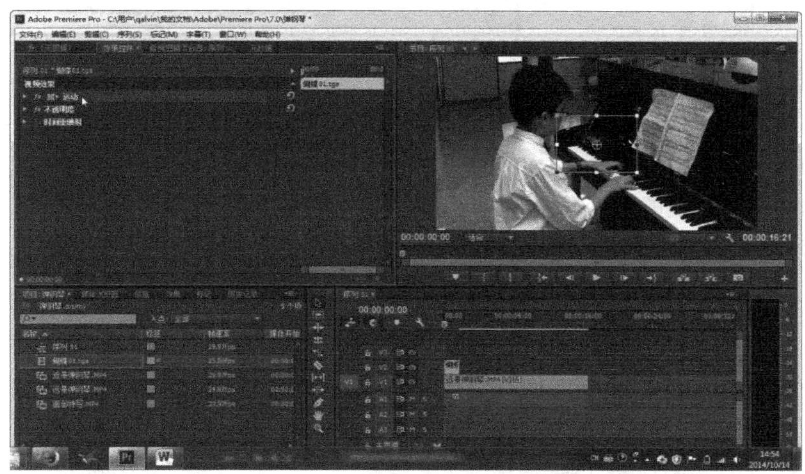

图 5.2.5　监视器中的蝴蝶被框包围

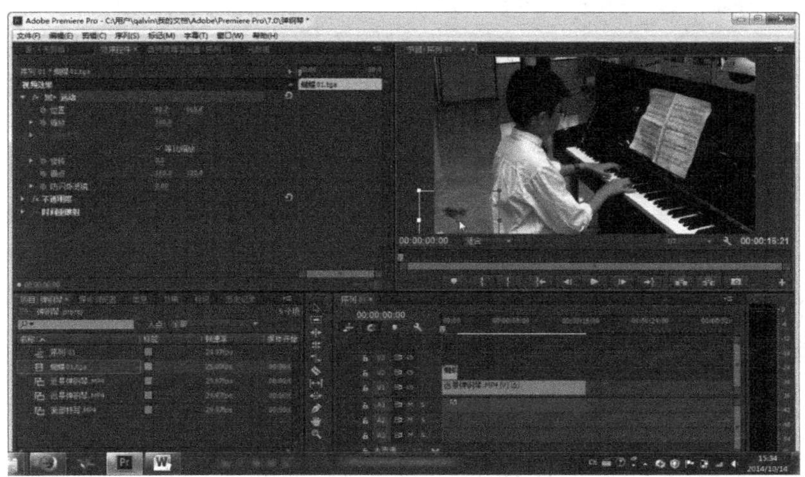

图 5.2.6　将蝴蝶图案拖到左下角

单击“位置”前的“切换动画”按钮，此时可以发现，在“效果控件”面板的时间轴上，出现了一个关键帧，这是蝴蝶图案移动的第一个关键帧，如图 5.2.7 所示。

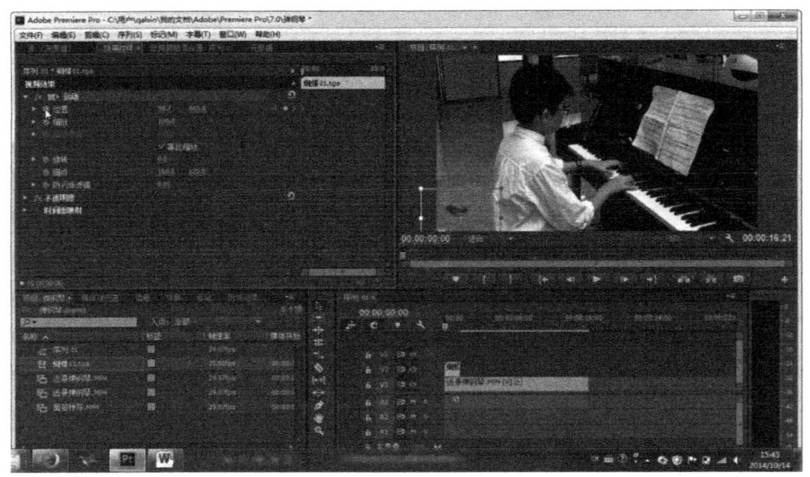

图 5.2.7　确定第一个关键帧

其次，确定第二个关键帧的位置，在“效果控件”面板的时间轴上，拖动播放指示器到 1 秒的位置，也可以在左下角输入数值，确定精确的时间。然后，拖动蝴蝶图案到靠近监视器中央的位置，此时蝴蝶图案的两个位置之间出现了一条直的虚线，松开鼠标，“效果控件”面板的时间轴上自动出现了第二个关键帧，如图 5.2.8 所示。

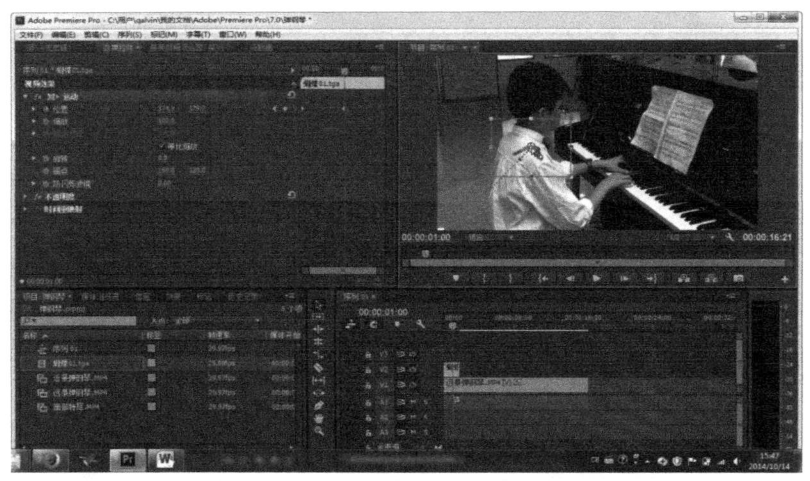

图 5.2.8　确定第二个关键帧

最后，确定第三个关键帧，也是此项目的最后一个关键帧。在“效果控件”面板的时间轴上，拖动播放指示器到最右端。然后，拖动蝴蝶图案到靠近监视器左上方的位置，此时，蝴蝶图案的两个位置之间也出现了一条虚线，不过，这时虚线变成了一条曲线，这条曲线就是蝴蝶移动的路径。松开鼠标，“效果控件”面板的时间轴上自动出现了第三个关键帧，如图 5.2.9 所示。

在蝴蝶移动的曲线路径上，有许多节点，用鼠标拖动可以移动这些节点的位置，曲线的路径也会发生相应的变化。图 5.2.10 所示的是调整路径的情景。

将播放指示器移动到时间轴的最左端，单击节目监视器中的“播放”按钮，在视频播放的过程中，就可以看到蝴蝶沿着设定的路线翩翩起舞的情景了，如图 5.2.11 所示。

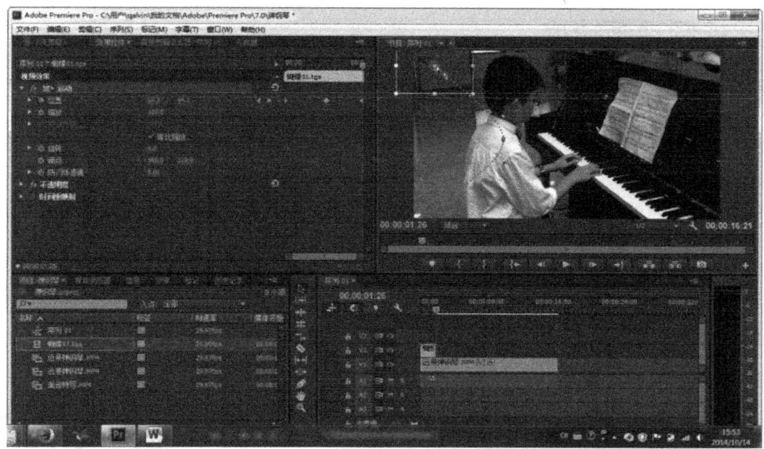

图 5.2.9　确定第三个关键帧

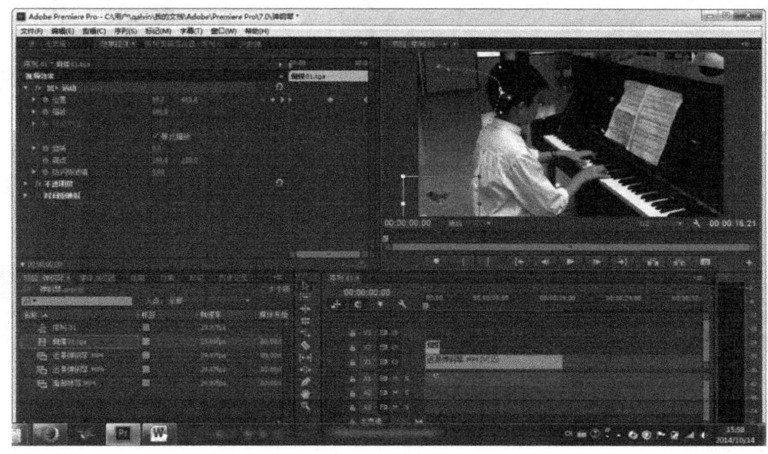

图 5.2.10　调整移动路径

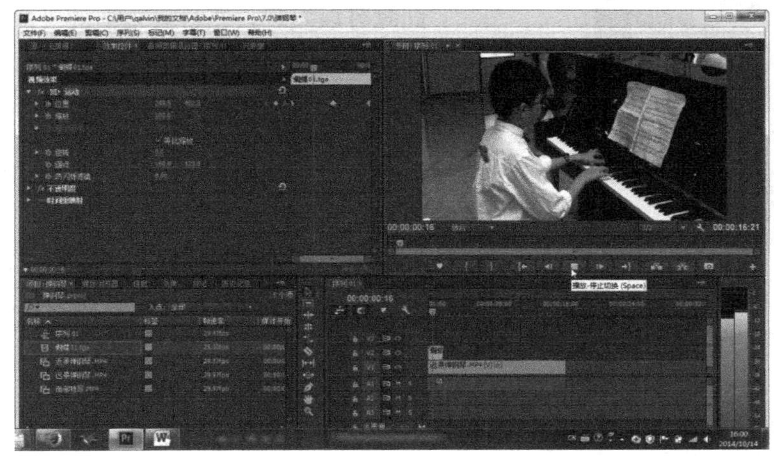

图 5.2.11　蝴蝶沿着设定的路线翩翩起舞

由于此例只设定了三个关键帧，因此路线并不复杂，如果设置更多的关键帧，就会使蝴蝶的移动路径更复杂。

5.2.2 设置视频动画速度

在设置视频动画的过程中，有时需要加快动画的速度，有时需要减缓动画的速度。此时，如果重新改变素材的长度，重新设定关键帧，就非常麻烦。Premiere 设计了调整速度的功能，既可以改变视频的播放速度，又可以改变视频动画的播放速度。

本项目还使用上例中蝴蝶飞舞的视频动画，实现的效果是蝴蝶飞得慢一些，但飞行的路径并不发生改变。

将鼠标指针放在时间轴的“蝴蝶 01.tga”文件上，单击鼠标右键，在弹出的快捷菜单中选择“速度/持续时间”命令，如图 5.2.12 所示。

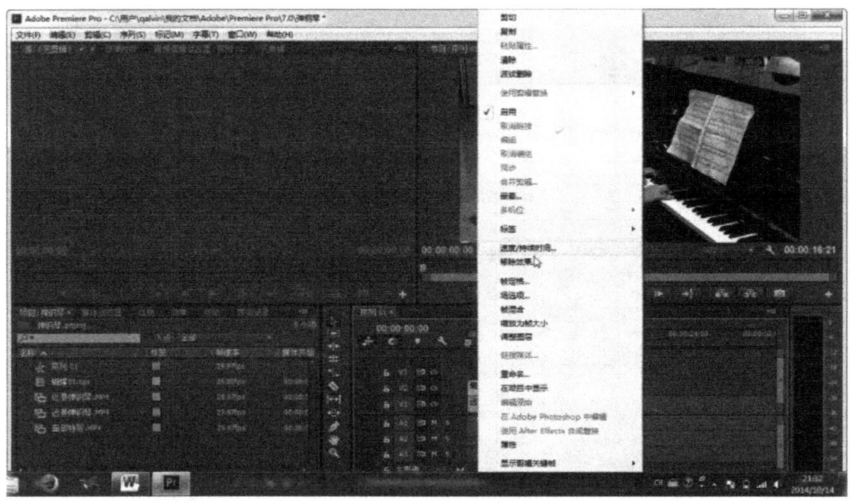

图 5.2.12　选择“速度/持续时间”命令

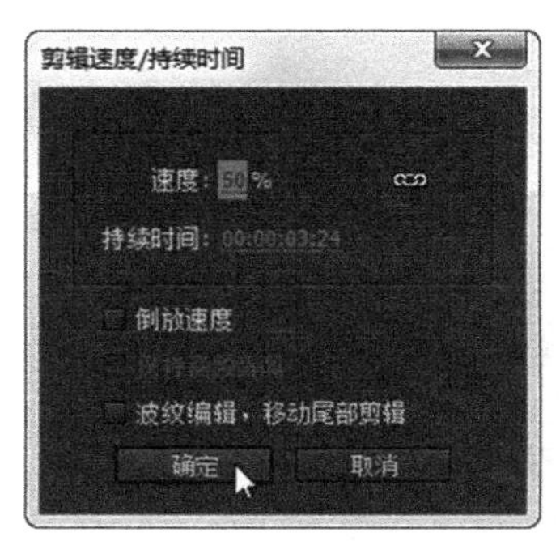

图 5.2.13　“剪辑速度/持续时间”对话框

在弹出的“剪辑速度/持续时间”对话框中，修改速度为“50%”，单击“确定”按钮，如图 5.2.13 所示。

此时可以发现，在时间轴上的“蝴蝶 01.tga”文件长度增加了一倍，将鼠标放在该文件上，显示出的文件信息也说明了这一点，如图 5.2.14 所示。

单击监视器中的“播放”按钮，视频开始播放，可以发现蝴蝶明显飞得慢了一些，在画面中停留的时间更长了，如图 5.2.15 所示。

利用调整视频“播放时间”的功能，还可以实现一些视频特殊效果。例如，在播放一段视频的过程中，突然放慢播放速度，几秒钟之后又恢复正常。这种效果往往可以突出某个重要的场景，提醒观看者注意。

在 Premiere 中新建一个项目，新建序列，导入一段名为“预告片”的视频，将它拖动到时间轴中，如图 5.2.16 所示。

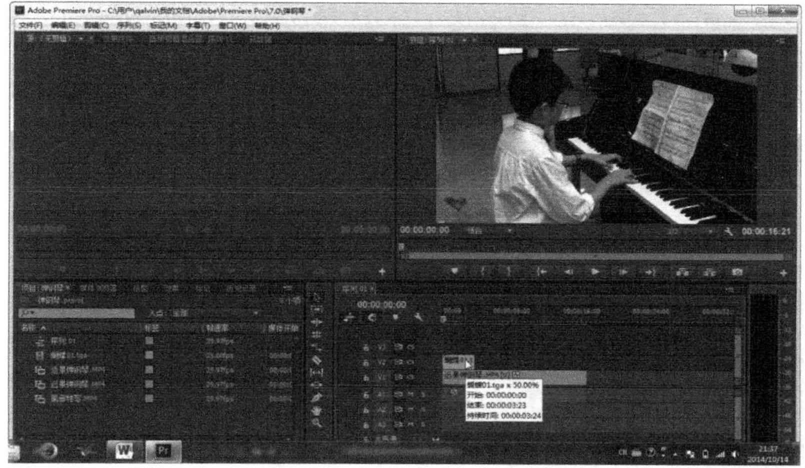

图 5.2.14　文件播放时间增加了一倍

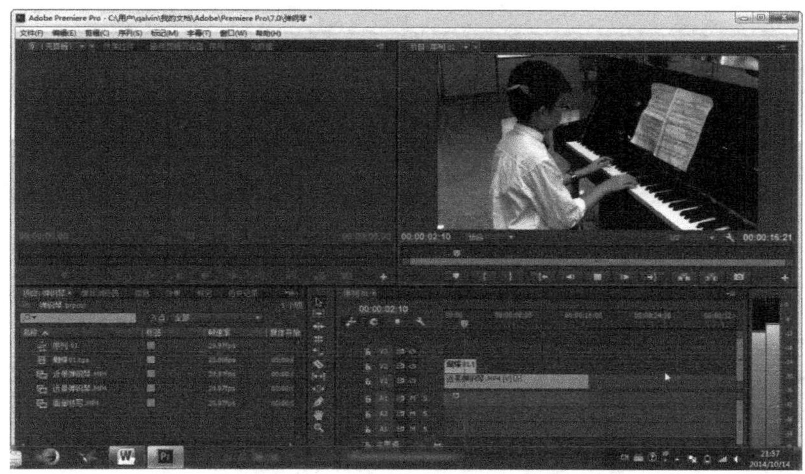

图 5.2.15　蝴蝶飞得慢了

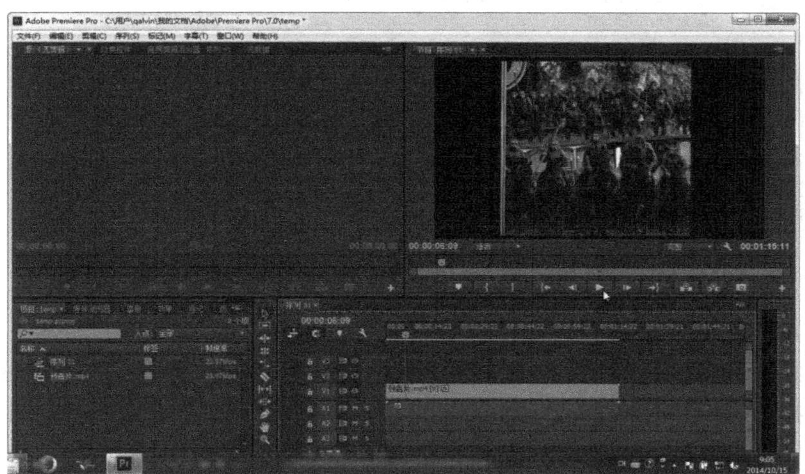

图 5.2.16　导入电影“预告片”视频

在电影《猩球崛起 2》中，有一段长达 1 分 15 秒的猩猩转身的镜头的片段，下面的实例是将猩猩转身的这个片段放慢速度，使猩猩的动作和眼神更具有震撼力。

由于“速度/持续时间”命令只能对一段视频进行设置，而不能对一段视频中的某一部分进行设置，因此，要想显示设定的效果，需要将整段视频分为三段。

首先需要确定猩猩转身前的一帧画面，可以先拖动播放指示器找到大概位置，再通过“逐帧前进”和“逐帧后退”按钮找到精确位置，如图 5.2.17 所示。

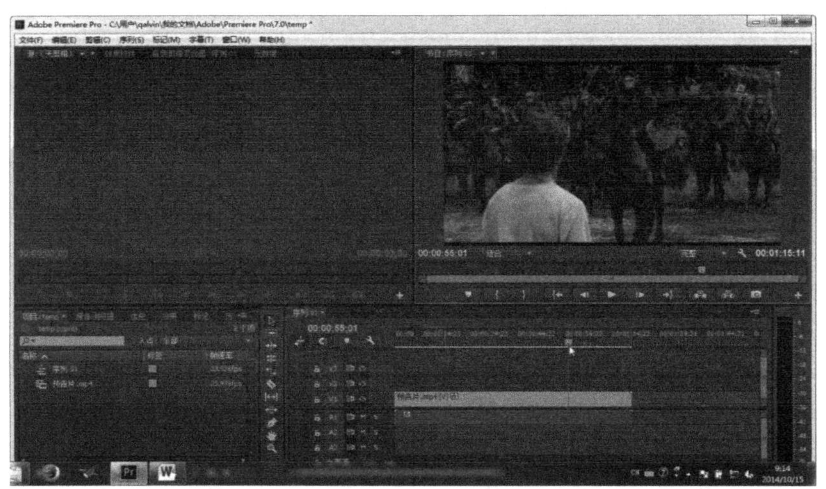

图 5.2.17　找到第一个分割点

单击“剃刀工具”按钮，然后使用剃刀工具将视频分为两段，如图 5.2.18 所示。

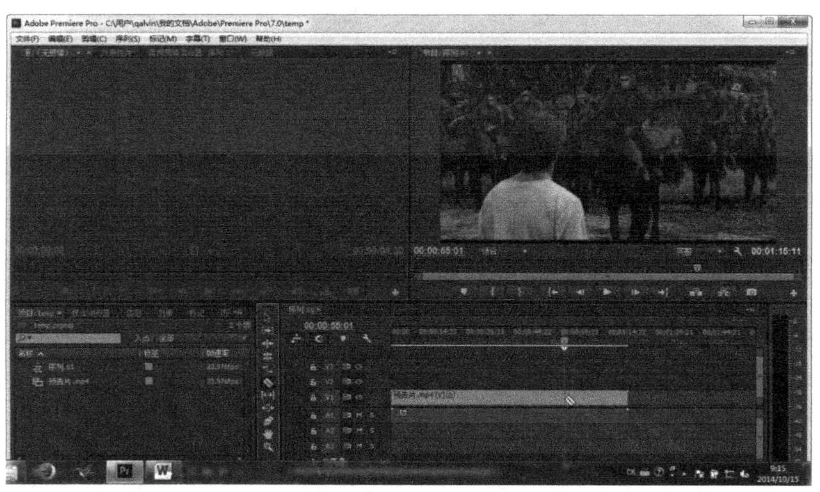

图 5.2.18　分割视频

然后找到猩猩转身结束的最后一帧画面，使用剃刀工具将视频分为三段，如图 5.2.19 所示。

由于放慢播放速度后，中间的一段视频会变长，因此在设置第二段视频的播放速度前，先在工具箱中的单击“选择工具”，然后将第三段视频向后拖，为第二段视频预留出增长的空间。

移动鼠标指针到第二段视频上，单击鼠标右键，在弹出的快捷菜单中选择“速度/持续时间”命令，如图 5.2.20 所示。

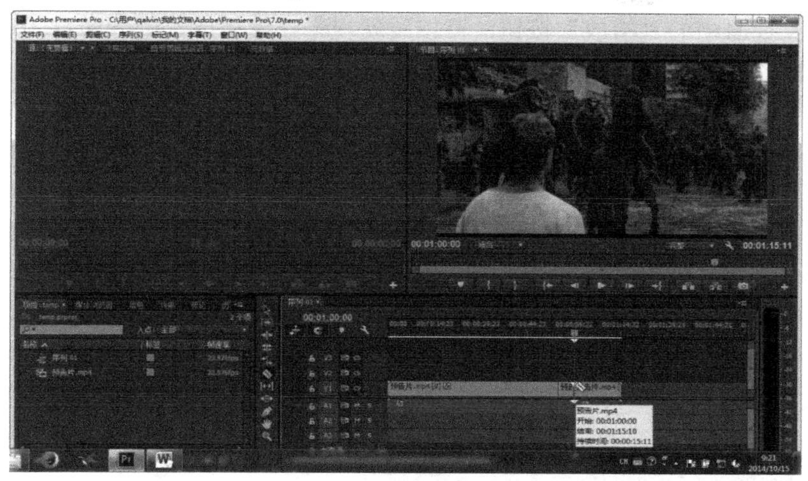

图 5.2.19　视频被分为三段

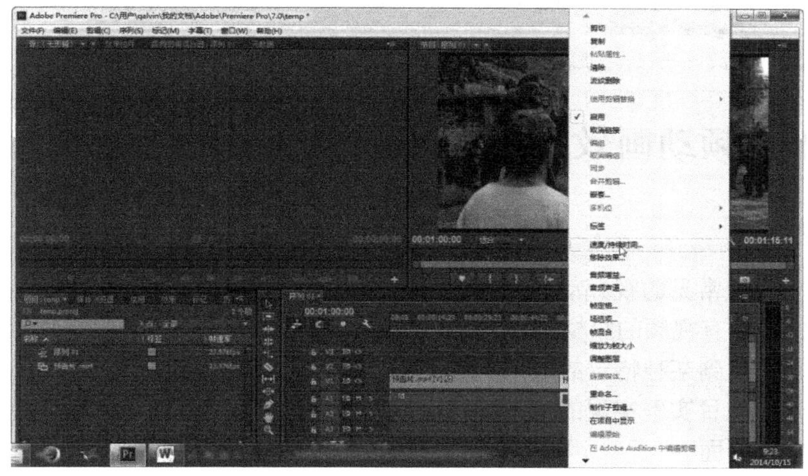

图 5.2.20　选择“速度/持续时间”命令

在弹出的“剪辑速度/持续时间”对话框中，修改速度为“40%”，单击“确定”按钮，如图 5.2.21 所示。

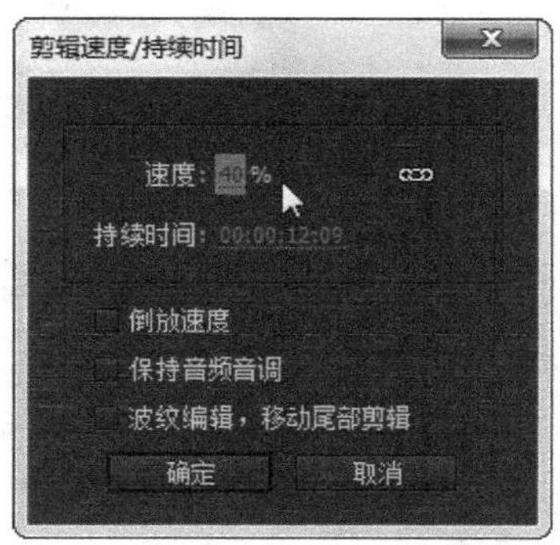

图 5.2.21　“剪辑速度/持续时间”对话框

将第三段视频向右拖动，与第二段视频相连接。最后，将时间轴中的播放指示器拖到最左端，单击节目监视器中的“播放”按钮，可以发现视频连续播放，猩猩转身的速度明显变慢，但丝毫看不出视频被分割过，如图 5.2.22 所示。

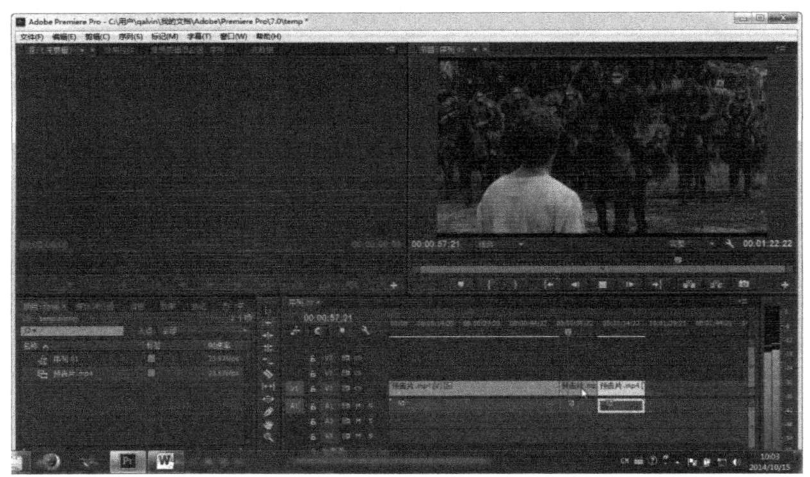

图 5.2.22　预览视频

5.3　常用视频动画效果

5.3.1　缩放

缩放是一种比较常见的视频动画，一般用于一个场景的切入或切出。它分为两种，一种是等比例缩放，保持原有视频的纵横比。另一种是非等比例缩放，在视频画面横向和纵向上采用不同的缩放率，来达到某种特定的效果。

下面的第一个项目实例实现的是等比例缩放的效果。当一个场景切入时，视频画面由小变大，逐渐占据整个画面。

首先将素材视频拖到时间轴中，单击该视频，在“效果控件”面板中，展开“缩放”下的各个选项，选择“等比缩放”选项，如图 5.3.1 所示。

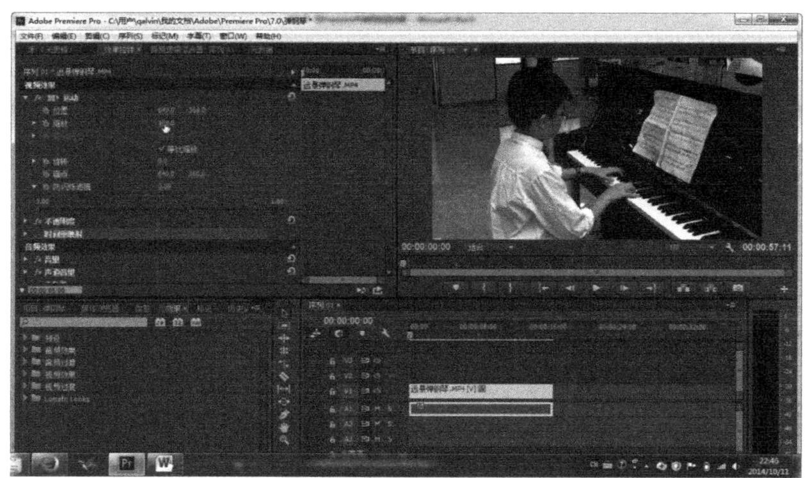

图 5.3.1　素材视频被拖到时间轴中

在“效果控件”面板的时间轴上，拖动播放指示器到最左端。单击“缩放”前的“切换动画”按钮，此时在“效果控件”面板的时间轴上出现一个关键帧，如图 5.3.2 所示。

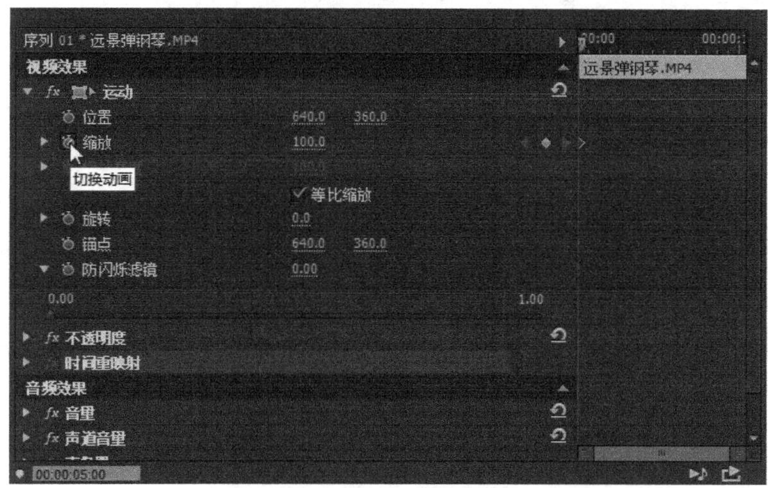

图 5.3.2 添加第一个关键帧

移动鼠标到缩放比例的数值上（默认是 100 ），当鼠标指针变成双向箭头时，按下鼠标左键向左拖动，随着数值的减小，目标监视器中的视频画面会等比例缩小，如图 5.3.3 所示。

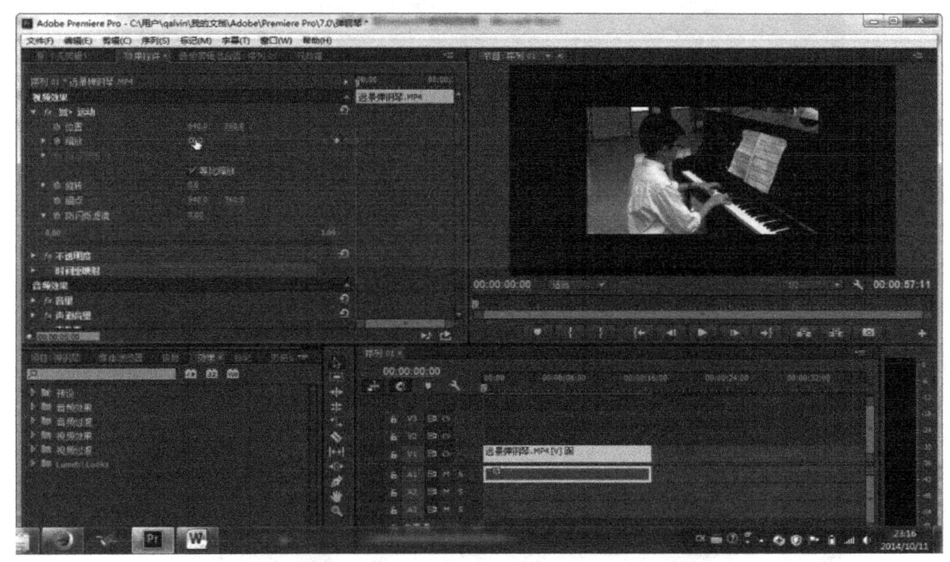

图 5.3.3 目标监视器中视频画面等比例缩小

当目标监视器中的视频画面缩小到合适大小时，松开鼠标，此时的画面将作为视频动画的起始画面。也可以通过直接输入缩放比例数值的方法，达到同样的效果，如图 5.3.4 所示。

然后，确定第二个关键帧。拖动“效果控件”面板时间轴顶端的“播放指示器”到 5 秒处。也可以直接单击“效果控件”面板左下角的时间码，输入“5:00”，达到同样的效果，如图 5.3.5 所示。

单击“添加/移除关键帧”按钮，此时在 5 秒钟处出现一个关键帧，如图 5.3.6 所示。

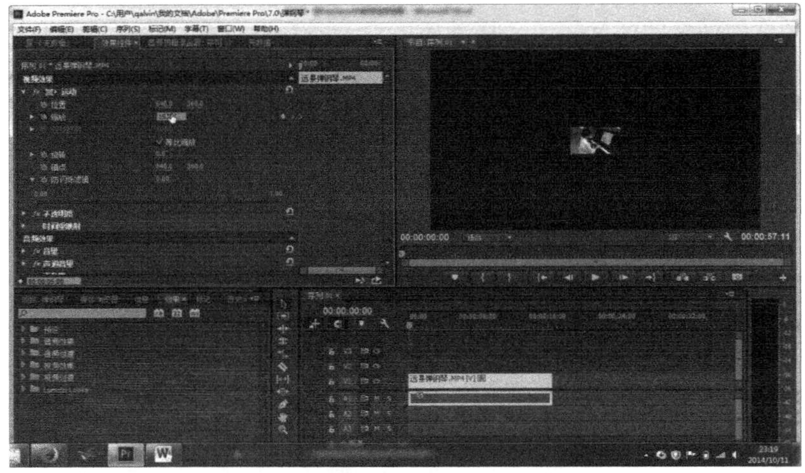

图 5.3.4　确定视频动画的起始画面

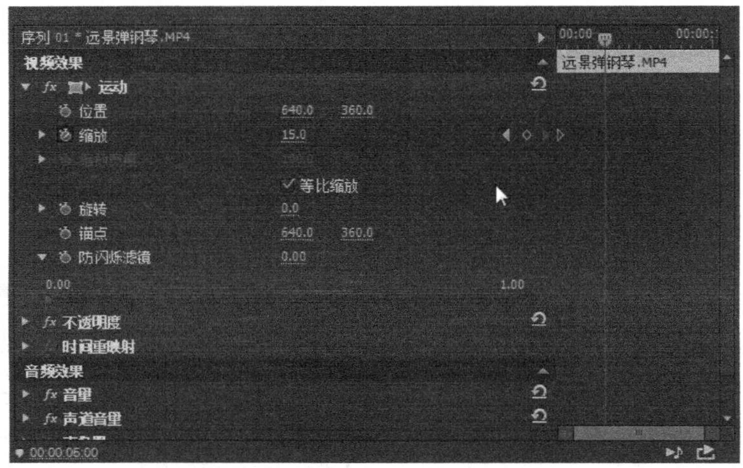

图 5.3.5　确定第二个关键帧的位置

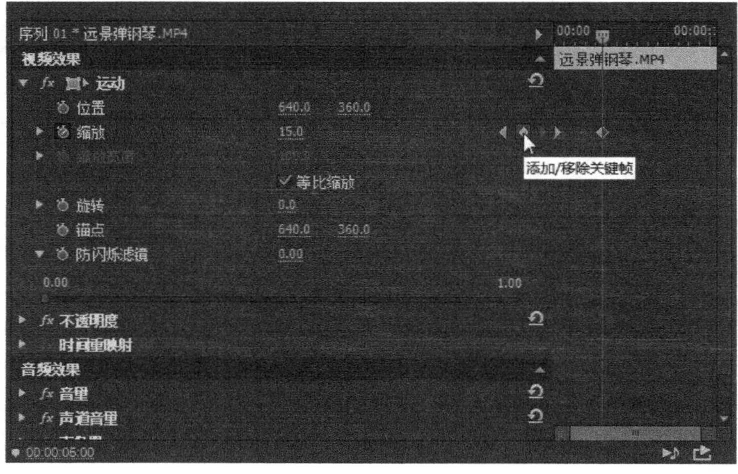

图 5.3.6　添加第二个关键帧

此时要将缩放比例恢复到 100%，移动鼠标到缩放比例的数值上，当鼠标指针变成双向箭头时，按下鼠标左键向右拖动到 100，也可以双击缩放比例数值，直接输入“100”。这时目标监视器中的视频画面占满整个窗口，如图 5.3.7 所示。

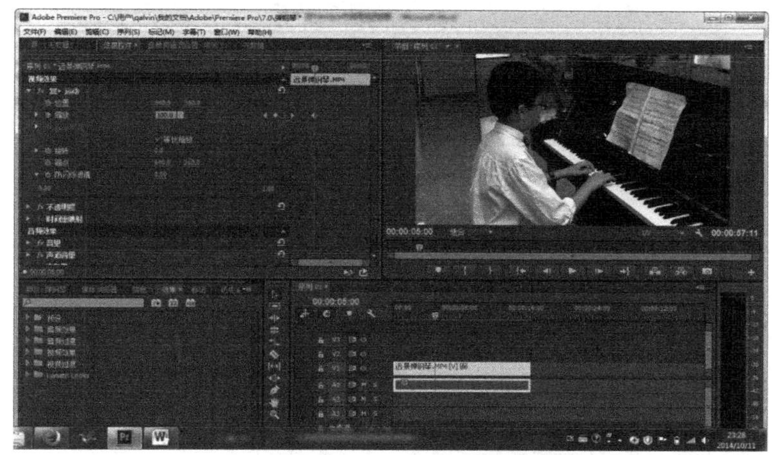

图 5.3.7　确定第二个关键帧的视频画面

此时，缩放视频动画完成设置。单击目标监视器中的“播放”按钮，视频开始播放，同时视频画面由小变大，当视频播放到 5 秒钟时，视频画面占据整个监视器窗口，视频继续播放直至结束，如图 5.3.8 所示。

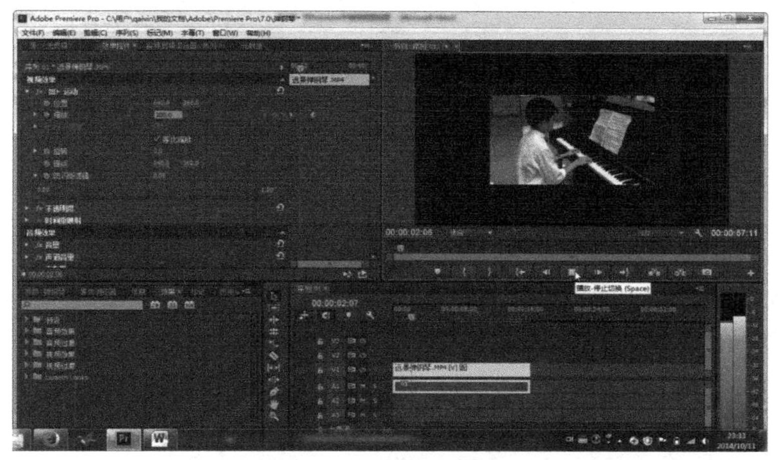

图 5.3.8　播放视频动画

通过等比例缩放，也可以实现场景的切出，就是当一个场景切出时，视频画面由大变小，直至消失。

第二个项目实例实现的是非等比例缩放的效果。这个效果用于视频画面的切出，整个视频画面在横向上没有任何改变，而在纵向上快速从 100 缩放为 0，实现整个视频画面的消失。

要实现非等比例缩放视频动画，首先取消选中“等比缩放”复选框，此时出现“缩放高度”、“缩放宽度”两个选项，如图 5.3.9 所示。

由于这段视频的总长度是 16 秒，整个视频动画要在 2 秒内完成，因此拖动播放指示器到

14 秒处，或直接在时间码处输入数值“14”，来精确定位，如图 5.3.10 所示。

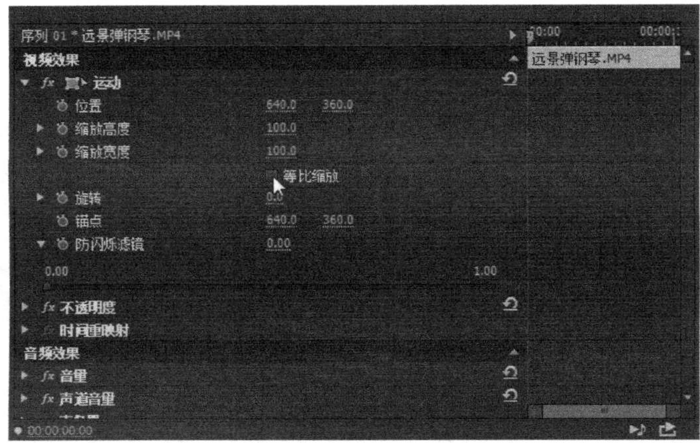

图 5.3.9　取消“等比缩放”选项

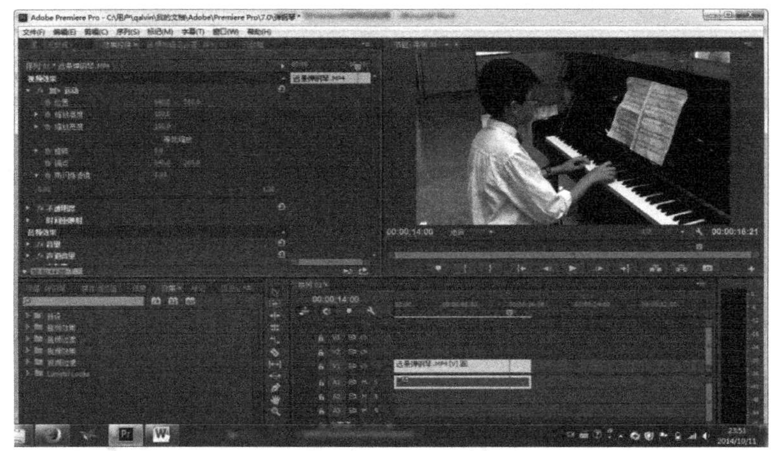

图 5.3.10　确定第一个关键帧的位置

单击“缩放高度”前面的“切换动画”按钮，此时在时间轴上出现一个关键帧。由于这个画面不需要改变，因此不更改缩放的数值，如图 5.3.11 所示。

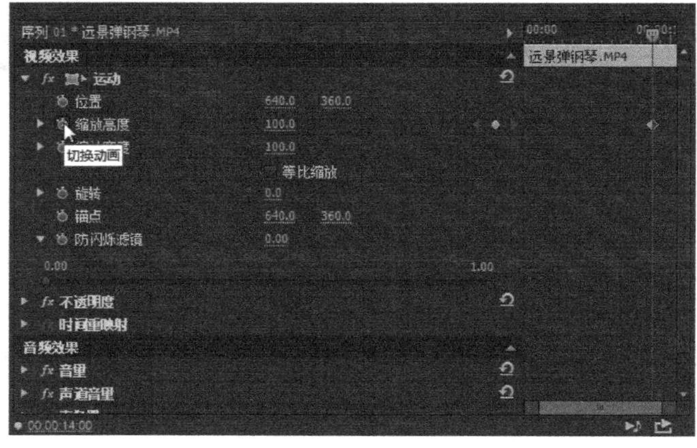

图 5.3.11　添加第一个关键帧

然后，确定第二个关键帧，首先，移动播放指示器到视频的末尾，然后单击“添加/删除关键帧”按钮，此时在视频末尾增加了一个关键帧，如图 5.3.12 所示。

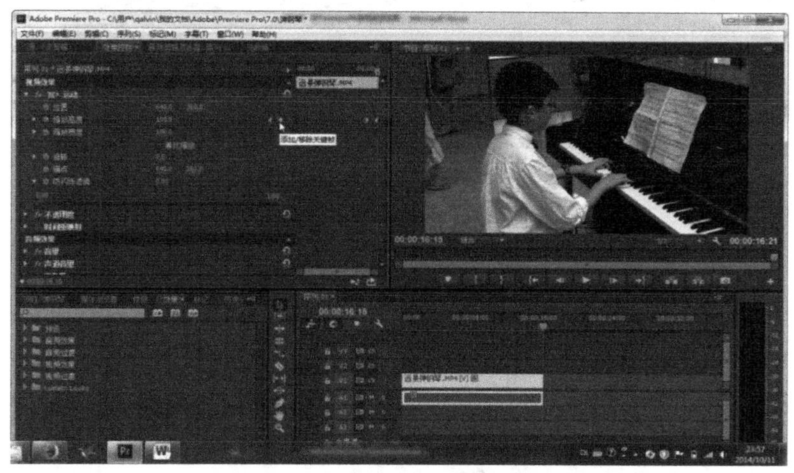

图 5.3.12　确定第二个关键帧

更改“缩放高度”的数值为“0”，此时目标监视器中的画面已经消失，如图 5.3.13 所示。

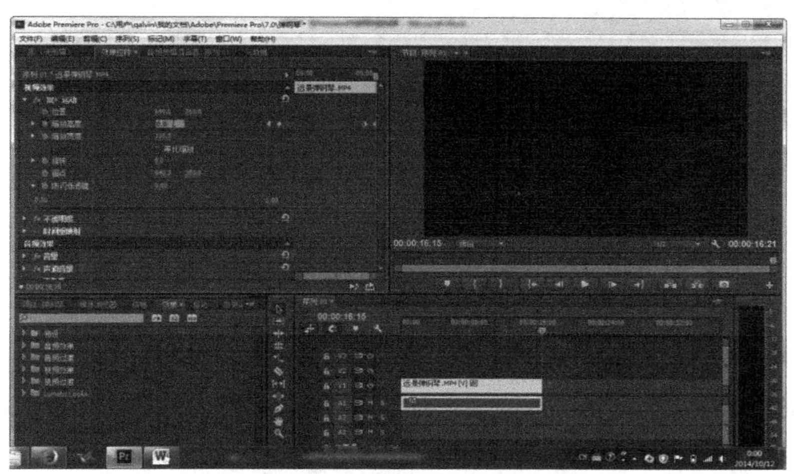

图 5.3.13　更改缩放高度

将播放指示器拖到最左端，单击目标监视器上的“播放”按钮，可以看到视频正常播放到最后 2 秒，然后迅速在监视器上消失的过程，如图 5.3.14 所示。

能否在视频的开始阶段采用等比例缩放、视频的结尾采用非等比例缩放呢？请实际操作练习一下。

5.3.2　旋转

旋转也是一个比较常见的视频动画，在场景的切入或切出时都可以应用。

下面的项目实例介绍使用旋转切入场景的步骤，使用旋转切出场景的方法与它类似。

首先，将素材视频拖到时间轴上，单击该视频，在“效果控件”面板中，展开“旋转”项目下的选项，如图 5.3.15 所示。

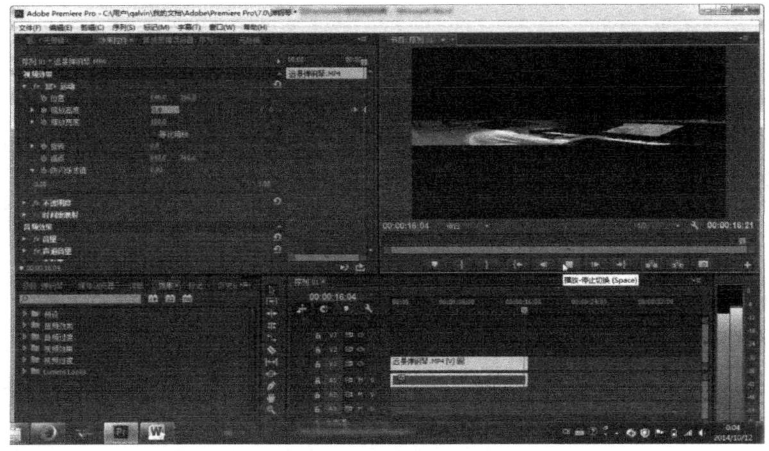

图 5.3.14　预览视频动画

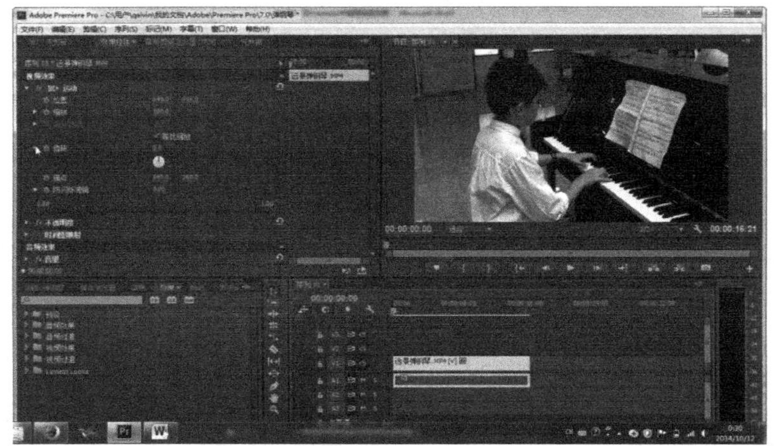

图 5.3.15　展开“旋转”项目下的选项

将时间轴上的播放指示器拖到时间轴的最左端，单击“旋转”前的“切换动画”按钮，此时，在时间轴上出现一个关键帧，同时“旋转”的选项也变得更多，如图 5.3.16 所示。

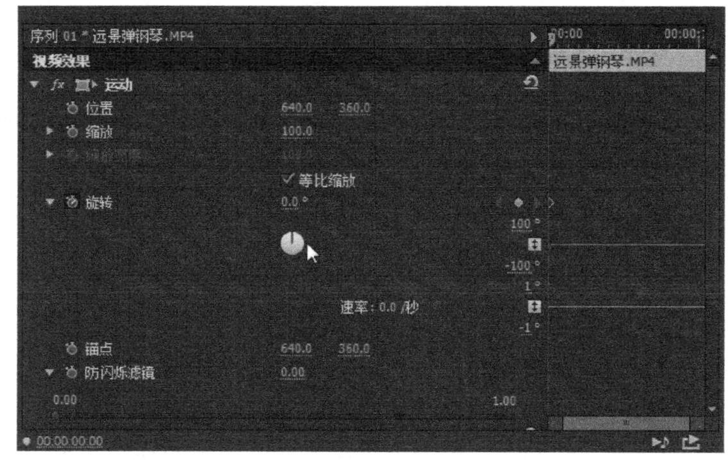

图 5.3.16　添加第一个关键帧

用鼠标按住“旋转”按钮进行旋转拖动，“旋转”右端的数值会发生变化，目标监视器中的视频画面发生旋转。也可以通过输入数值的方法，来实现相同的效果。图 5.3.17 所示的是旋转 180° 的效果。

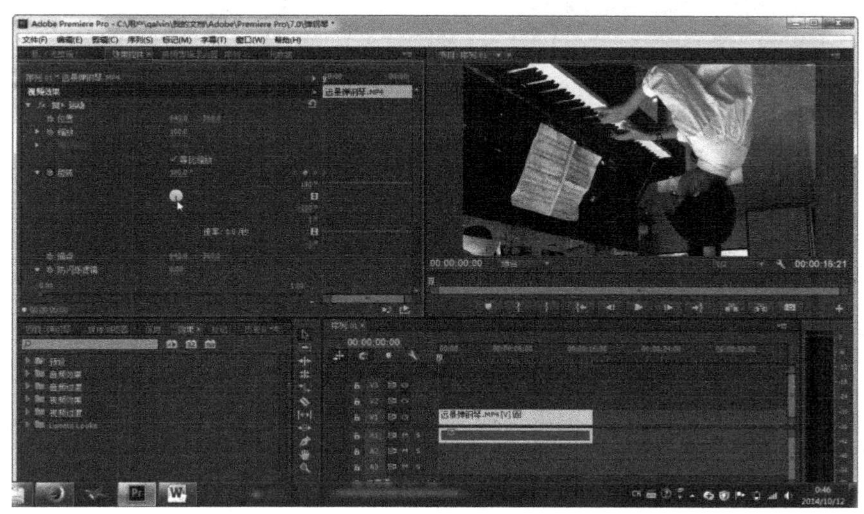

图 5.3.17　画面旋转 180°

在“效果控件”面板中，有一个“锚点”选项，锚点的位置决定了旋转的轴心，默认的情况下，锚点的位置就是视频画面的中心。更改锚点的位置后，视频画面的旋转方式也会发生不同的变化。

拖动播放指示器到 2 秒钟处，或者直接在时间码处输入数值 2，来精确定位。单击“添加关键帧”按钮，此时在时间轴上增加了一个关键帧，如图 5.3.18 所示。

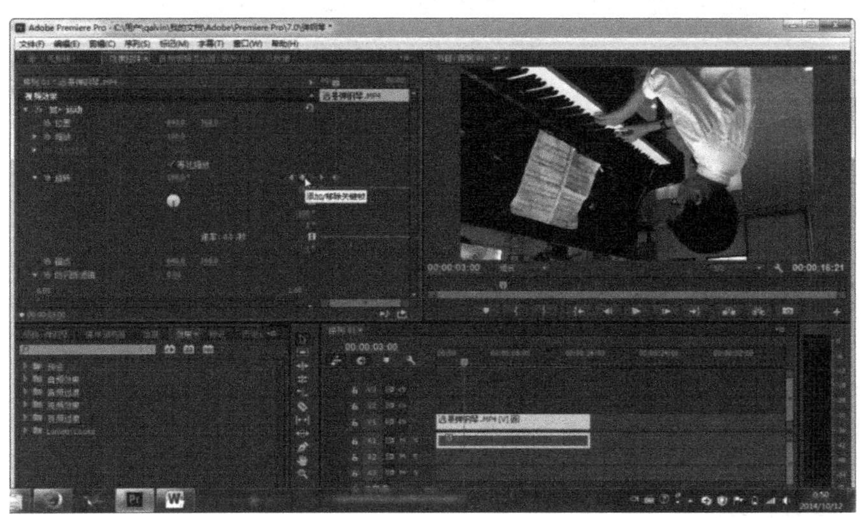

图 5.3.18　添加第二个关键帧

用鼠标按住“旋转”按钮进行旋转拖动，使“旋转”右端的数值变为 0，目标监视器中的视频画面也发生旋转，画面恢复正常。也可以通过输入数值的方法，来实现相同的效果，如图 5.3.19 所示。

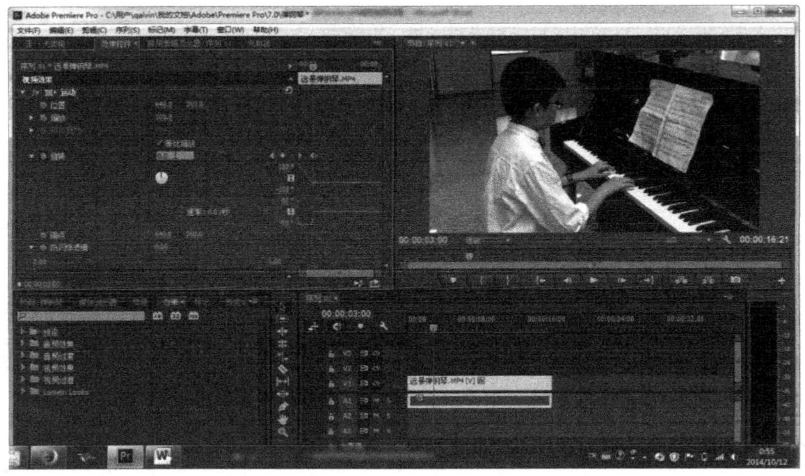

图 5.3.19　确定第二个关键帧的视频画面

在目标监视器中单击“播放”按钮，视频画面开始旋转，2 秒钟后，旋转到画面正常时停止旋转。整个旋转的过程中，视频一直播放，而且旋转停止后，视频继续播放到结束，如图 5.3.20 所示。

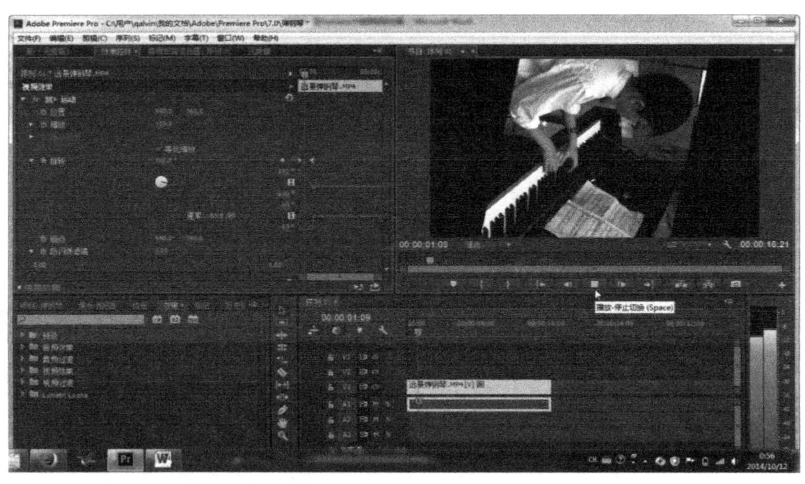

图 5.3.20　播放视频动画

如果接着添加关键帧，继续旋转，可以实现更多更有创意的旋转动画。

如果把“旋转”和“缩放”、“运动”相结合，会产生许多的叠加效果。例如，一个画面旋转着从屏幕左上角切入到屏幕中央，同时视频画面由小变大，最终占据整个屏幕。请实际操作一下，体会这几种视频动画特效的叠加效果。

5.3.3　透明特效

透明特效是通过设置“效果控件”面板中的“不透明度”来实现的。使用透明特效，可以为相连接的两段视频分别设置淡入和淡出，达到转场的效果。也可以为两个轨道上的叠加出现的视频设置淡入、淡出的效果。

本项目实例，是对上例中蝴蝶飞入弹钢琴现场的视频进行透明特效动画处理，使蝴蝶不是突兀地出现在视频画面中，而是通过改变不透明度，由虚转实，逐渐显示在画面中，仿佛穿越一般。

首先打开相应的项目文件，按下键盘上的“+”，文件时间轴上的文件变长。这时并没有改变视频的实际长度，仅改变了时间轴的标尺比例，使操作看得更清楚，如图 5.3.21 所示。

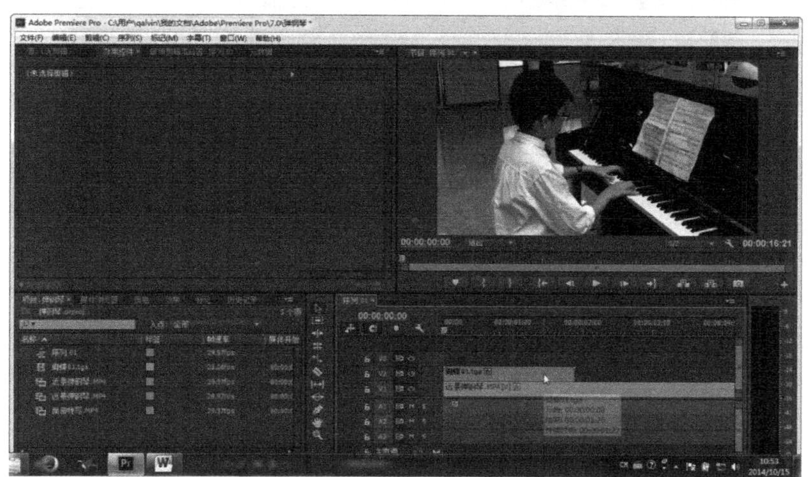

图 5.3.21 放大时间轴标尺

单击“蝴蝶 01.tga”文件，打开“效果控件”面板，展开“不透明度”项目下的选项，如图 5.3.22 所示。

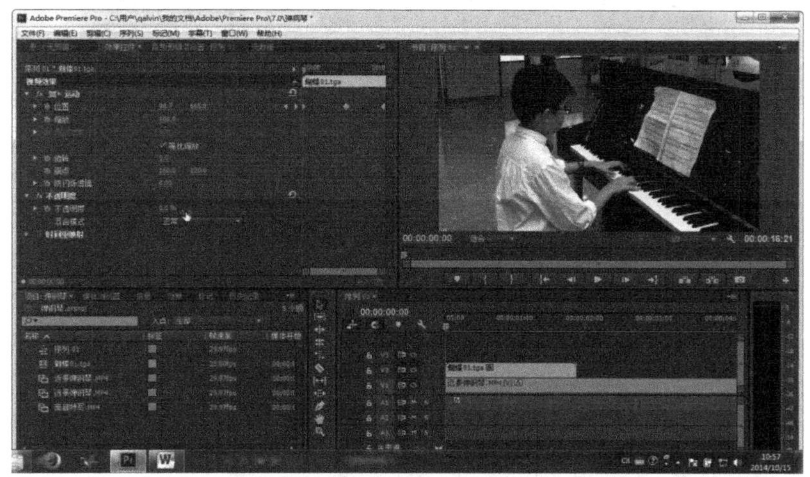

图 5.3.22 展开“不透明度”项目下的选项

将播放指示器拖到最左端，单击“不透明度”左边的“切换动画”按钮，此时可以发现，时间轴上出现一个关键帧，如图 5.3.23 所示。

更改“不透明度”的值为 0，不显示蝴蝶，如图 5.3.24 所示。

移动播放指示器到 1 秒钟处，单击“添加/删除关键帧”按钮，添加第二个关键帧，如图 5.3.25 所示。

设置“不透明度”为 100，完全显示蝴蝶，如图 5.3.26 所示。

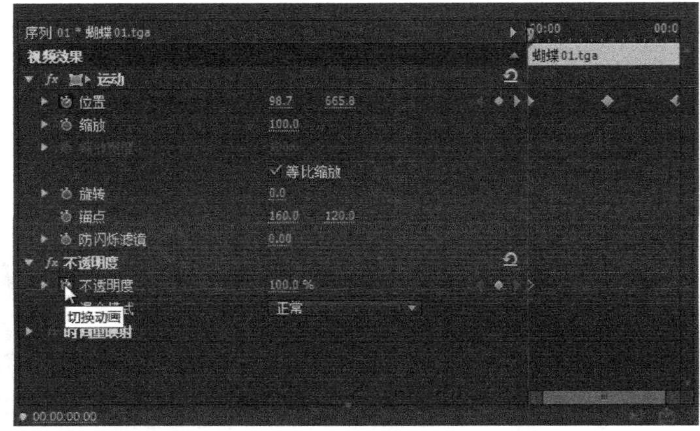

图 5.3.23　添加第一个关键帧

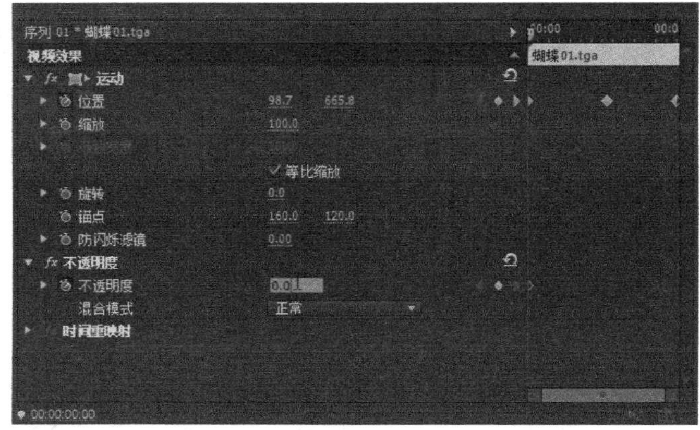

图 5.3.24　更改不透明度的值

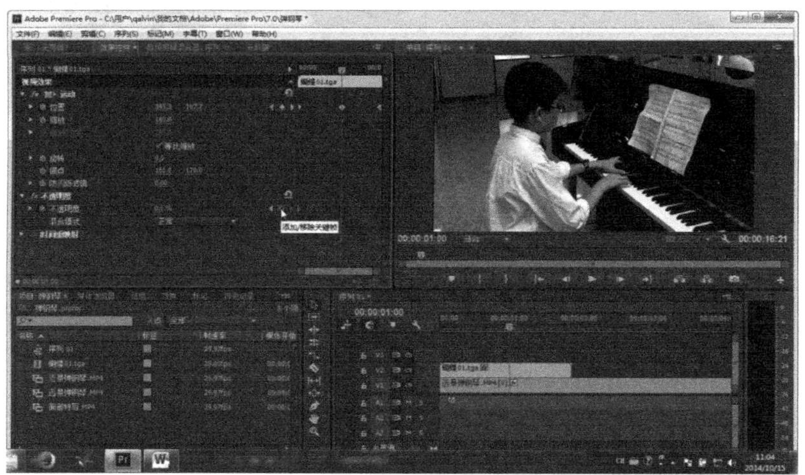

图 5.3.25　添加第二个关键帧

此时透明特效动画设置完毕，视频播放的第 1 秒内，蝴蝶完成从无到有的淡入过程。将播放指示器拖动到最左端，单击“播放”按钮，视频开始播放，可以看到和设置前完全不同的效果，如图 5.3.27 所示。

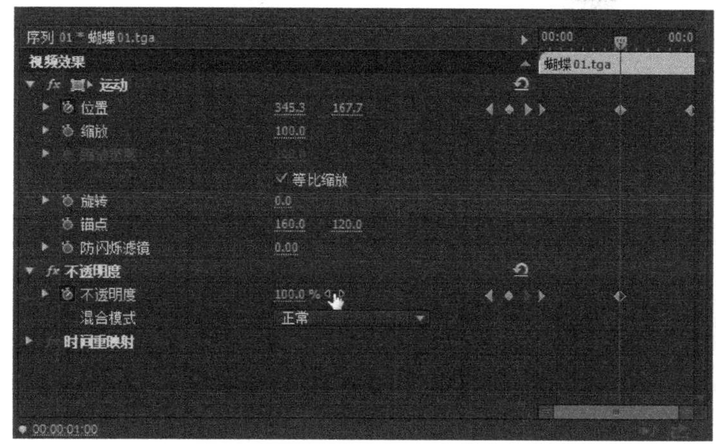

图 5.3.26　设置“不透明度”的值为 100

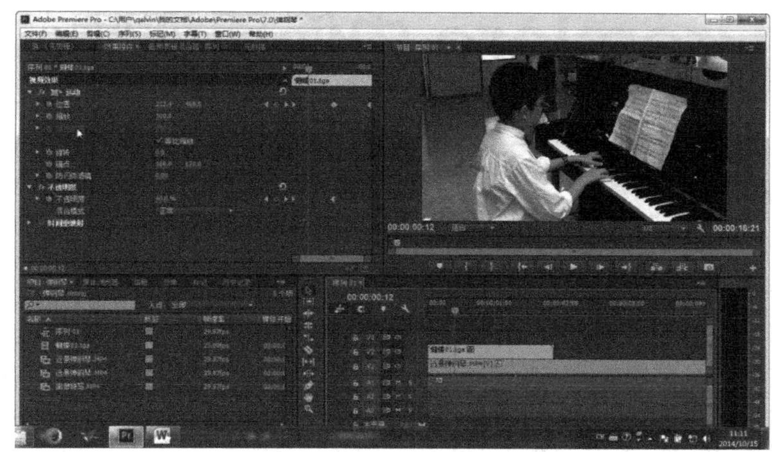

图 5.3.27　预览视频

习题 5

1. 什么是视频动画？

2. “效果控件”面板提供哪三类视频效果选项？

3. 视频动画中的位移效果和缩放效果是如何实现的？

4. 在设置关键帧时，有一个“添加/删除关键帧”按钮。请说出，在什么情况下，该按钮的作用是添加关键帧，在什么情况下，该按钮的作用是删除关键帧。

5. 在设置旋转动画时，锚点的作用是什么？

6. 操作练习：在时间轴上拖曳一段视频，为该视频设置视频动画，要求场景切出时，画面由大变小，最终完全消失。

7. 操作练习：在时间轴上拖曳一段视频，为该视频设置视频动画，要求视频的开头部分等比例缩放切入，视频的结束部分非等比例缩放切出。

8. 操作练习：在时间轴上拖曳一段视频，为该视频设置视频动画，要求开始画面旋转着从屏幕左上角切入到屏幕中央，同时视频画面由小变大，最终占据整个屏幕。

在 Premiere 中使用视频效果

6.1 视频效果概述

Premiere 作为一个视频剪辑软件，主要的功能是对视频片段进行剪辑和拼接。同时它也提供了一些视频效果，这些视频效果和 Photoshop 中的滤镜相似。

Premiere 所提供的视频效果主要是对原始素材的不足进行修补，包括改变素材的颜色和曝光度、修补原始素材的缺陷、对画面进行叠加等。仅就视频效果而言，虽然 Premiere 和它的姊妹软件 AE（After Effects）相比有很大的差距，但它具有容易学习和掌握的优点。对于非专业人员来说，熟练运用好 Premiere 内置的这些特效，已经足够了。

6.1.1 “效果”面板

在 Premiere 中设置视频效果，主要是在“效果”面板中进行操作的。默认的情况下，“效果”面板位于 Premiere 的左下角，打开后的“效果”面板如图 6.1.1 所示。

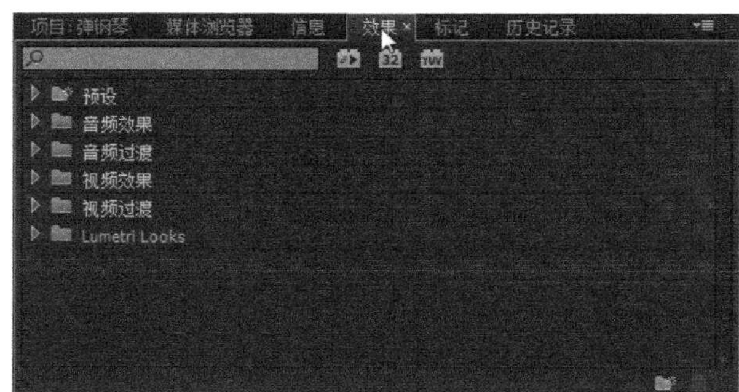

图 6.1.1 “效果”面板

“效果”面板一共提供了“预设”、“音频效果”、“音频过渡”、“视频效果”、“视频过渡”、

“Lumetri Looks”六类设置选项。本章项目实例只涉及“视频效果”。单击“视频效果”前的小三角形，可以看到很多种类的视频效果，依次打开，一共有 16 类 130 种视频效果，如图 6.1.2 所示。

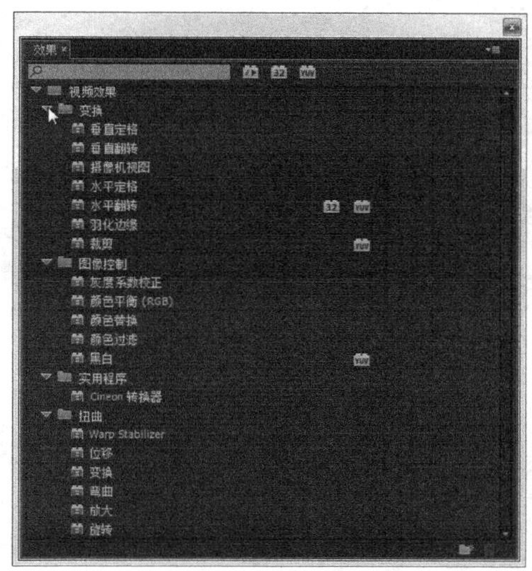

图 6.1.2　展开“视频效果”

6.1.2　应用视频效果

下面的实例是给视频素材加上“黑白”效果，通过它来熟悉应用视频效果的一般步骤。

在 Premiere 中打开项目文件“弹钢琴”，在时间轴上选中视频素材，然后展开“效果”面板中“视频效果”项目下的各个选项，如图 6.1.3 所示。

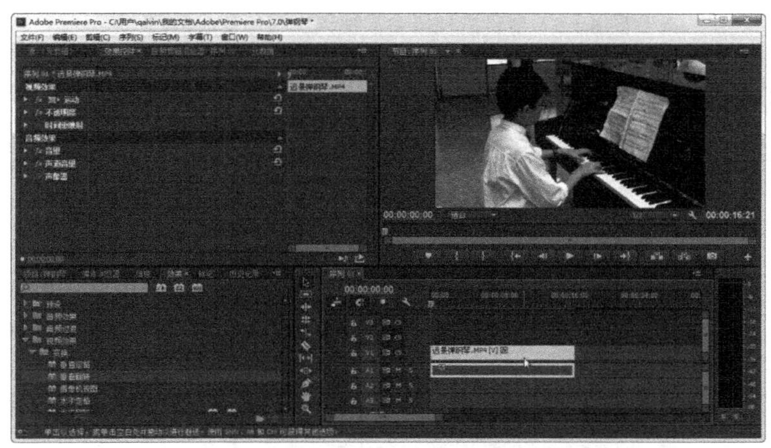

图 6.1.3　打开项目文件“弹钢琴”

在“效果”面板中，选择“图像控制”下的“黑白”选项，拖动鼠标，将视频效果“黑白”拖动到时间轴上的视频素材中，当鼠标的小手形指针旁出现一个“十”字形标记时，松开鼠标，如图 6.1.4 所示。

此时可以发现，节目监视器中的视频变成了黑白的，同时上侧的“效果控件”面板中出现了“黑白”选项，如图 6.1.5 所示。

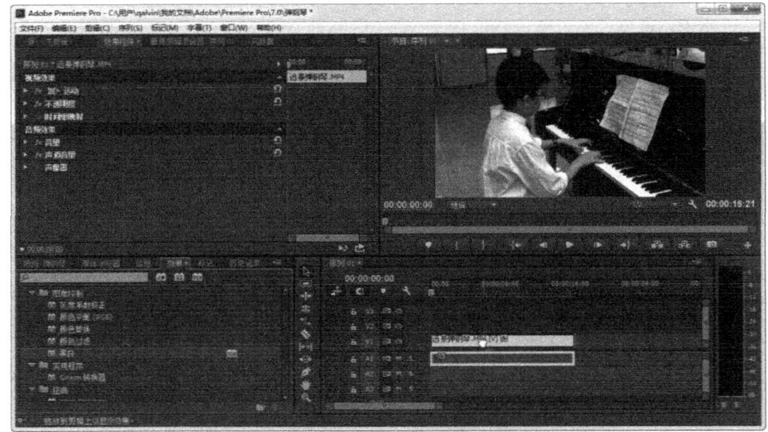

图 6.1.4　拖曳视频效果“黑白”到素材中

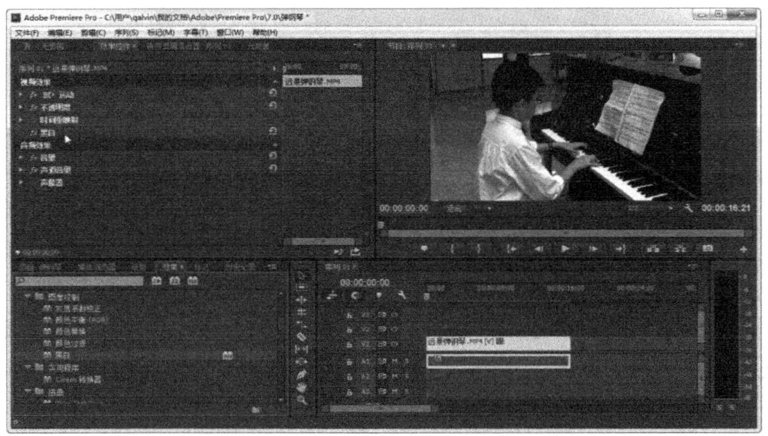

图 6.1.5　节目监视器中的视频由彩色变成黑白

6.1.3　预览视频效果

将时间轴上的播放指示器拖动到最左端，单击“播放”按钮，可以发现视频开始以黑白的形式进行播放，如图 6.1.6 所示。

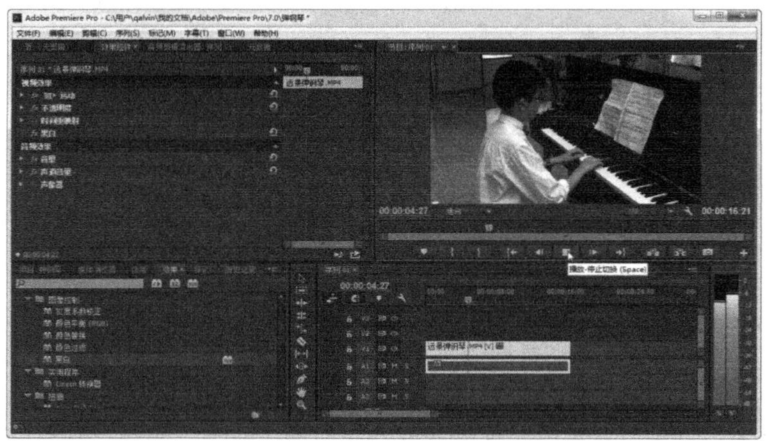

图 6.1.6　预览视频效果

6.1.4　删除视频效果

在操作中常常会对视频效果不满意，可以把视频效果删除。如果无法确定是否使用视频效果，仅仅是对于使用“视频效果”前后进行对比，可以通过单击“切换效果开关”按钮来实现。

在“效果控件”面板中，单击“黑白”选项前面的“切换效果开关”按钮，可以发现按钮上的文字“fx”消失，而节目监视器中的视频也由黑白恢复到彩色，如图 6.1.7 所示。

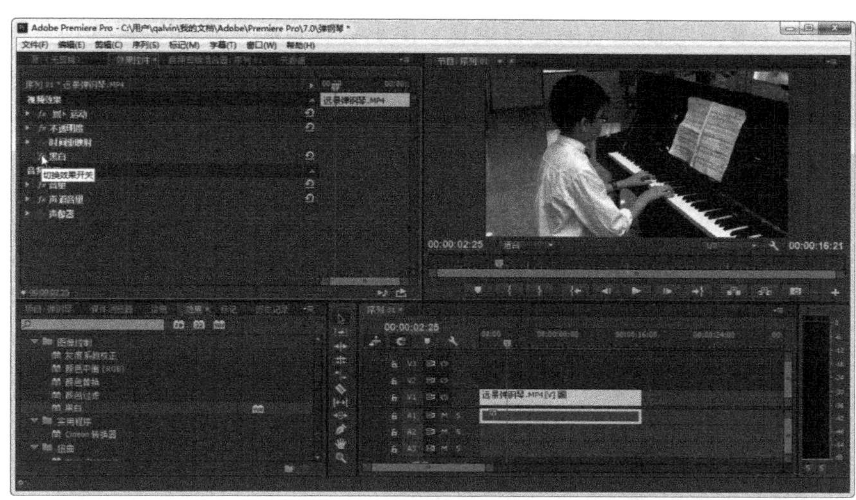

图 6.1.7　监视器中的视频由黑白恢复到彩色

再次单击“切换效果开关”按钮，视频又变成黑白的效果。

如果要彻底将这个视频效果删除，将鼠标指针移动到“效果控件”面板中的“黑白”选项上，单击鼠标右键，在弹出的快捷菜单中选择“清除”命令，如图 6.1.8 所示。

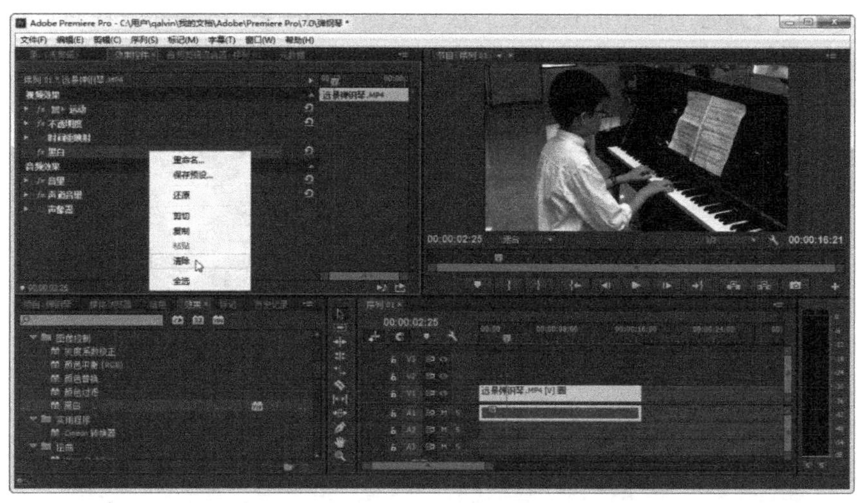

图 6.1.8　选择“清除”命令

此时，可以发现“效果控件”面板中的“黑白”选项消失，同时，节目监视器中的视频也恢复成彩色。

6.2 对视频效果进行设置

6.2.1 设置视频效果

在 Premiere 提供的 130 种视频效果中，有一些比较简单，不需要进行设置，有一些可以进行设置，达到更加多样化的效果。大多数视频效果可以通过对关键帧的设置，达到视频动画的效果。

本项目实例，主要是对视频效果进行设置。由于各种视频效果的设置选项各不相同，这里只介绍一般情况下视频效果的设置过程。

在 Premiere 中打开项目文件“弹钢琴”，如图 6.2.1 所示。

图 6.2.1 打开项目文件

在“效果”面板中，展开“视频效果”项目下的“变换”选项，然后将其中的视频效果“摄像机视图”选项拖曳到时间轴中的视频上，松开鼠标，如图 6.2.2 所示。此时可以发现，鼠标指针呈现小手的形状，并且旁边有一个小“十”字形。

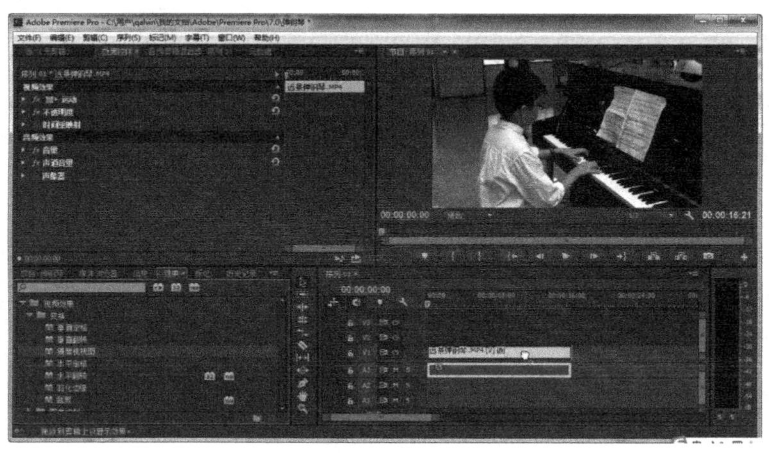

图 6.2.2 拖曳特效到视频上

此时，位于窗口左上角的“效果控件”面板中出现了“摄像机视图”的相应选项，如

图 6.2.3 所示。

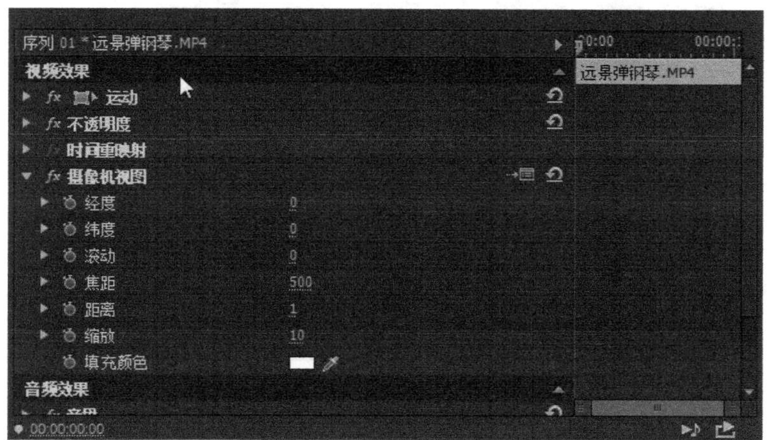

图 6.2.3 添加特效的“效果控件”面板

此时，可以单击“摄像机视图”选项右端的“设置”按钮，打开如图 6.2.4 所示的“摄像机视图设置”对话框，进行设置，也可以直接在“效果控件”面板中进行设置。

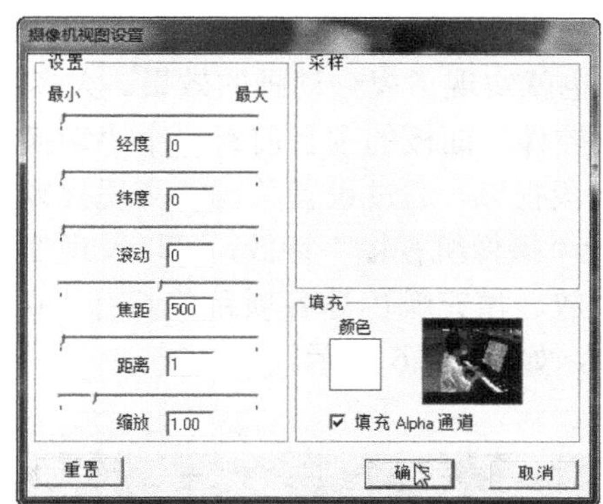

图 6.2.4 “摄像机视图设置”对话框

在“效果控件”面板中，共有经度、纬度、滚动、焦距、距离、缩放、填充颜色等 7 个选项进行设置。各选项的作用如下。

（1）改变经度的值可以使视频画面沿纵向中心的轴转动，数值从 0 到 360。

（2）改变纬度的值可以使视频画面沿横向中心的轴转动，数值从 0 到 360。

（3）改变滚动的值可以使视频画面沿中心的点旋转，数值从 0 到 360。

（4）改变焦距的值可以使视频画面的焦距发生变化，直接的感受是画面的大小发生变化，数值从 1 到 1000。

（5）改变距离的值可以使视频画面的距离发生变化，远到一定程度，画面会成为若干个点，数值从 1 到 500。

（6）改变缩放的值可以使视频画面的大小发生变化，数值从 1 到 500。

（7）填充颜色是指视频画面缩小后，填充监视器空间的颜色。

本例中，更改经度值为“50”，纬度值为“0”，滚动值为“0”，焦距值为“400”，距离值为“10”，缩放值为“15”，填充颜色为“蓝色”，如图 6.2.5 所示。

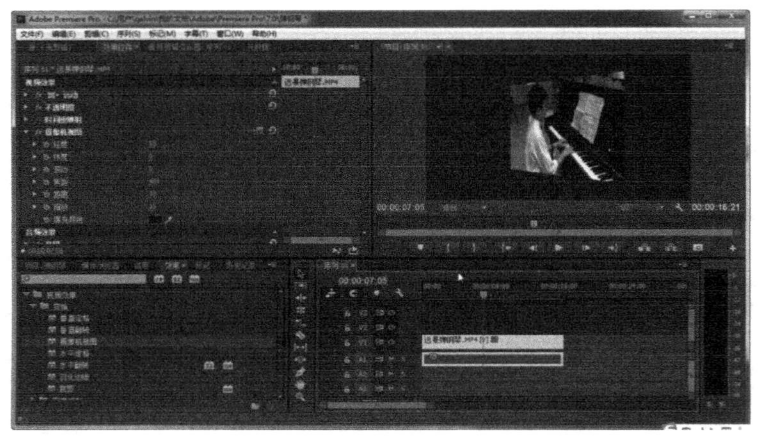

图 6.2.5　对特效进行设置之后的效果

此时将这段视频和其他轨道中的视频或图片进行叠加，然后使用特效将蓝色的背景去掉，就可以实现蒙太奇的效果。

6.2.2　使用关键帧完成视频效果动画

视频效果的设置是多样化的，通过添加关键帧，改变不同关键帧下的视频效果，就可以呈现各个视频效果的变化过程，也就实现了视频动画的效果。大多数的视频效果都支持关键帧动画，它们的标志是：在“效果控件”面板的项目前有一个“切换动画”按钮。

本例仍然采用弹钢琴的一段视频，通过设置关键帧实现视频效果动画。首先，打开项目文件“弹钢琴”，为视频素材加上“摄像机视图”特效，可以发现在“效果控件”面板中，经度、纬度、滚动、焦距、距离、缩放、填充颜色等各项目前都有“切换动画”按钮，也就是说，这些项目都可以设置动画效果，如图 6.2.6 所示。

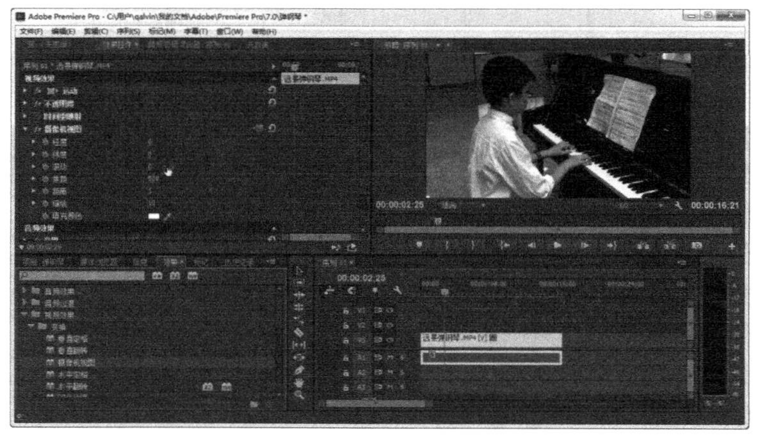

图 6.2.6　展开“摄像机视图”选项

在“效果控件”面板中，拖动播放指示器到最左端，然后依次单击经度、纬度、焦距、距离、缩放、填充颜色前的“切换动画”按钮，为这几个项目设置视频效果动画。此时，各个项目在时间轴上的对应位置都出现一个关键帧标志，如图 6.2.7 所示。

在时间轴面板中，拖动播放指示器到 4 秒钟处，也可以通过修改时间码的值进行精确定位，更改经度值为“50”，焦距值为“400”，距离值为“10”，缩放值为“15”，填充颜色为“蓝色”。此时可以发现，每修改一个值，项目在时间轴上的 4 秒钟位置都出现一个关键帧标志，监视器中的视频画面也随之发生变化，如图 6.2.8 所示。

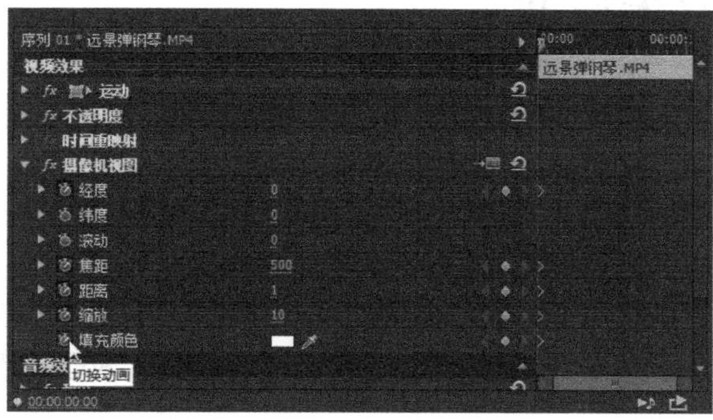

图 6.2.7 出现关键帧标志

图 6.2.8 设置关键帧

拖动时间轴上的播放指示器到最左端，然后单击监视器上的“播放”按钮，视频开始播放，在前 4 秒的时间里，画面缩小、变形，4 秒后视频画面停止变化，一直到播放完毕。图 6.2.9 所示的是视频画面开始产生动画效果的过程。

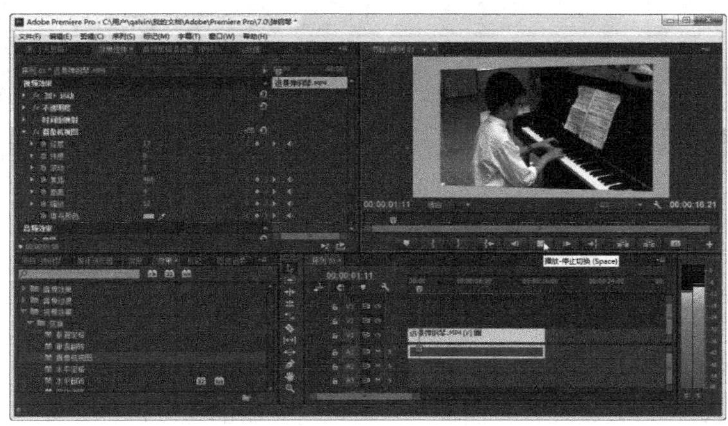

图 6.2.9 预览视频效果动画

其他的视频效果都可以通过设置关键帧来完成动画，也可以通过复杂的叠加使得效果更加绚丽，这需要实际操作和体会。

6.3 常用视频效果简介

Premiere 共提供了 16 类 130 种视频效果。这些视频效果并不适用于所有的视频，针对不同的视频，进行精心的设置，就能够达到预期的效果。这一节的项目实例主要是介绍各种视频效果的特点，具体的使用步骤、设置视频的方法，请参照 6.1 节和 6.2 节中的实例操作步骤进行。

为了充分表达视频效果的结果，本节中的实例基本采用同一个视频，有的视频效果在设置后，效果并不明显，实例中主要介绍了面板的选择项，并没有截取应用视频效果后的效果图。

6.3.1 变换

变换类主要是通过对图像的位置、方向和距离等参数进行调节，从而制作出画面视角变化的效果。此类特效共有 7 种，分别是垂直定格、垂直翻转、摄像机视图、水平定格、水平翻转、羽化边缘和裁剪。这些视频效果中，垂直定格和垂直翻转比较简单，没有需要设置的选项，其他都可以对视频效果进行设置，并设置成动画效果。

（1）垂直定格：对视频素材添加“垂直定格”视频效果后，播放视频时，视频画面将向上滚动。在“效果控件”面板中，没有对滚动速度进行设置的选项。应用“垂直定格”视频效果的结果如图 6.3.1 所示。

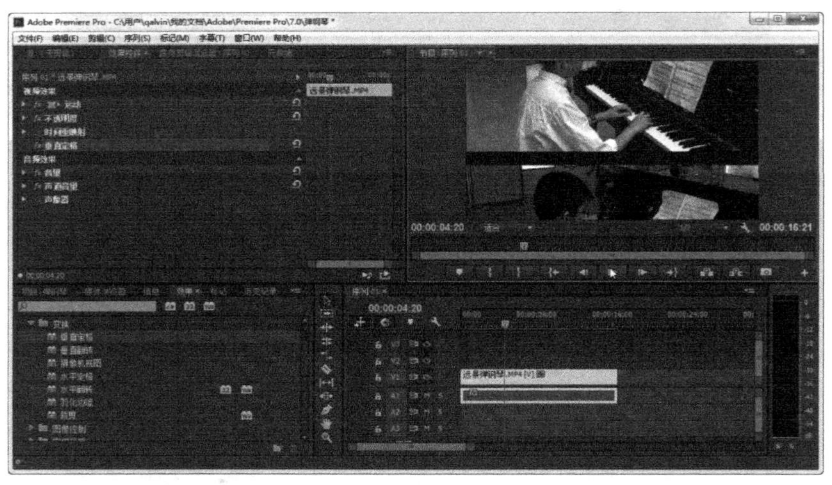

图 6.3.1　“垂直定格”视频效果

（2）垂直翻转：对视频素材添加“垂直翻转”视频效果后，播放视频时，视频画面将上下翻转。在“效果控件”面板中，没有对翻转速度进行设置的选项。应用“垂直翻转”视频效果的结果，如图 6.3.2 所示。

（3）水平定格：对视频素材添加“水平定格”视频效果后，播放视频时，视频画面将在水平方向上发生倾斜。在“效果控件”面板中，可以对倾斜的程度进行设置。应用“水平定格”视频效果的结果如图 6.3.3 所示。

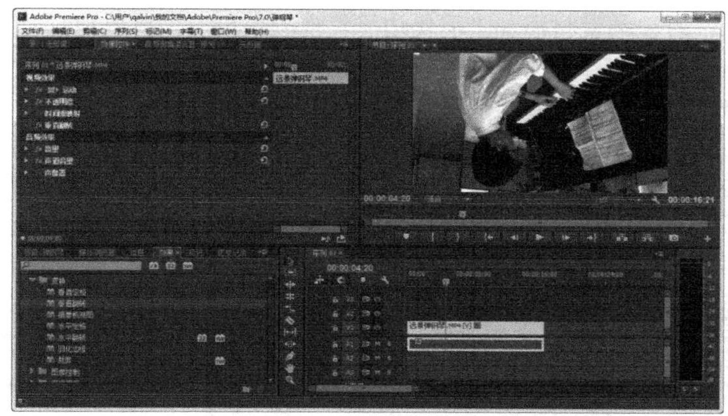

图 6.3.2 “垂直翻转”视频效果

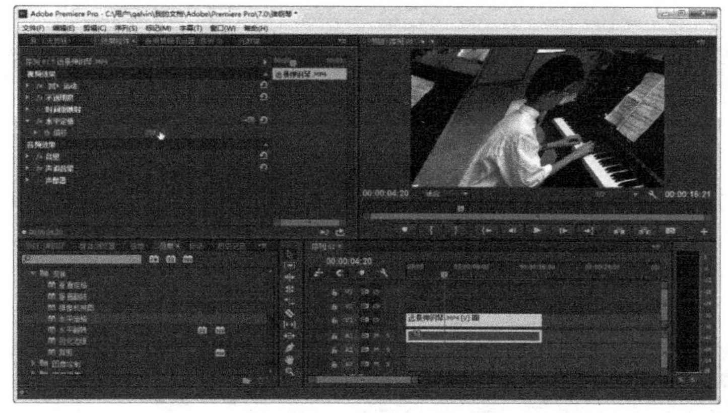

图 6.3.3 “水平定格”视频效果

（4）水平翻转：对视频素材添加“水平翻转”视频效果后，播放视频时，视频画面将水平翻转。在“效果控件”面板中，可以对翻转的角度、方向进行设置。应用“水平翻转”视频效果的结果，如图 6.3.4 所示，画面中弹琴的男孩从左端移动到了右端。

需要注意的是，该视频效果上有两个标记。其中 32 表示 32 位颜色效果，也就是支持高位深度的色彩，素材的颜色分辨率会提高，颜色渐变更平滑；YUV 表示 YUV 效果，YUV 是一种将亮度参数和色度参数分开的格式，减少了干扰，图像质量更高。

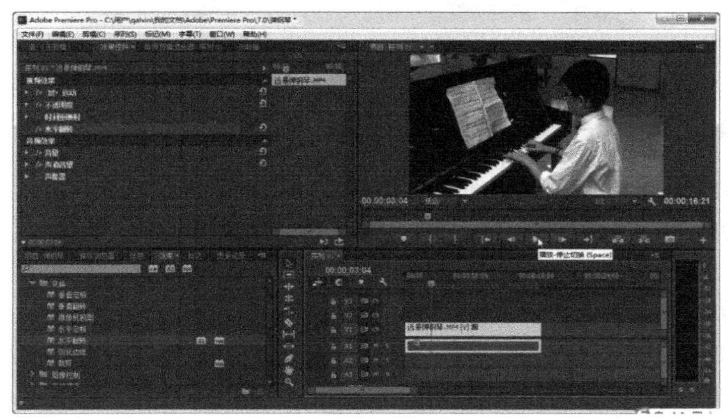

图 6.3.4 “水平翻转”视频效果

（5）羽化边缘：对视频素材添加“羽化边缘”视频效果后，播放视频时，视频画面边缘会出现羽化效果。在“效果控件”面板中，可以对羽化的像素数量进行设置。如图 6.3.5 所示的是应用“羽化边缘”视频效果，并将羽化数值设置为 50 的效果。

图 6.3.5　“羽化边缘”视频效果

（6）裁剪：对视频素材添加“裁剪”视频效果后，播放视频时，视频画面将被裁剪，只显示未被裁减掉的部分。在“效果控件”面板中，可以对裁剪的范围进行设置，还可以设置羽化效果。应用“裁剪”视频效果的结果如图 6.3.6 所示。

图 6.3.6　“裁剪”视频效果

6.3.2　图像控制

图像控制类主要是通过各种方法对素材图像中的特定颜色像素进行处理，从而做出特殊的视觉效果。此类特效共有 5 种视频效果，分别为灰度系数校正、颜色平衡（RGB）、颜色替换、颜色过滤、黑白。这些视频效果中，“黑白”比较简单，没有需要设置的选项，其他都可以对视频效果进行设置，并设置成动画效果。

（1）灰度系数校正：对视频素材添加“灰度系数校正”视频效果后，播放视频时，视频画面的灰度将发生变化，直观感受是画面变白或变黑。在“效果控件”面板中，可以对灰度的值进行设置，也可以制作关键帧视频动画。图 6.3.7 所示的是应用“灰度系数校正”视频效果，并将灰度值设置为 1 的效果。

图 6.3.7 “灰度系数校正”视频效果

（2）颜色平衡（RGB）：对视频素材添加“颜色平衡（RGB）”视频效果后，播放视频时，视频画面的红色、绿色、蓝色的值会根据设置的值发生变化。在“效果控件”面板中，不仅可以对三种颜色的值进行设置，还可以设置关键帧视频动画。图 6.3.8 所示的是应用“颜色平衡（RGB）”视频效果，并将红色和蓝色的值设置为 0 的效果。

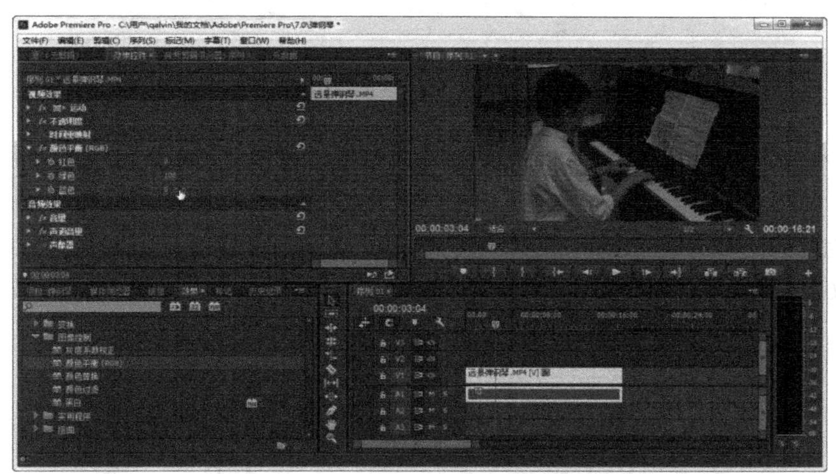

图 6.3.8 “颜色平衡（RGB）”视频效果

（3）颜色替换：对视频素材添加“颜色替换”视频效果后，视频画面中的某一种颜色会被设定的另一种颜色替换。在“效果控件”面板中，可以对目标颜色和替换颜色进行设置，还可以调节相似性的值，也就是目标颜色的范围。图 6.3.9 所示的是应用“颜色替换”视频效果，并将画面中的白色替换为绿色的效果。

（4）颜色过滤：对视频素材添加“颜色过滤”视频效果后，播放视频时，视频画面将过滤掉无关的颜色。在“效果控件”面板中，可以对颜色进行设置，当相关性设置为 0 时，颜色为黑白；当相关性设置为 100 时，颜色无改变。应用“颜色过滤”视频效果的结果如图 6.3.10 所示。

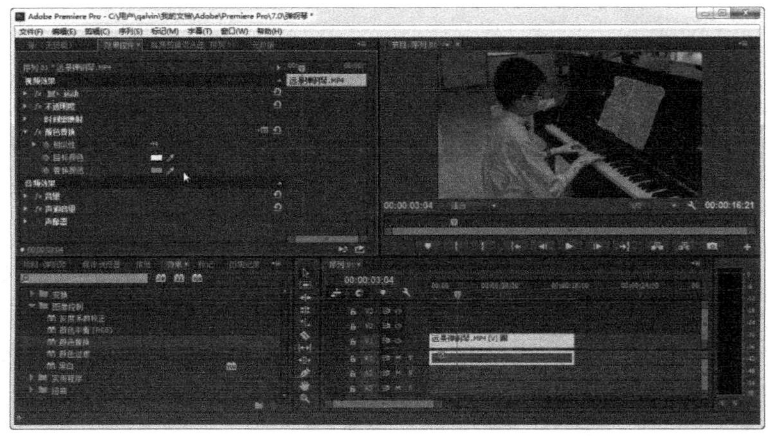

图 6.3.9　“颜色替换”视频效果

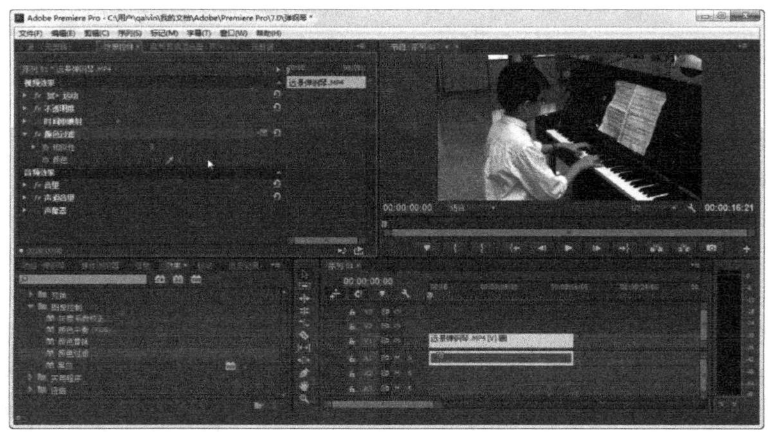

图 6.3.10　“颜色过滤”视频效果

（5）黑白：对视频素材添加“黑白”视频效果后，播放视频时，视频画面将以黑白的形式显示。在“效果控件”面板中，没有进行设置的选项。应用“黑白”视频效果的结果如图 6.3.11 所示。

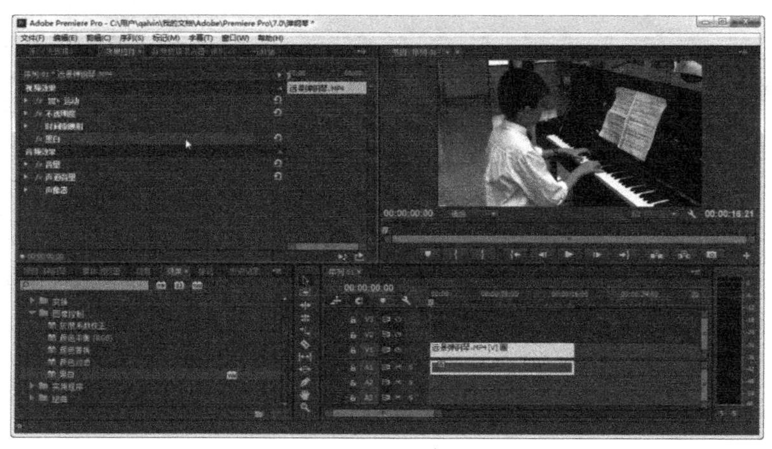

图 6.3.11“黑白”视频效果

6.3.3　实用程序

实用程序类特效只有 1 个，就是“Cineon 转换器”。利用它可以产生电影画面的转换效果。在“效果控件”面板中，可以对黑场、白场、高光滤除等值进行设置。图 6.3.12 所示的是应用“Cineon 转换器”默认值的效果。

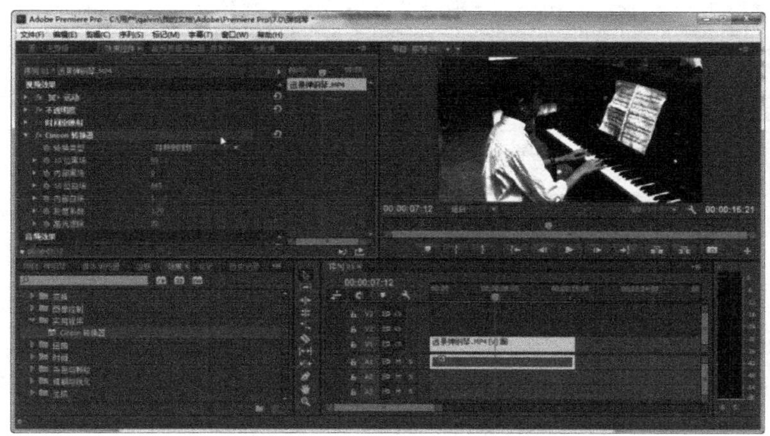

图 6.3.12“Cineon 转换器”视频效果

6.3.4　扭曲

扭曲类视频效果主要通过对图像进行几何扭曲变形来制作各种各样的画面变形效果，共有 13 种视频效果，分别是 Warp Stabilizer、位移、变换、弯曲、放大、旋转、果冻效应修复、波形变形、球面化、紊乱置换、边角定位、镜像和镜头扭曲。它们都可以对视频效果进行设置，并设置成动画效果。

（1）Warp Stabilizer（变形稳定器）：当使用手持设备，也就是手机、DV 摄像机等小型设备进行拍摄时，镜头难免会发生晃动。“Warp Stabilizer”视频效果可以增加镜头的稳定性，改善镜头扭曲的情况。当对素材应用这一视频效果后，Premiere 会首先对视频进行分析，然后才会显示应用特效后的效果，这需要一段时间。在“效果控件”面板中，可以对一些值进行手动调节，来完成设置。如图 6.3.13 所示的是应用“Warp Stabilizer”视频效果的结果。

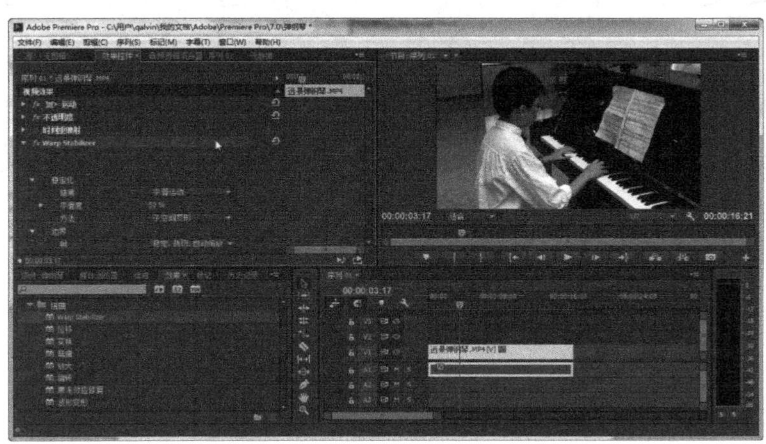

图 6.3.13　“Warp Stabilizer”视频效果

（2）位移：对视频素材添加“位移”视频效果后，视频画面会按照设定的坐标发生偏移。在“效果控件”面板中，可以对画面的坐标进行设置，也可以对画面与原画面的混合程度进行设置。图 6.3.14 所示的是应用“位移”视频效果的结果。

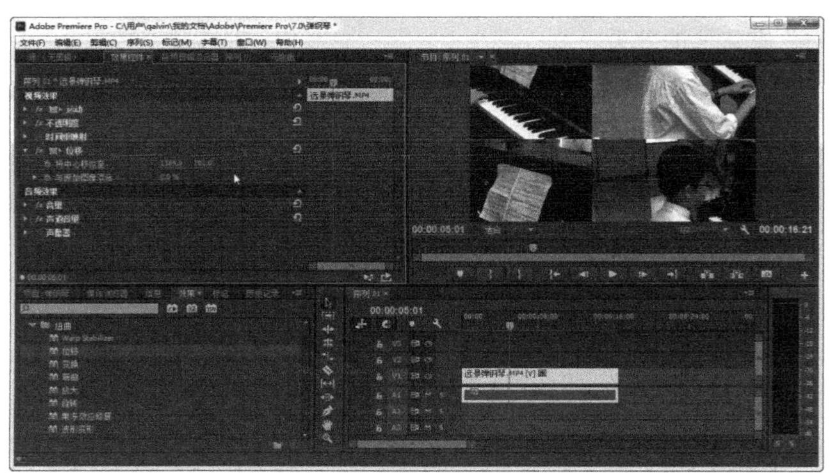

图 6.3.14 “位移”视频效果

（3）变换：对视频素材添加“变换”视频效果后，可以使画面产生放大、缩小、倾斜、旋转、位移等综合叠加效果。在“效果控件”面板中，可以对锚点、位置、缩放高度、缩放宽度、倾斜轴、旋转等进行设置，最终达到期望的效果。图 6.3.15 所示的是应用“变换”视频效果的结果。

图 6.3.15 “变换”视频效果

（4）弯曲：对视频素材添加“弯曲”视频效果后，视频画面会发生弯曲。在“效果控件”面板中，可以对弯曲的方向、弯曲率等进行设置。图 6.3.16 所示的是应用“弯曲”视频效果的结果。

（5）放大：使用“放大”视频效果，可以对视频画面中的某一部分进行放大。在“效果控件”面板中，可以对放大区域的形状、放大区域的位置、放大率等进行设置。图 6.3.17 所示的是应用“放大”视频效果后对弹钢琴的手进行放大的效果。

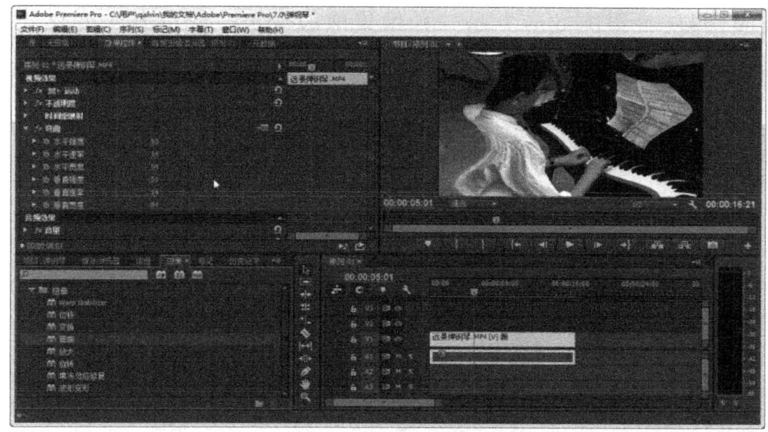

图 6.3.16　“弯曲”视频效果

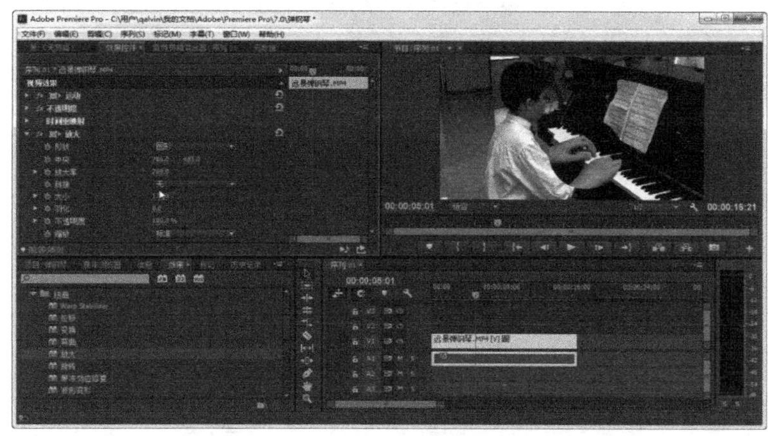

图 6.3.17　“放大”视频效果

（6）旋转：“旋转”视频效果可以使视频画面产生波浪状的旋转效果。在“效果控件”面板中，可以对旋转角度、扭曲半径、扭曲的中心进行设置。图 6.3.18 所示的是应用“旋转”视频效果的结果。

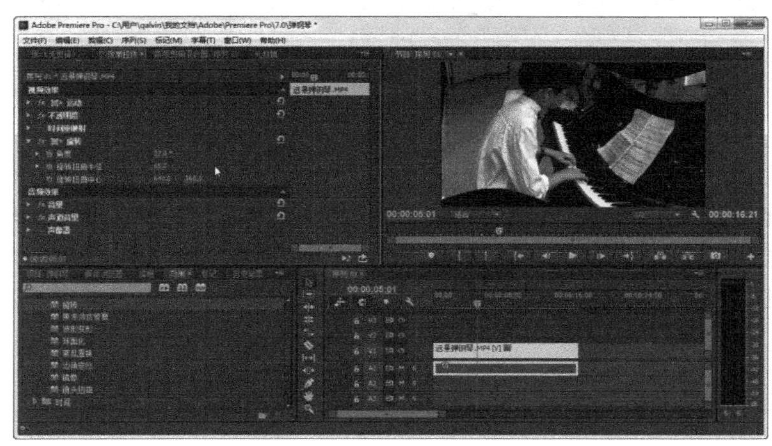

图 6.3.18　“旋转”视频效果

（7）果冻效应修复：“果冻效应”是一种像果冻般变形，颜色发生变化的现象。它是由于画面从上到下读取的时间差造成的，对于高速快门非常明显。对视频素材添加“果冻效应修复”视频效果后，会对这种现象进行一定修复。在“效果控件”面板中，可以对修复的值进行设置。图 6.3.19 所示的是应用“果冻效应修复”视频效果的结果。

图 6.3.19　“果冻效应修复”视频效果

（8）波形变形：“波形变形”视频效果可以使视频画面产生波形效果。在“效果控件”面板中，可以对波形的类型、高度、宽度和方向等进行设置。图 6.3.20 所示的是应用“波形变形”视频效果的结果。

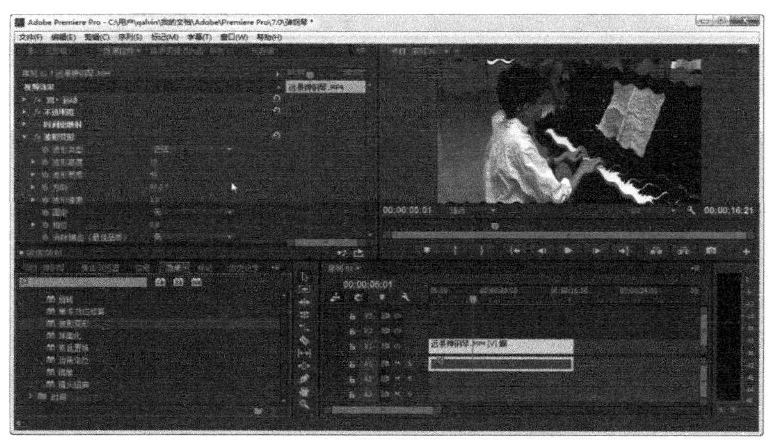

图 6.3.20　“波形变形”视频效果

（9）球面化：“球面化”视频效果可以使视频画面中的某一个区域出现球面的效果，这一效果和“放大”是不同的，更有立体感。在“效果控件”面板中，可以对球面的半径、球面中心的位置进行设置。图 6.3.21 所示的是应用“球面化”视频效果的结果。注意弹琴者的手部变化。

（10）紊乱置换：“紊乱置换”视频效果一般用于制作热浪、火焰等效果。在“效果控件”面板中，可以对置换的形式、数量、大小、偏移量等进行设置。图 6.3.22 所示的是“紊乱置换”视频效果的设置选项。

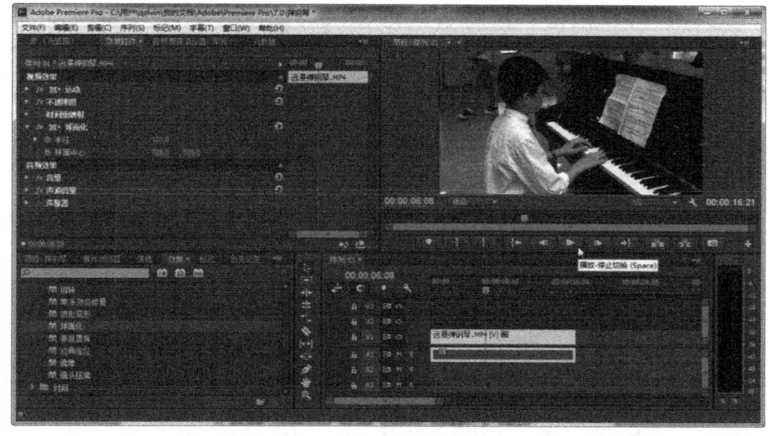

图 6.3.21 “球面化”视频效果

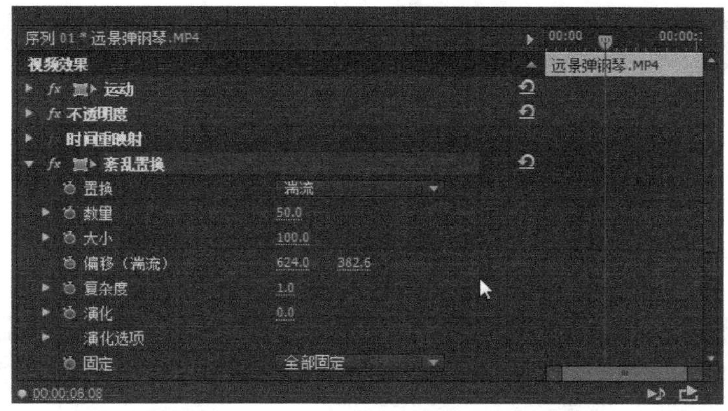

图 6.3.22 “紊乱置换”视频效果的设置选项

（11）边角定位：“边角定位”视频效果可以改变视频画面 4 个角的位置，从而改变视频画面的形状。操作时，既可以在“效果控件”面板中设置视频画面 4 个角的坐标，也可以直接在监视器中拖动画面的 4 个角，任意改变。图 6.3.23 所示的是应用“边角定位”视频效果拖动画面边角的效果。

图 6.3.23 “边角定位”视频效果

（12）镜像：顾名思义，“镜像”视频效果就是为视频效果产生一个对称的镜像。在“效果控件”面板中，可以对“反射中心”、“反射角度”进行设置。图 6.3.24 所示的是应用“镜像”视频效果的结果。

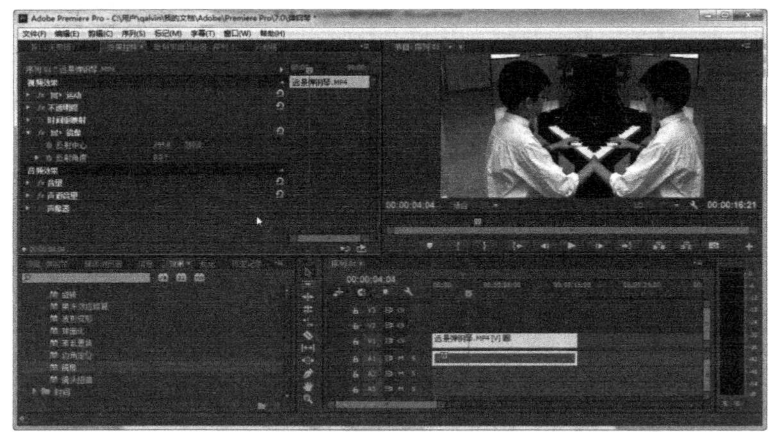

图 6.3.24 “镜像”视频效果

（13）镜头扭曲：“镜头扭曲”视频效果可以使视频画面发生一些曲线的变化，比“边角定位”更灵活。在“效果控件”面板中，可以对弯曲、偏移、棱镜效果等进行设置。图 6.3.25 所示的是应用“镜头扭曲”视频效果的结果。

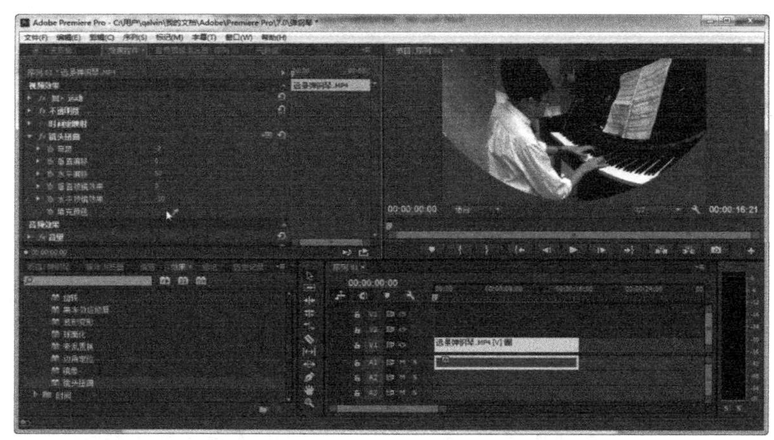

图 6.3.25 “镜头扭曲”视频效果

6.3.5 时间

时间类主要是通过处理视频的相邻帧变化来制作特殊的视觉效果，共有两种视频效果，分别是抽帧时间和残影。它们都可以对视频效果进行设置，并设置成动画效果。

（1）抽帧时间：“抽帧时间”视频效果可以在保持视频长度不变的情况下，去掉一些帧的画面，使得视频出现静止停顿的效果。在“效果控件”面板中，可以通过反复设置帧速率来达到预期的效果。图 6.3.26 所示的是应用“抽帧时间”视频效果时的“效果控件”面板。

（2）残影：当运动的事物过快时，人的眼睛看不清物体的位置，仿佛能够看到物体运动前的位置，这一现象称为残影。Premiere 提供的“残影”视频效果可以使视频画面出现类似的效果。在“效果控件”面板中，可以对残影时间、数量、强度等进行设置。图 6.3.27 所示的是应用“残影”视频效果的结果。

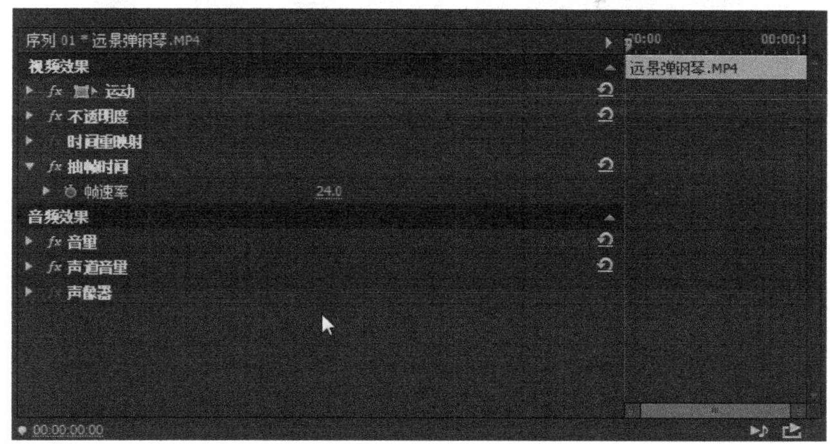

图 6.3.26　“抽帧时间”视频效果的设置选项

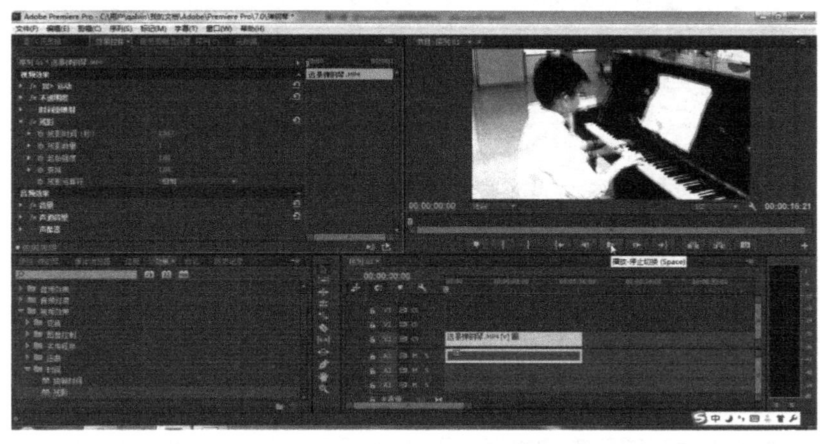

图 6.3.27　“残影”视频效果

6.3.6　杂色与颗粒

杂色与颗粒类主要是通过添加、去除或控制画面中的噪波或噪点的方式完成所需效果，共有 6 种视频效果，分别是中间值、杂色、杂色 Alpha、杂色 HLS、杂色 HLS 自动、蒙尘与划痕。它们都可以对视频效果进行设置，并设置成动画效果。

（1）中间值：“中间值”视频效果可以对色彩进行虚化处理，将制定半径内的像素融合在一起，用平均值取代原来的像素。在“效果控件”面板中，可以对“半径”等值进行设置，也可以设置视频动画。图 6.3.28 所示的是应用“中间值”视频效果的结果。

（2）杂色：“杂色”视频效果可以使视频画面上产生一些杂色，使得画面有一种厚重的感觉。在“效果控件”面板中，可以对杂色的数量、类型等进行设置。图 6.3.29 所示的是应用“杂色”视频效果的结果。

（3）杂色 Alpha：“杂色 Alpha”视频效果是通过对视频画面的 Alpha 通道添加杂色，来实现特殊的效果。图 6.3.30 所示的是应用“杂色 Alpha”视频效果的“效果控件”面板。

图 6.3.28 “中间值”视频效果

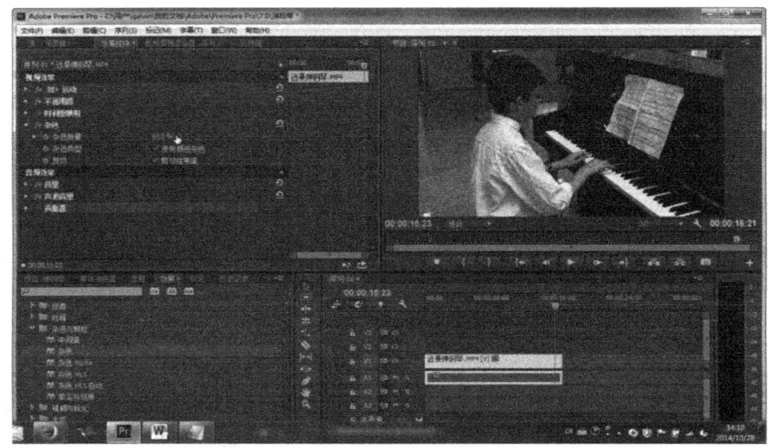

图 6.3.29 “杂色”视频效果

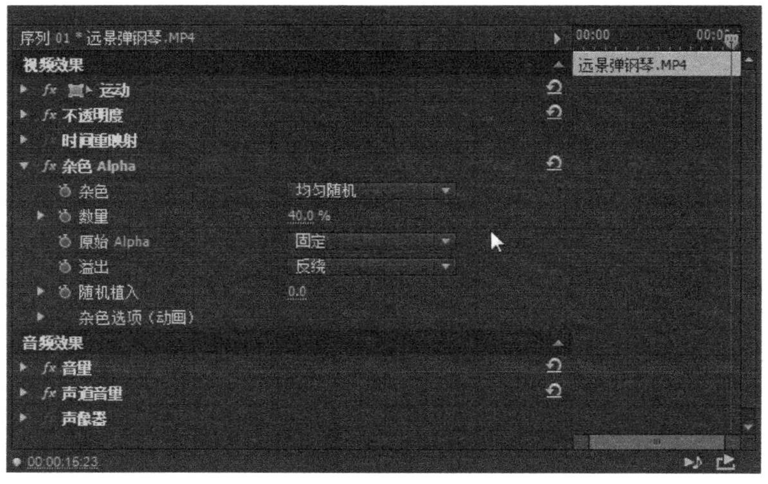

图 6.3.30 “杂色 Alpha”视频效果的设置选项

（4）杂色 HLS：“杂色 HLS”视频效果是对视频画面的 HLS 添加杂色。在“效果控件”

面板中，可以对杂色的样式、亮度、饱和度等进行设置。图 6.3.31 所示的是应用“杂色 HLS”视频效果的结果。

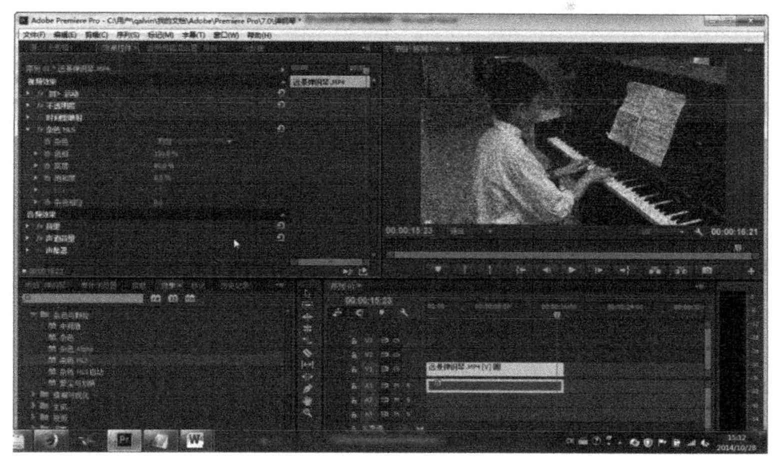

图 6.3.31 “杂色 HLS”视频效果

（5）杂色 HLS 自动：与“杂色 HLS”视频效果基本相同，设置项中多了一个杂色动画速度。

（6）蒙尘与划痕：“蒙尘与划痕”视频效果可以为视频画面添加蒙上尘土和有划痕的效果。在“效果控件”面板中，可以对半径和阈值等进行设置。图 6.3.32 所示的是应用“蒙尘与划痕”视频效果的结果。

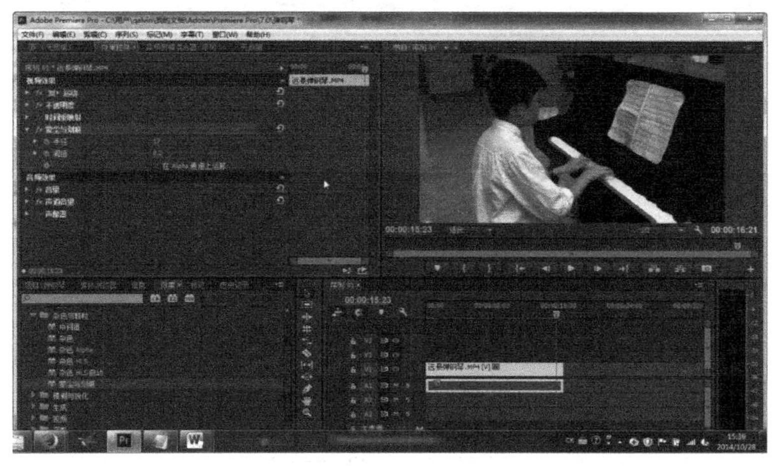

图 6.3.32 “蒙尘与划痕”视频效果

6.3.7 模糊与锐化

模糊与锐化类视频效果主要用于柔化或锐化图像，可以把原本清晰的图像变得模糊。视频效果共有 10 种，分别是复合模糊、快速模糊、方向模糊、消除锯齿、相机模糊、通道模糊、重影、锐化、非锐化遮罩和高斯模糊。它们都可以对视频效果进行设置，并设置成动画效果。

（1）复合模糊：“复合模糊”视频效果可以设定一个轨道层与当前的视频混合模糊。在“效果控件”面板中，可以对“模糊图层”等进行设置。图 6.3.33 所示的是应用“复合模糊”视频效果的结果。

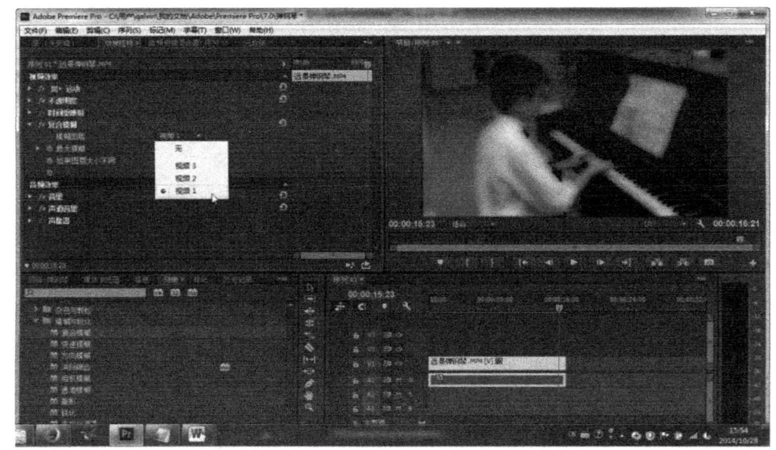

图 6.3.33 “复合模糊”视频效果

（2）快速模糊：“快速模糊”视频效果可以按设定的模糊处理方式快速模糊。在“效果控件”面板中，可以对模糊度、模糊纬度等进行设置。图 6.3.34 所示的是应用“快速模糊”视频效果的结果。

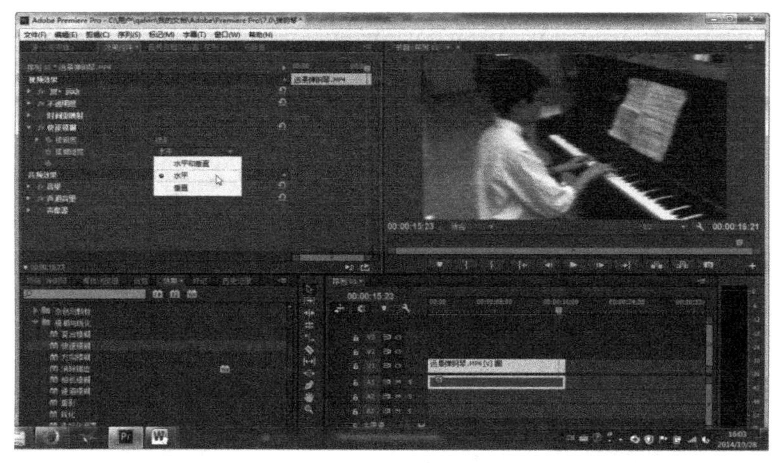

图 6.3.34 “快速模糊”视频效果

（3）方向模糊：“方向模糊”视频效果可以按设定的方向对素材模糊处理。在“效果控件”面板中，可以对模糊方向、模糊长度等进行设置，在水平方向设置模糊可以产生类似运动的效果。图 6.3.35 所示的是应用“方向模糊”视频效果的结果。

（4）消除锯齿：“消除锯齿”视频效果可以对视频画面进行平滑处理，Premiere 会在从暗到亮的过渡区进行颜色处理，使该区域的图像变得模糊一些。在“效果控件”面板中，没有可以进行设置的选项。图 6.3.36 所示的是应用“消除锯齿”视频效果的结果。

（5）相机模糊：“相机模糊”视频效果是通过模拟照相机变焦拍摄时的模糊效果，使画面从模糊到逐渐清晰，就像使用相机调节焦距的效果一样，这种效果主要用于片段的开始阶段，产生一种调焦的效果。在“效果控件”面板中，可以对“百分比模糊”等进行设置。图 6.3.37 所示的是应用“相机模糊”视频效果的结果。

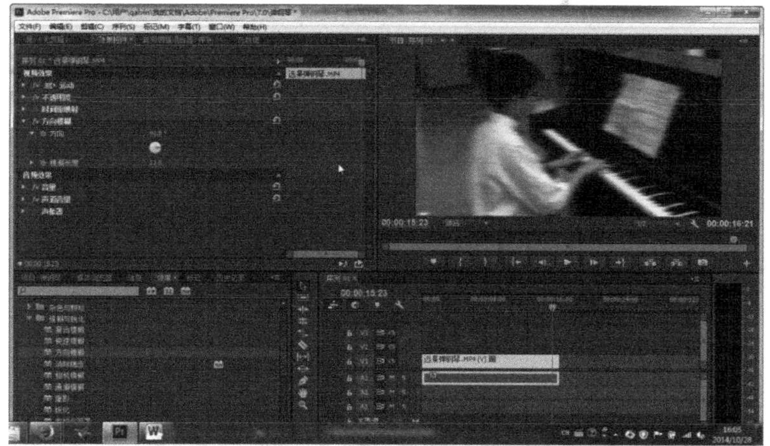

图 6.3.35 “方向模糊”视频效果

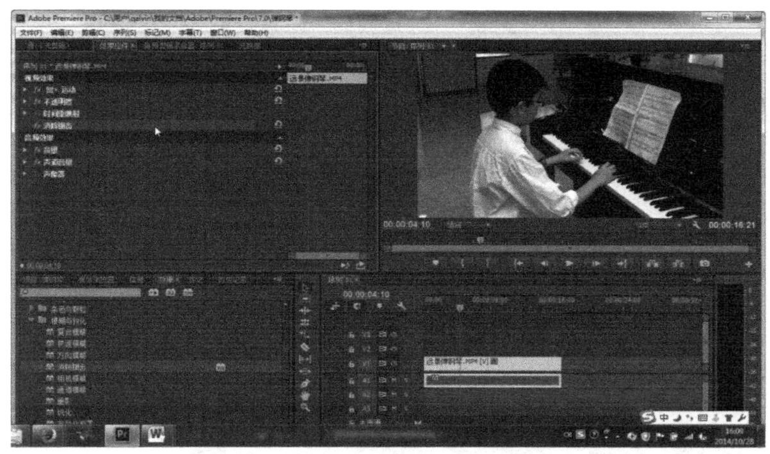

图 6.3.36 “消除锯齿”视频效果

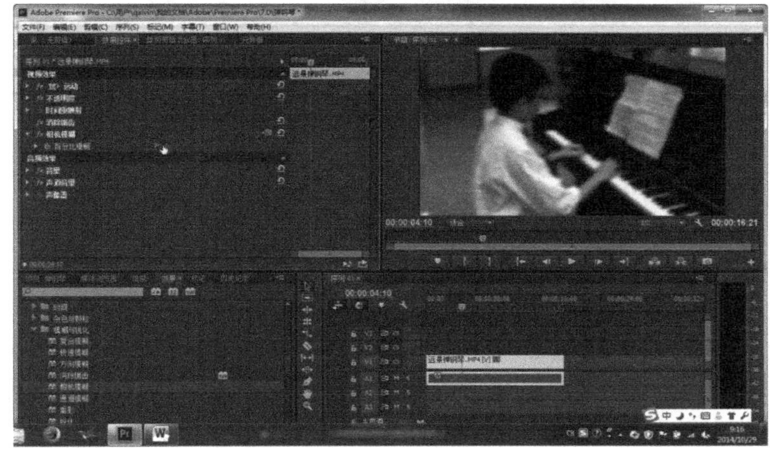

图 6.3.37 “相机模糊”视频效果

（6）通道模糊："通道模糊"视频效果可以对指定的 RGB 通道和 Alpha 通道进行模糊。在"效果控件"面板中，可以对各个通道的模糊值等进行设置。图 6.3.38 所示的是应用"通道模糊"视频效果的结果。

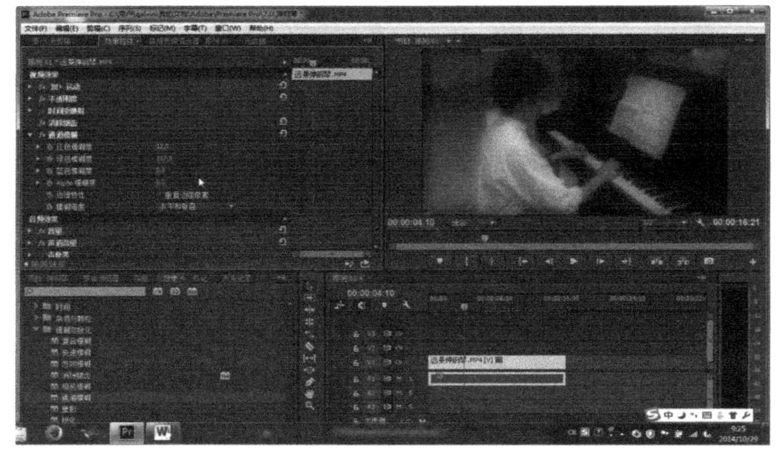

图 6.3.38 "通道模糊"视频效果

（7）重影："重影"视频效果是将此帧画面透明叠加到前一帧画面上，产生一种重影的效果。在"效果控件"面板中，没有可以设置的选项。图 6.3.39 所示的是应用"重影"视频效果的结果。

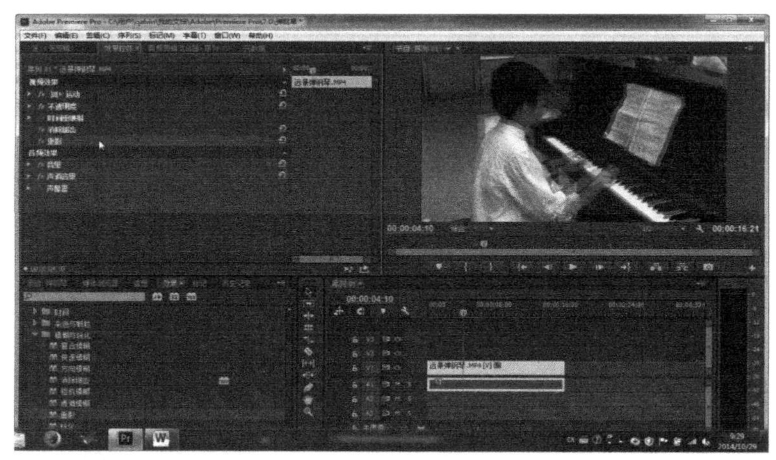

图 6.3.39 "重影"视频效果

（8）锐化："锐化"视频效果可以提高视频画面的清晰度。在"效果控件"面板中，可以对"锐化量"等进行设置，当值为 100%时，达到高斯锐化。图 6.3.40 所示的是应用"锐化"视频效果的结果。

（9）非锐化遮罩："非锐化遮罩"视频效果可以使视频画面的遮罩边缘更清晰。在"效果控件"面板中，可以对数量、半径及阈值等进行设置。图 6.3.41 所示的是应用"非锐化遮罩"视频效果的结果。

（10）高斯模糊："高斯模糊"视频效果可以使视频画面产生高精度的模糊效果，使用它可以快速达到模糊的效果。在“效果控件”面板中，可以对“模糊度”、“模糊尺寸”等进行设置。图 6.3.42 所示的是应用“高斯模糊”视频效果的结果。

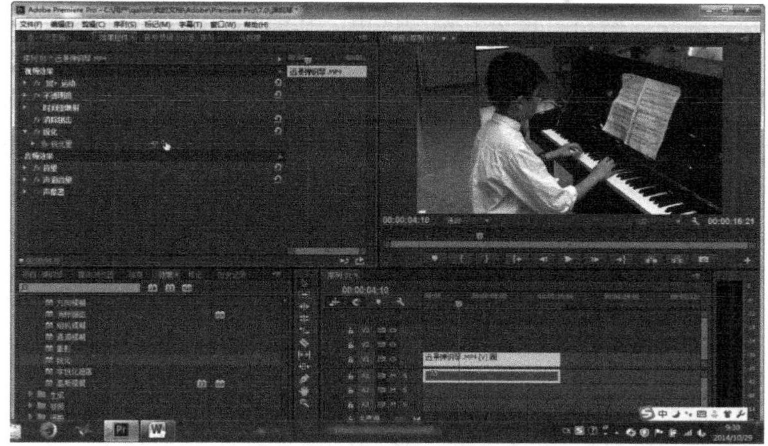

图 6.3.40 “锐化”视频效果

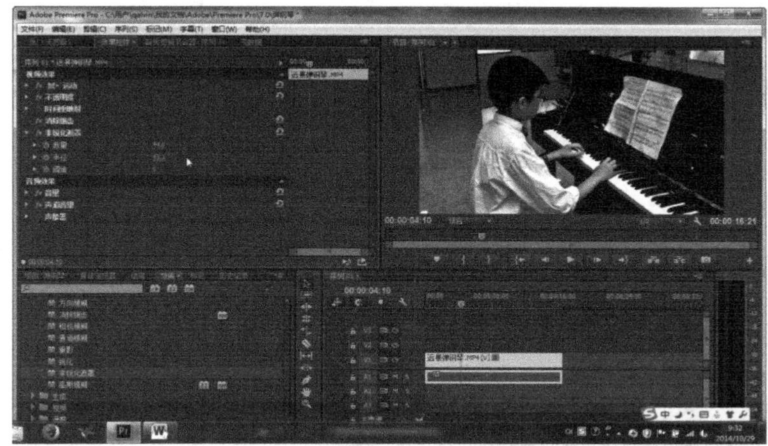

图 6.3.41 “非锐化遮罩”视频效果

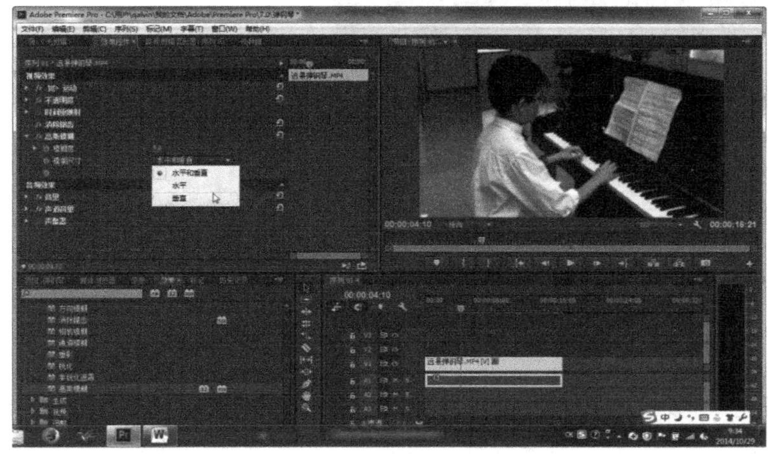

图 6.3.42 “高斯模糊”视频效果

6.3.8 生成

生成类视频效果共有 12 种，分别是书写、单元格图案、吸管填充、四色渐变、圆形、棋盘、椭圆、油漆桶、渐变、网格、镜头光晕和闪电。它们都可以对视频效果进行设置，并设置成动画效果。

（1）书写：“书写”视频效果可以动态绘制一条曲线，这需要使用关键帧的动画技术来完成。在“效果控件”面板中，可以对画笔的位置、颜色、大小、硬度等进行设置。图 6.3.43 所示的是应用“书写”视频效果的结果。

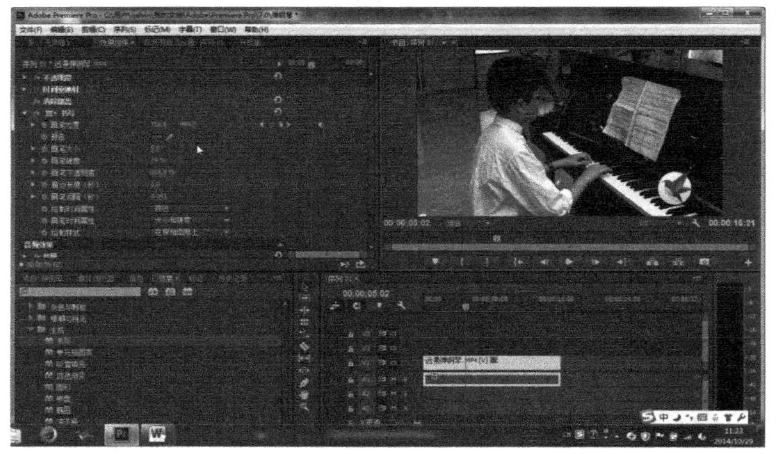

图 6.3.43 “书写”视频效果

（2）单元格图案：“单元格图案”视频效果可以在视频画面上叠加一层单元格图案。在“效果控件”面板中，可以对单元格图案的样式、对比度、大小等进行设置。图 6.3.44 所示的是应用“单元格图案”视频效果的结果。

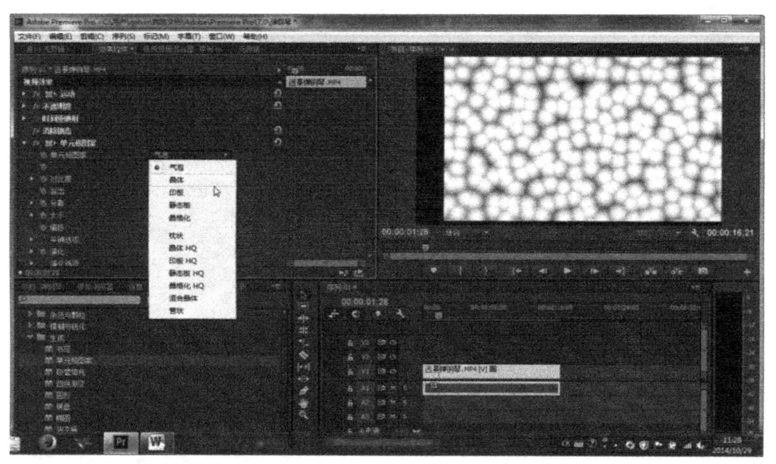

图 6.3.44 “单元格图案”视频效果

（3）吸管填充：“吸管填充”视频效果是以素材上某一色彩为基色，进行覆盖填充，使视频整个色调偏向某一色系。在“效果控件”面板中，可以对采样点的位置、采样半径等进行设置。图 6.3.45 所示的是应用“吸管填充”视频效果的结果。

图 6.3.45　“吸管填充”视频效果

（4）四色渐变：“四色渐变”视频效果可以使视频画面添加四色渐变层产生叠加效果。在“效果控件”面板中，可以对 4 种颜色、混合模式等进行设置。图 6.3.46 所示的是应用“四色渐变”视频效果的结果。

图 6.3.46　“四色渐变”视频效果

（5）圆形：“圆形”视频效果可以添加一个圆形产生叠加效果。在“效果控件”面板中，可以对圆形的颜色、位置、大小、叠加方式等进行设置。图 6.3.47 所示的是应用“圆形”视频效果的结果。

（6）棋盘：“棋盘”视频效果可以添加一个棋盘图案产生叠加效果。在“效果控件”面板中，可以对棋盘的大小、锚点等进行设置。图 6.3.48 所示的是应用“棋盘”视频效果的结果。

（7）椭圆：“椭圆”视频效果可以在视频画面上叠加一个椭圆效果。在“效果控件”面板中，可以对椭圆的位置、大小等进行设置。图 6.3.49 所示的是应用“椭圆”视频效果的结果。

（8）油漆桶：“油漆桶”视频效果可以使视频画面涂上一层指定的颜色图案。在“效果控件”面板中，可以对颜色、混合模式等进行设置。图 6.3.50 所示的是应用“油漆桶”视频效果并填充蓝色的效果。

图 6.3.47 “圆形”视频效果

图 6.3.48 “棋盘”视频效果

图 6.3.49 “椭圆”视频效果

图 6.3.50 “油漆桶”视频效果

（9）渐变：“渐变”视频效果可以添加一个两色的渐变层，产生叠加效果。在“效果控件”面板中，可以对两种颜色、渐变形状和与原始图像混合度等进行设置。图 6.3.51 所示的是应用“渐变”视频效果的结果。

图 6.3.51 “渐变”视频效果

（10）网格：“网格”视频效果可以添加一个网格产生叠加效果。在“效果控件”面板中，可以对网格的大小、不透明度、混合模式等进行设置。图 6.3.52 所示的是应用“网格”视频效果的结果。

（11）镜头光晕：“镜头光晕”视频效果可以模拟摄像机在强光下产生的光晕效果。在“效果控件”面板中，可以对光晕的中心位置、光晕的亮度和镜头类型等进行设置。图 6.3.53 所示的是应用“镜头光晕”视频效果的结果。

（12）闪电：“闪电”视频效果可以模拟闪电划过产生的炫目效果。在“效果控件”面板中，可以对起始点、结束点、振幅等许多项目进行设置。图 6.3.54 所示的是应用“闪电”视频效果的结果。

图 6.3.52　“网格”视频效果

图 6.3.53　“镜头光晕”视频效果

图 6.3.54　“闪电”视频效果

6.3.9 视频

视频类视频效果主要是通过对素材上添加时间码，显示当前影片播放的时间，共有两种视频效果，一种是剪辑名称，另一种是时间码。它们都可以对视频效果进行设置，并设置成动画效果。

（1）剪辑名称："剪辑名称"视频效果可以在视频画面上出现视频的名称。在"效果控件"面板中，可以对名称的位置、大小、不透明度等进行设置。图 6.3.55 所示的是应用"剪辑名称"视频效果的结果。

图 6.3.55 "剪辑名称"视频效果

（2）时间码："时间码"视频效果可以在视频画面上添加视频播放的时间码，进行精确定位。在"效果控件"面板中，可以对时间码的位置、大小等进行设置。图 6.3.56 所示的是应用"时间码"视频效果的结果。

图 6.3.56 "时间码"视频效果

6.3.10 调整

调整类视频效果主要用于修复原始素材的偏色或曝光不足等方面的缺陷，也可以调整颜色或亮度来制作特殊的色彩效果。此类共有 9 种视频效果，分别是 ProcAmp、光照效应、卷及内核、提取、自动对比度、自动色阶、自动颜色、色阶、阴影/高光。它们都可以对视频效果进行设置，并设置成动画效果。

（1）ProcAmp：“ProcAmp”视频效果模仿标准电视机设备上的处理放大器。此效果调整剪辑图像的亮度、对比度、色相、饱和度及拆分百分比。该视频特效在“效果控件”面板中的可调节项目如图 6.3.57 所示。

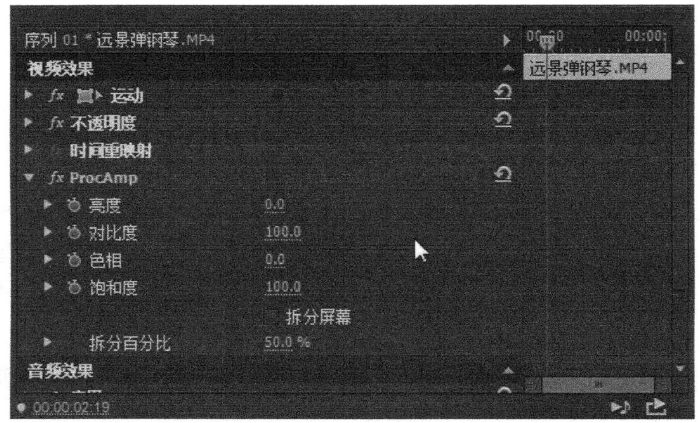

图 6.3.57 “ProcAmp”视频效果的可调节项目

（2）光照效应：“光照效应”视频效果是模拟室内光为视频画面添加光照效果。在“效果控件”面板中可以设置 5 个光源，单击特效名称后，监视器中会出现锚点及光照半径，也可以进行拖动设置。图 6.3. 58 所示的是设置一个点光源的效果。

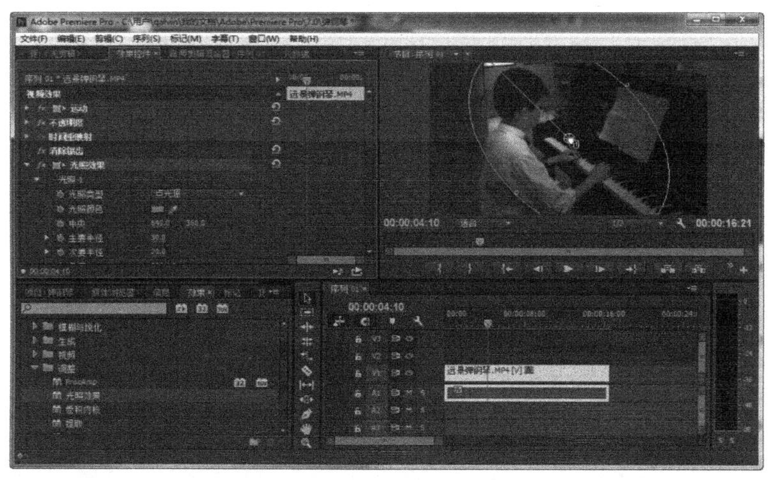

图 6.3.58 “光照效应”视频效果

（3）卷及内核：“卷及内核”视频效果是用特定的数学公式对视频画面的像素进行处理。该视频特效在“效果控件”面板中的可调节项目如图 6.3.59 所示。

（4）提取：“提取”视频效果是先在视频画面上获取某一像素，然后对像素进行灰度调整。在“效果控件”面板中可以对黑色阶、白色阶及柔和度进行调节，使用该视频效果的结果如图 6.3.60 所示。

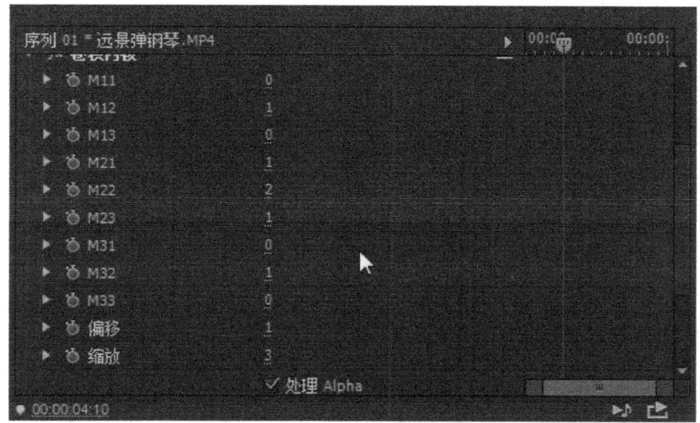

图 6.3.59　“卷及内核”视频效果的可调节项目

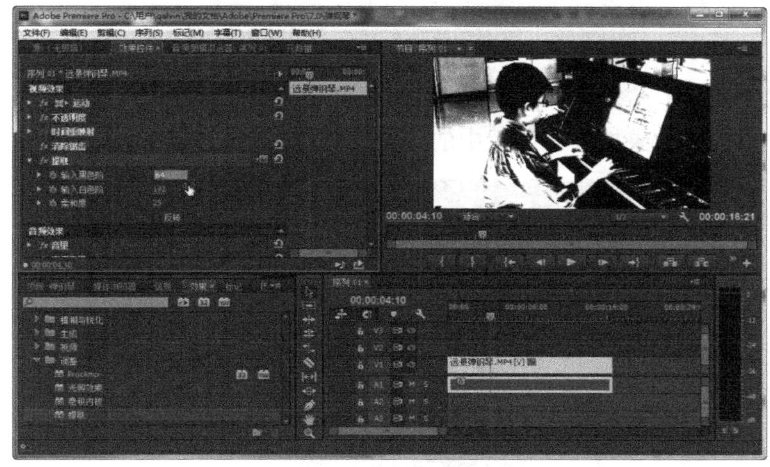

图 6.3.60　“提取”视频效果

（5）自动对比度：“自动对比度”视频效果可以在无须增加或消除色偏的情况下，调整总体对比度和颜色混合度。该视频效果在“效果控件”面板中的可调节项目如图 6.3. 61 所示。

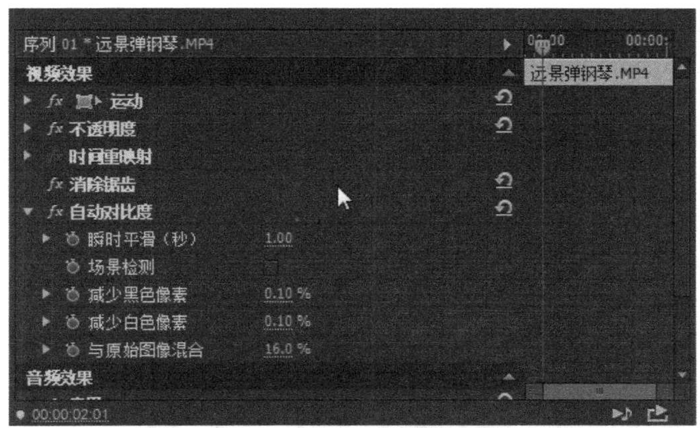

图 6.3.61　“自动对比度”视频效果的可调节项目

（6）自动色阶：“自动色阶”视频效果自动校正高光和阴影。由于“自动色阶”单独调整每个颜色通道，因此可能会消除或增加色偏。该视频效果在“效果控件”面板中的可调节项目如图 6.3. 62 所示。

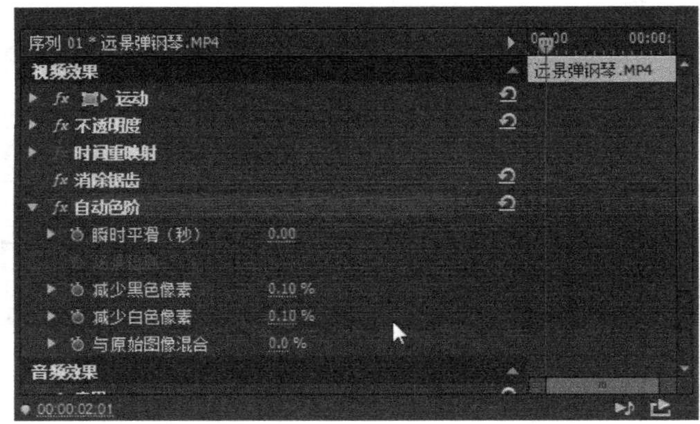

图 6.3.62　“自动色阶”视频效果的可调节项目

（7）自动颜色：“自动颜色”视频效果通过中和中间调并剪切黑白像素，来调整对比度和颜色。该视频效果在“效果控件”面板中的可调节项目如图 6.3. 63 所示。

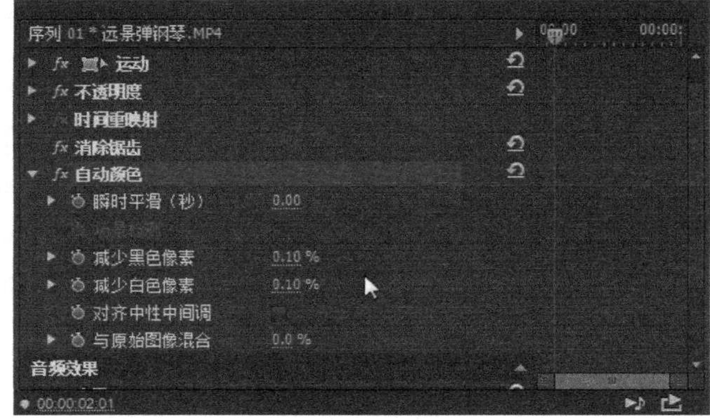

图 6.3.63　“自动颜色”视频效果的可调节项目

（8）色阶：“色阶”视频效果用于调整视频画面的 RGB 通道。该视频效果在“效果控件”面板中的可调节项目如图 6.3.64 所示。

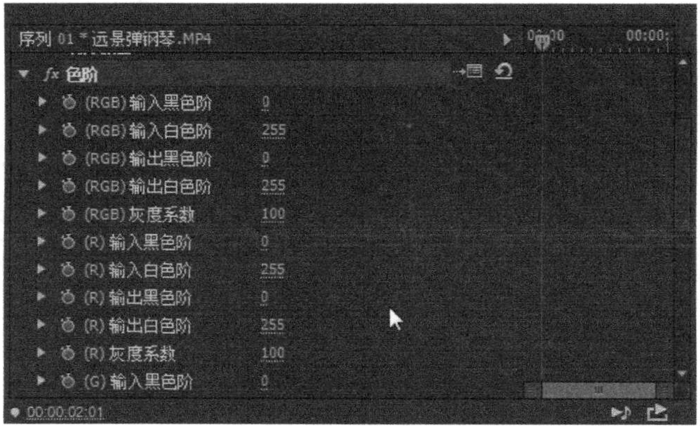

图 6.3.64　“色阶”视频效果的可调节项目

（9）阴影/高光："阴影/高光"视频效果用于对视频画面的阴影和高光区域进行调整。该视频特效在"效果控件"面板中的可调节项目比较多，视频画面的变化不太明显。图 6.3. 65 所示的是使用该特效的视频效果。

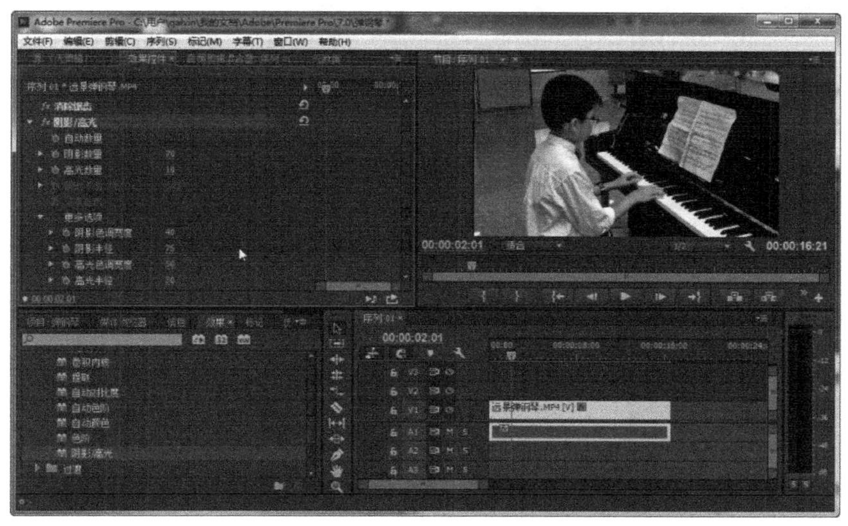

图 6.3.65　"阴影/高光"视频效果

6.3.11　过渡

过渡类视频效果主要用于场景转换，需要设置关键帧才能产生转场效果，共有 5 种视频效果，分别是块溶解、径向擦除、渐变擦除、百叶窗和线性擦除。它们都可以对视频效果进行设置，并设置成动画效果。

（1）块溶解："块溶解"视频效果是以方块形式对视频像素进行处理，比较适合制作成视频动画。在"效果控件"面板中，可以对块的高度、宽度等进行设置。图 6.3.66 所示的是应用"块溶解"视频效果的结果。

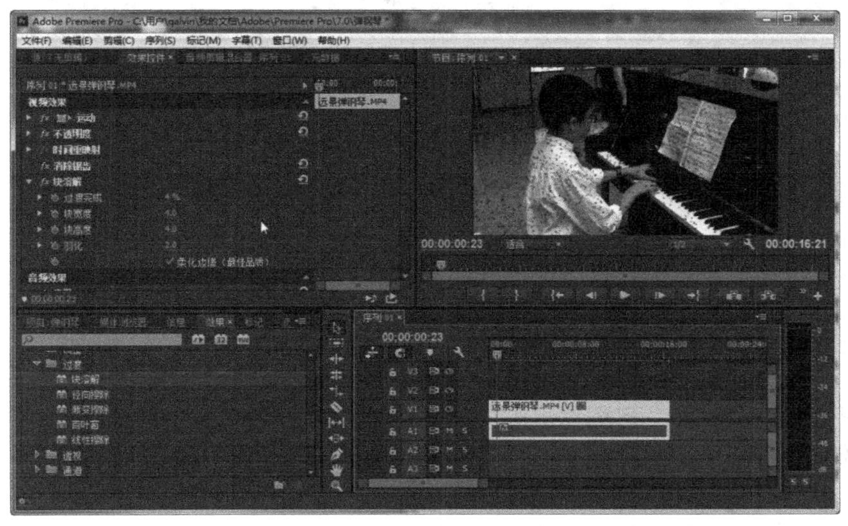

图 6.3.66　"块溶解"视频效果

（2）径向擦除："径向擦除"视频效果是以时针运动方式对视频素材进行处理。在"效果控件"面板中，可以对起始角度、擦除中心等进行设置。图 6.3.67 所示的是应用"径向擦除"视频效果的结果。

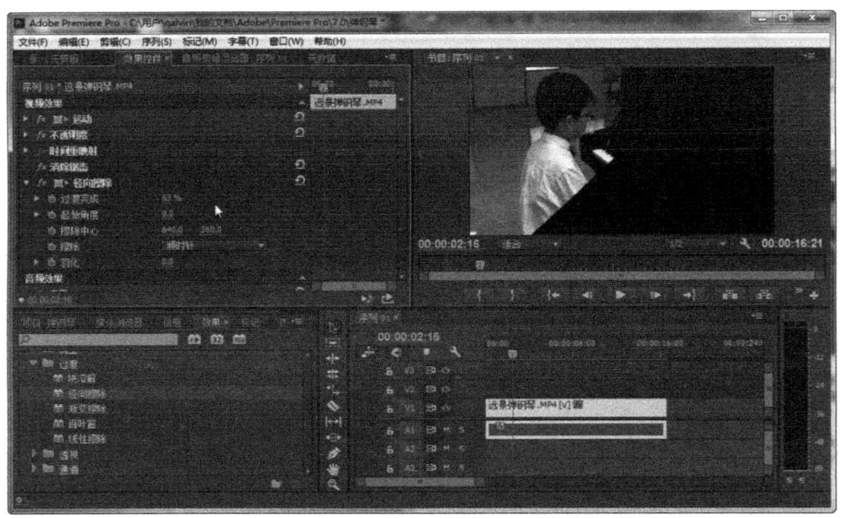

图 6.3.67 "径向擦除"视频效果

（3）渐变擦除："渐变擦除"视频效果是以某一视频轨道作为条件，通过视频动画，以渐变的形式对视频素材进行处理。在"效果控件"面板中，可以对渐变图层、过渡完成百分比等进行设置。图 6.3.68 所示的是应用"渐变擦除"视频效果的结果。

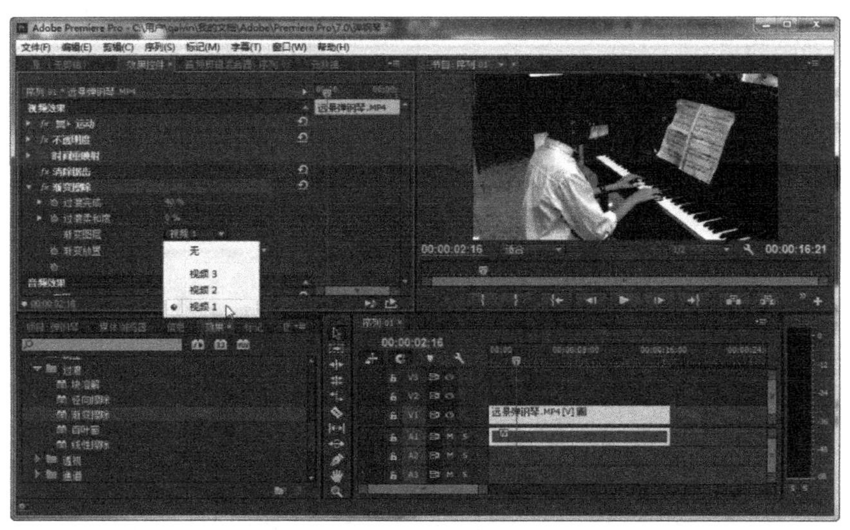

图 6.3.68 "渐变擦除"视频效果

（4）百叶窗："百叶窗"视频效果是以百叶窗的形式对视频进行处理。在"效果控件"面板中，可以对百叶窗叶片的宽度、方向等进行设置。图 6.3.69 所示的是应用"百叶窗"视频效果的结果。

（5）线性擦除："线性擦除"视频效果是以某一角度为起点对素材进行擦除操作，同样需要制作成视频动画，才能看到效果。在“效果控件”面板中，可以对擦除角度、过渡完成比率等进行设置。图 6.3.70 所示的是应用“线性擦除”视频效果的结果。

图 6.3.69 “百叶窗”视频效果

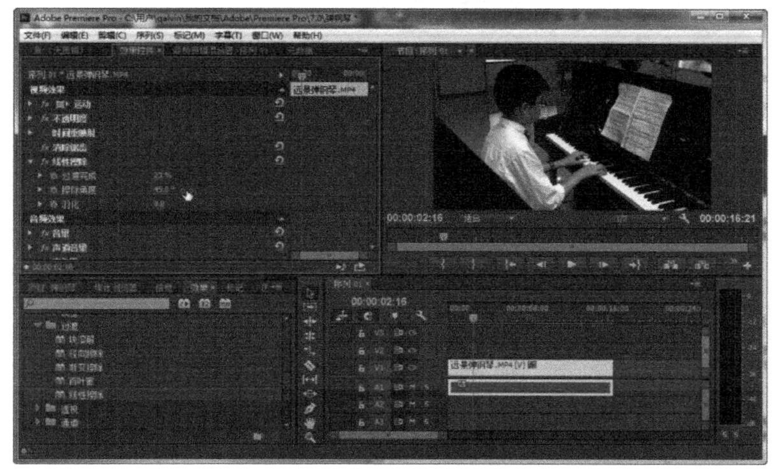

图 6.3.70 “线性擦除”视频效果

6.3.12 透视

透视类视频效果主要用于制作三维立体效果和空间效果，一共有 5 种，分别是基本 3D、投影、放射阴影、斜角边和斜面 Alpha。它们都可以对视频效果进行设置，并设置成动画效果。

（1）基本 3D：“基本 3D”视频效果是对素材进行旋转和倾斜，产生三维透视效果。在“效果控件”面板中，可以对旋转和倾斜的角度等进行设置。图 6.3.71 所示的是应用“基本 3D”视频效果的结果。

（2）投影：“投影”视频效果是在带“Alpha”通道的素材中产生阴影效果。在“效果控件”面板中，可以对阴影颜色、不透明度等进行设置。图 6.3.72 所示的是应用“投影”视频效果的结果。

（3）放射阴影：“放射阴影”视频效果和“投影”视频效果类似，是在带“Alpha”通道的素材中产生阴影。在“效果控件”面板中的设置选项也和“投影”视频效果类似。

（4）斜角边：“斜角边”视频效果可以使素材边缘产生立体的透视效果。在“效果控件”

面板中，可以对边缘厚度、光照角度、光照颜色等进行设置。图 6.3.73 所示的是应用“斜角边”视频效果的结果。

图 6.3.71 “基本 3D”视频效果

图 6.3.72 “投影”视频效果

图 6.3.73 “斜角边”视频效果

（5）斜面 Alpha：“斜面 Alpha”视频效果是在带“Alpha”通道的素材中产生立体效果。效果及设置选项和“斜面”视频效果类似。

6.3.13 通道

通道类视频效果主要是利用图像通道的转换与插入等方式来改变图像，从而制作出各种特殊效果，这种特效共有 7 种，分别是反转、复合运算、混合、算术、纯色合成、计算和设置遮罩。它们都可以对视频效果进行设置，并设置成视频动画效果。

（1）反转：“反转”视频效果可以反转素材的通道，产生负片效果。在“效果控件”面板中，可以对反转通道等进行设置。图 6.3.74 所示的是应用“反转”视频效果的结果。

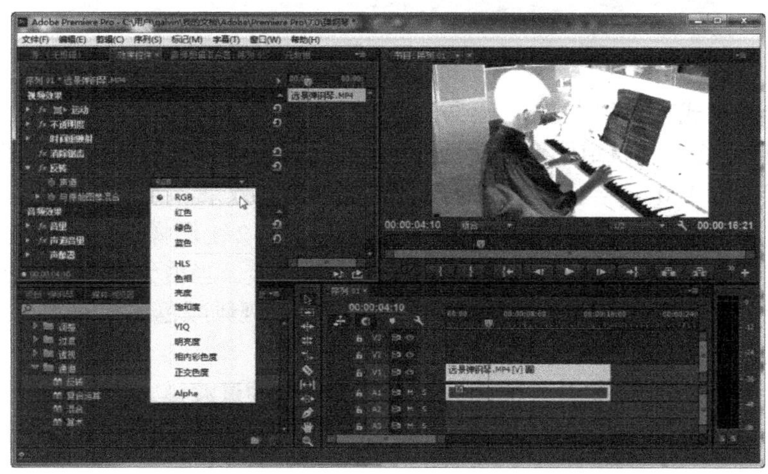

图 6.3.74 “反转”视频效果

（2）复合运算：“复合运算”视频效果可以用指定的视频轨道与素材通道混合。图 6.3.75 所示的是“复合运算”视频效果在“效果控件”面板中的设置选项。

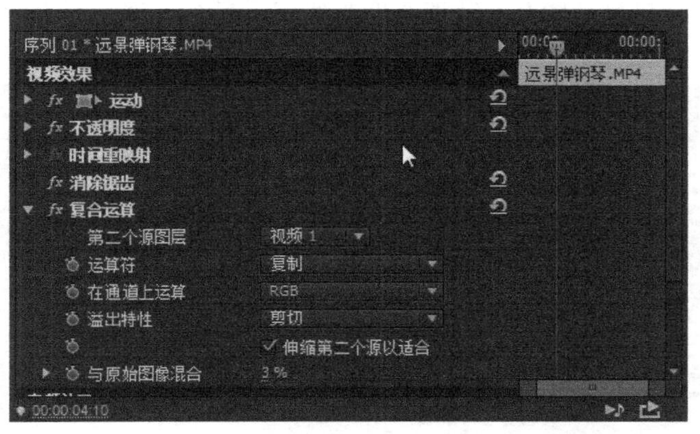

图 6.3.75 “复合运算”视频效果的设置选项

（3）混合：“混合”视频效果是用指定的视频轨道与素材进行混合。在“效果控件”面板中，可以选择与哪个轨道混合。图 6.3.76 所示的是“效果控件”面板中“混合”视频效果的设置选项。

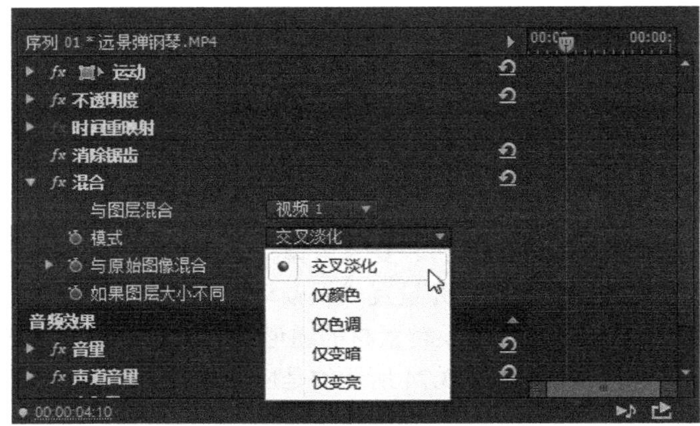

图 6.3.76 “混合”视频效果的设置选项

其中，混合的模式有 5 种类型。

① 交叉淡化：将两个轨道图像的标准过渡，即一个图像淡入，另一个图像淡出。混合程度可以调节，默认为 100%，当值是 1%时，是轨道 1 上的效果，当值是 100%时，就完全是轨道 2 上的效果。但当值是 50%时，显示的是轨道 1 和轨道 2 上图像混合在一起的效果。

② 仅颜色：两个图像原素材进行颜色鉴定的一种过渡。当值为 0 时，轨道 2 上视频颜色取的是轨道 1 上视频的颜色，当值为 100%时，轨道 2 上视频颜色还原到本来的颜色。这是一种颜色混合模式。

③ 仅色调：通过当前指定效果的图像颜色鉴定的一种过渡模式。

④ 仅变暗：以当前制定效果的图像颜色为准，比图像颜色亮的像素被替换，比图像颜色暗的像素被保留。

⑤ 仅变亮：以当前制定效果的图像为准，比图像暗的像素被替换，比图像亮的像素被保留。

（4）算术：“算术”视频效果调节素材 RGB 通道的值。在“效果控件”面板中，可以对运算符、各通道值等进行设置。图 6.3.77 所示的是应用“算术”视频效果的结果。

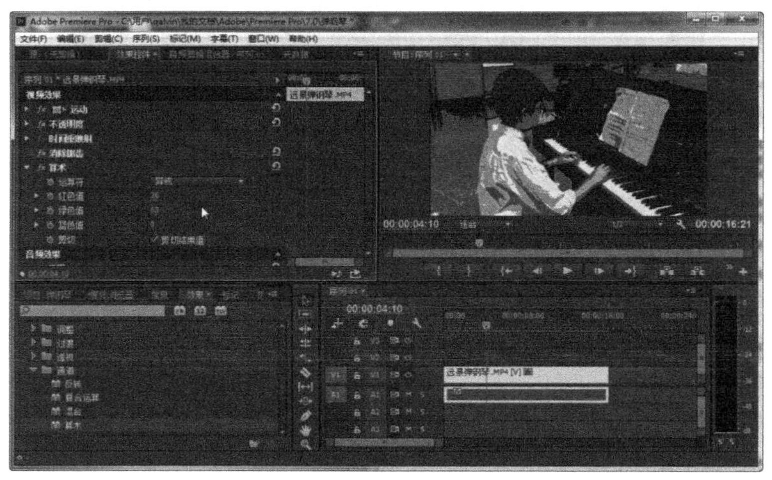

图 6.3.77 “算术”视频效果

（5）纯色合成：“纯色合成”视频效果可以使视频画面与某种设定颜色进行合成。在“效果控件”面板中，可以对设定的颜色、不透明度、混合模式等进行设置。图 6.3.78 所示的是应用红色进行合成的“纯色合成”视频效果的结果。

图 6.3.78　“纯色合成”视频效果

（6）计算：“计算”视频效果是用指定的素材通道与原素材通道混合。在“效果控件”面板中，可以对输入通道、第二个源图层、第二个源图层通道等进行设置。图 6.3.79 所示的是应用“计算”视频效果时在“效果控件”面板中可进行设置的选项。

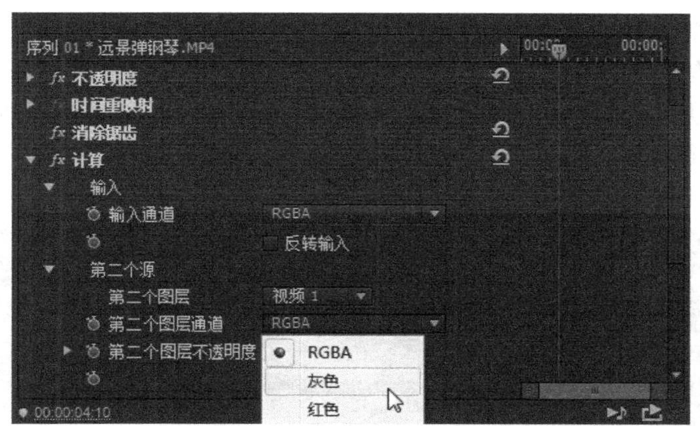

图 6.3.79　“计算”视频效果的设置选项

（7）设置遮罩：“设置遮罩”视频效果是用指定的素材作为遮罩与原素材混合。在“效果控件”面板中，可以对用于遮罩的通道等进行设置。图 6.3.80 所示的是应用“设置遮罩”视频效果的结果。

6.3.14　键控

键控也称为抠像技术。在影视技术中常常将两个或者两个以上不同时空中的不同景物或者人物的镜头重叠起来，通过特殊处理之后保留其中的一部分内容，这就是抠像技术。

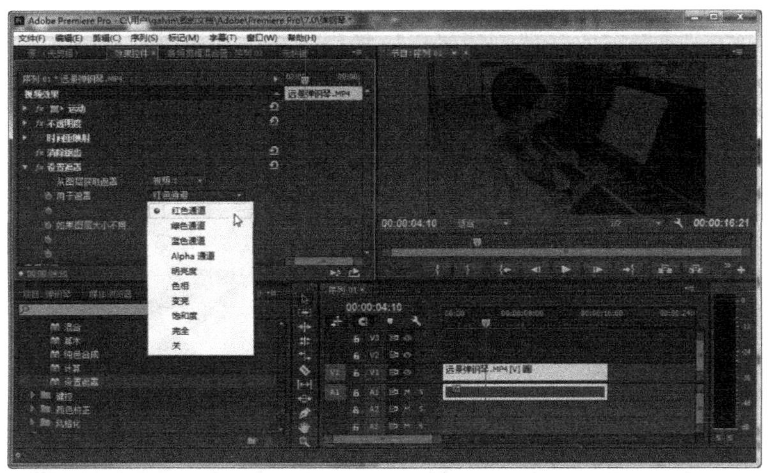

图 6.3.80　“设置遮罩”视频效果

在影视制作中，采集抠像素材时，一般都采用一个蓝色的背景或者一个绿色的背景。事实上，抠像最关键的是前期制作，即拍摄前期，要仔细考虑两部分视频的配合协调问题。对于后期制作，要求实际摄影对象后面是蓝色或绿色幕布，颜色越纯越好。

“键控”类视频效果主要用于对图像进行抠像操作，通过各种抠像方式、不同画面图层叠加方法等来合成不同的场景，或者制作各种无法拍摄的画面。“键控”类一共有 15 种视频效果，分别是 16 点无用信号遮罩、4 点无用信号遮罩、8 点无用信号遮罩、Alpha 调整、RGB 差值键、亮度键、图像遮罩键、差值遮罩、极致键、移除遮罩、色度键、蓝屏键、轨道遮罩键、非红色键和颜色键。它们都可以对视频效果进行设置，并设置成动画效果。

（1）16 点无用信号遮罩：“16 点无用信号遮罩”视频效果是指在画面中设定 16 个遮罩点，并利用这些遮罩点所连成的封闭区域来确定画面的可见部分。在“效果控件”面板中，可以对 16 个点的位置等进行设置。图 6.3.81 所示的是应用“16 点无用信号遮罩”视频效果的结果。

图 6.3.81　“16 点无用信号遮罩”视频效果

（2）4 点无用信号遮罩：“4 点无用信号遮罩”视频效果是指在画面中设定 4 个遮罩点，并利用这些遮罩点所连成的封闭区域来确定画面的可见部分。在“效果控件”面板中，可以对 4

个点的位置等进行设置。图 6.3.82 所示的是应用“4 点无用信号遮罩”视频效果的结果。

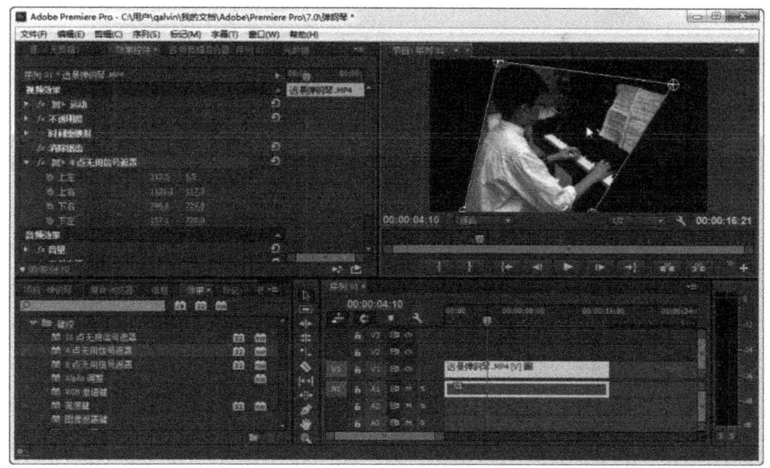

图 6.3.82　“4 点无用信号遮罩”视频效果

（3）8 点无用信号遮罩：“8 点无用信号遮罩”视频效果是指在画面中设定 8 个遮罩点，并利用这些遮罩点所连成的封闭区域来确定画面的可见部分。在“效果控件”面板中，可以对 8 个点的位置等进行设置。图 6.3.83 所示的是应用“8 点无用信号遮罩”视频效果的结果。

图 6.3.83　“8 点无用信号遮罩”视频效果

（4）Alpha 调整：“Alpha 调整”视频效果是指通过 Alpha 通道来改变视频画面的叠加效果。Alpha 通道是图像中不可见的灰度通道，使用它可以把所需要的图像分离出来，该特效也可以按照画面的灰度等级来决定叠加效果。图 6.3.84 所示的是应用“Alpha 调整”视频效果时在“效果控件”面板中的设置选项。

（5）RGB 差值键：“RGB 差值键”视频效果可以抠去画面中制定的颜色，使之变得透明。在“效果控件”面板中，可以对颜色、相似性等进行设置，为保证颜色的准确性，可以使用吸管在视频画面上提取颜色。图 6.3.85 所示的是应用“RGB 差值键”视频效果抠去视频中蓝天的效果。

（6）亮度键：“亮度键”视频效果可以抠去画面中较暗的部分使之变得透明，从而显现出底层画面的效果。如图 6.3.86 所示，在“效果控件”面板中可以看到“亮度键”视频效果有“阈值”和“屏蔽度”两个选项。

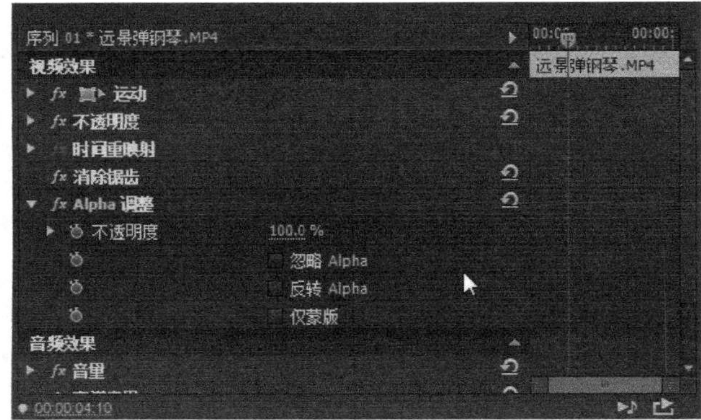

图 6.3.84 “Alpha 调整”视频效果的设置选项

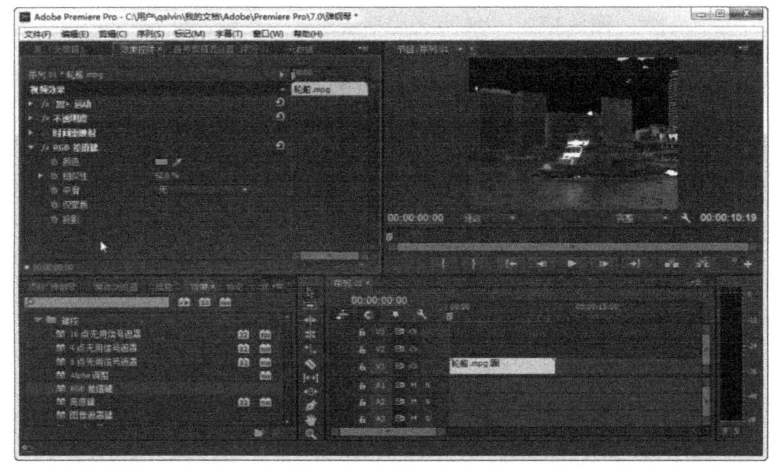

图 6.3.85 “RGB 差值键”视频效果

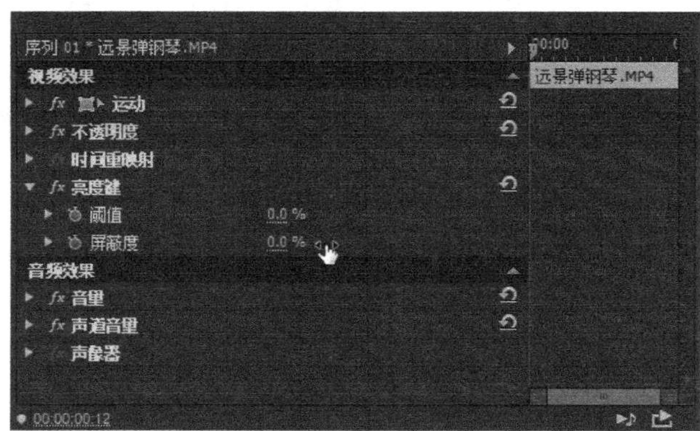

图 6.3.86 “亮度键”视频效果的设置选项

（7）图像遮罩键：“图像遮罩键”视频效果是在画面亮度值的基础上通过遮罩图像，屏蔽后面的素材图像。在“效果控件”面板中，可以对合成使用、反向等进行设置。图 6.3.87 所示的是“效果控件”面板中“图像遮罩键”视频效果的设置选项。

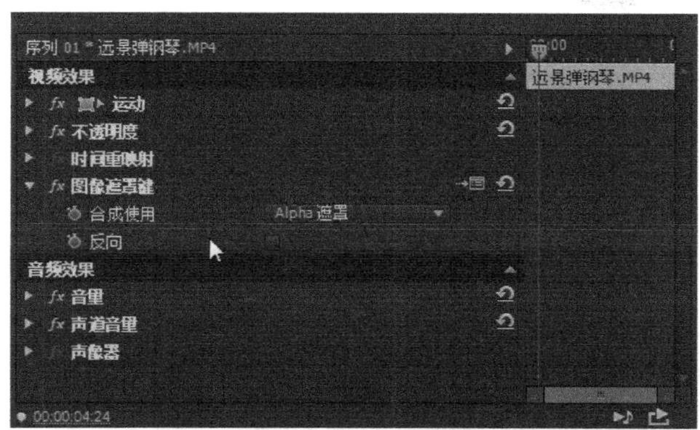

图 6.3.87　“图像遮罩键”视频效果的设置选项

（8）差值遮罩：“差值遮罩”视频效果可以对比两个相似的画面素材，并在屏幕中去掉画面的相似部分，只留下有差异的画面内容。在“效果控件”面板中，可以对视图、差值图层等进行设置。图 6.3.88 所示的是“效果控件”面板中“差值遮罩”视频效果的设置选项。

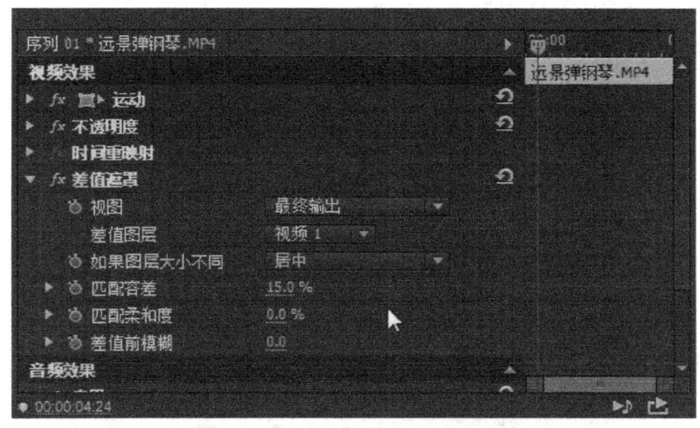

图 6.3.88　“差值遮罩”视频效果的设置选项

（9）极致键：“极致键”视频效果是在具有支持 NVIDIA 显卡的计算机上采用 GPU 加速，从而提高播放和渲染性能。在“效果控件”面板中，可以对遮罩的生成、清除等进行设置。图 6.3.89 所示的是“效果控件”面板中“极致键”视频效果的设置选项。

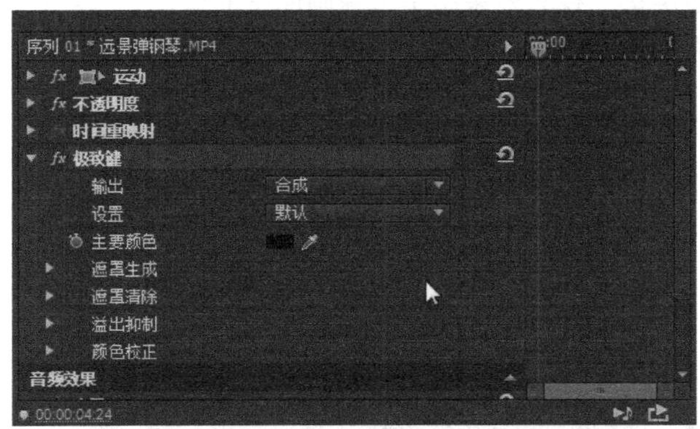

图 6.3.89　“极致键”视频效果的设置选项

（10）移除遮罩：“移除遮罩”视频效果用于去除一个透明通道导入的影片或者某些透明通道的光晕效果。在“效果控件”面板中，可以看到有一个名为“遮罩类型”的选项。图 6.3.90

所示的是“效果控件”面板“移除遮罩”视频效果的设置选项。

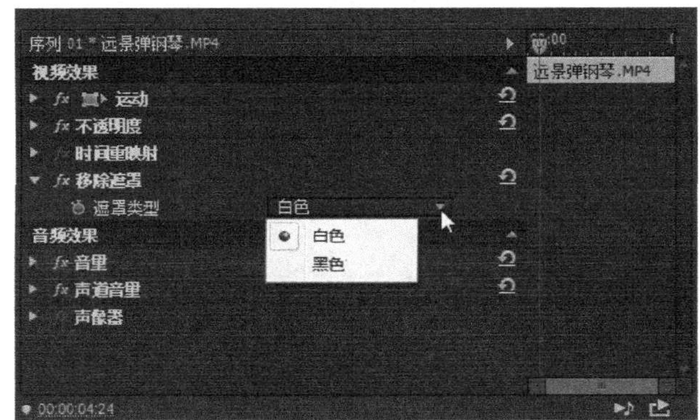

图 6.3.90 “移除遮罩”视频效果的设置选项

（11）色度键：“色度键”视频效果可以调节素材像素的颜色和灰度值，从而抠去画面中较暗的部分，和“亮度键”视频效果相比，它更灵活一些。在“效果控件”面板中，可以对颜色相似性、混合、阈值等进行设置。图 6.3.91 所示的是“效果控件”面板中“色度键”视频效果的设置选项。

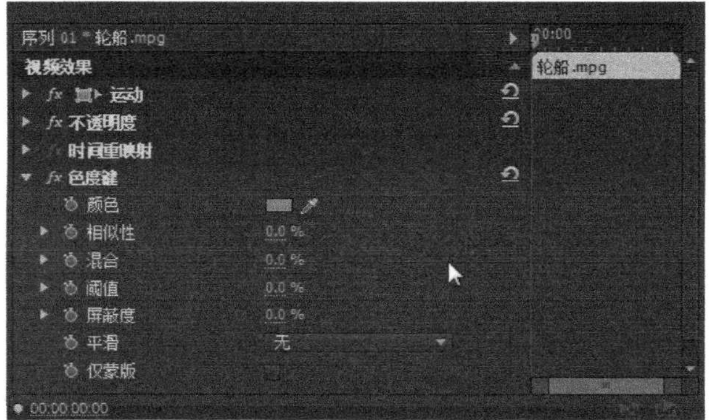

图 6.3.91 “色度键”视频效果的设置选项

（12）蓝屏键：“蓝屏键”视频效果用于去除画面中的蓝色部分。在“效果控件”面板中，可以对阈值、屏蔽度等进行设置。图 6.3.92 所示的是“效果控件”面板中“蓝屏键”视频效果的设置选项。

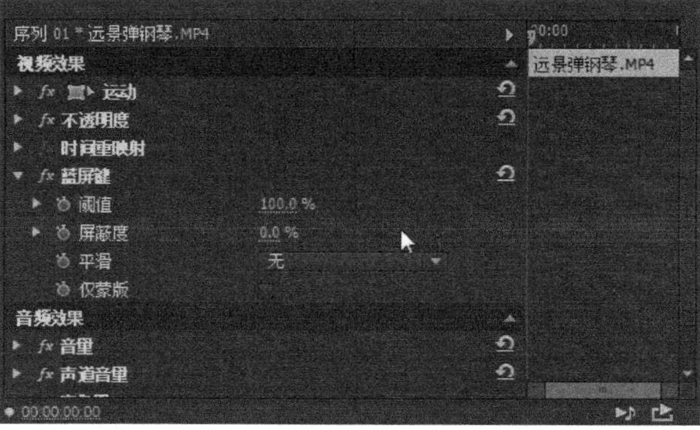

图 6.3.92 “蓝屏键”视频效果的设置选项

（13）轨道遮罩键："轨道遮罩键"视频效果和"图像遮罩键"视频效果类似，用于将遮罩素材附加到目标画面上，隐藏或显示目标画面的部分内容。在"效果控件"面板中，可以对遮罩、遮罩方式等进行设置。图 6.3.93 所示的是"效果控件"面板中"轨道遮罩键"视频效果的设置选项。

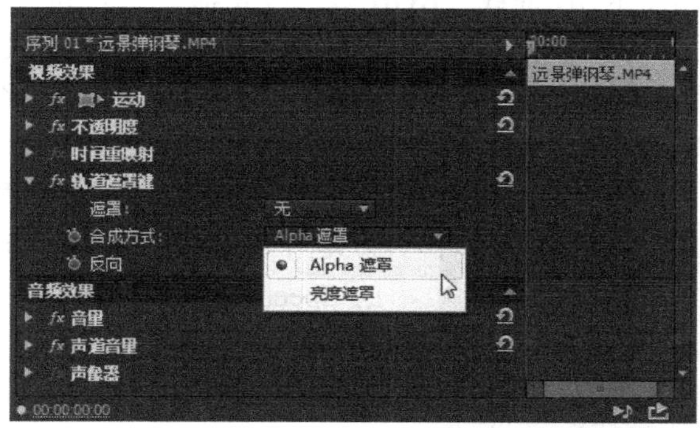

图 6.3.93 "轨道遮罩键"视频效果的设置选项

（14）非红色键："非红色键"视频效果用于去除画面中的蓝色或绿色背景。在"效果控件"面板中，可以对阈值、屏蔽度等进行设置。图 6.3.94 所示的是"效果控件"面板中"非红色键"视频效果的设置选项。

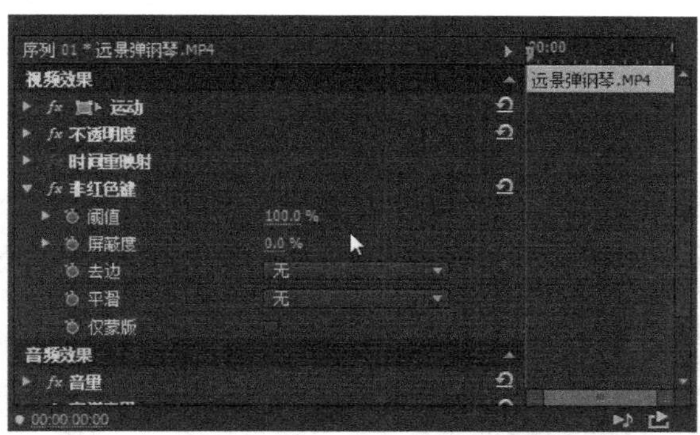

图 6.3.94 "非红色键"视频效果的设置选项

（15）颜色键："颜色键"视频效果用于去除画面中的指定色彩。在"效果控件"面板中，可以对颜色容差、边缘细化等进行设置。图 6.3.95 所示的是"效果控件"面板中"颜色键"视频效果的设置选项。

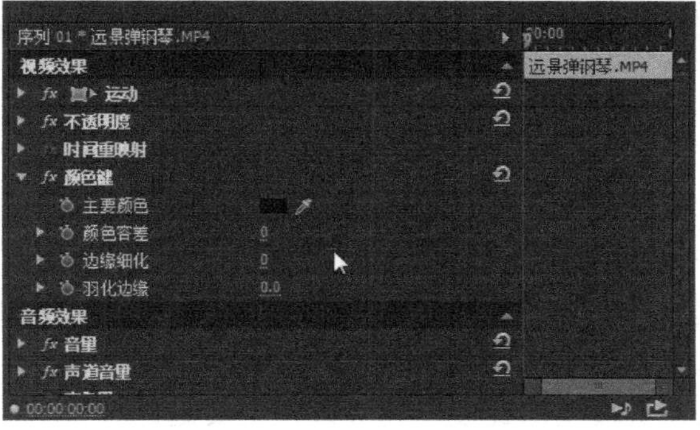

图 6.3.95 "颜色键"视频效果的设置选项

6.3.15 颜色校正

颜色校正类视频效果是用于对影片片段进行颜色校正处理，使所有的影片片段色调统一，还可以做一些特效处理，使影片渲染出某种气氛，烘托出某种情调等。颜色校正类共有 18 种视频效果，分别是 Lumetri、RGB 曲线、RGB 颜色校正器、三向颜色校正器、亮度与对比度、亮度曲线、亮度校正器、分色、均衡、广播级颜色、快速颜色校正器、更改为颜色、更改颜色、色调、视频限幅器、通道混合器、颜色平衡、颜色平衡（HLS）。它们除了 Lumetri 外，都可以对视频效果进行设置，并设置成动画效果。

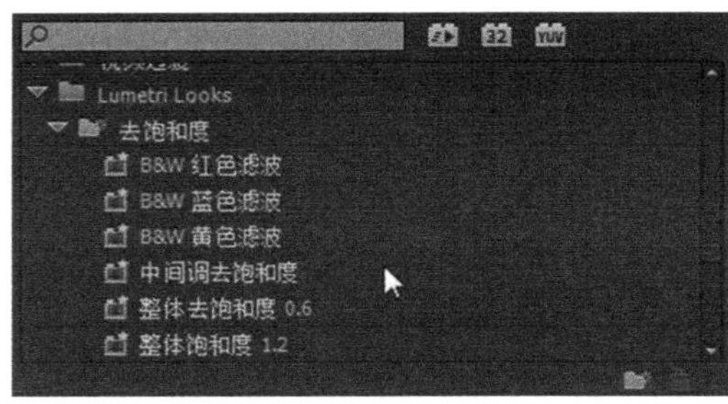

图 6.3.96 “Lumetri Looks”文件夹

（1）Lumetri：应用“Lumetri”视频效果后，会弹出一个对话框，因为该效果支持来自其他系统的 SpeedGrade 或 LUT 中导出的“.looks”文件，从而应用丰富的预设颜色分级效果。Premiere CC 中集成了新的 Lumetri Deep Color Engine，在“效果”面板中可以看到一个名为“Lumetri Looks”的文件夹，其中有一些可以直接使用的颜色分级效果。图 6.3.36 所示的是“效果”面板中的“Lumetri Looks”文件夹。

（2）RGB 曲线：“RGB 曲线”视频效果主要是通过曲线调整整体、绿色、蓝色通道的参数值，来改变图像的颜色。图 6.3.97 所示的是应用“RGB 曲线”视频效果的结果。

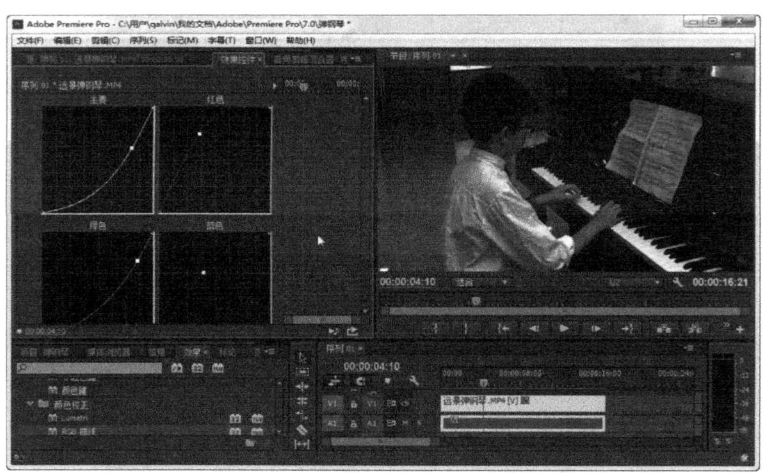

图 6.3.97 “RGB 曲线”视频效果

（3）RGB 颜色校正器：“RGB 颜色校正器”视频效果通过调整 RGB 的值来改变视频画面的色彩。图 6.3.98 所示的是应用“RGB 颜色校正器”视频效果的结果，画面的上半部分进行了调整，下半部分保持不变。

（4）三向颜色校正器：“三向颜色校正器”视频效果可以通过调整阴影、中间调、高光等来改变视频画面的效果。图 6.3.99 所示的是应用“三向颜色校正器”视频效果的结果。

（5）亮度与对比度：“亮度与对比度”视频效果主要是针对亮度和对比度进行一系列地调整来改善视频画面。图 6.3.100 所示的是应用“亮度与对比度”视频效果的结果。

图 6.3.98 “RGB 颜色校正器”视频效果

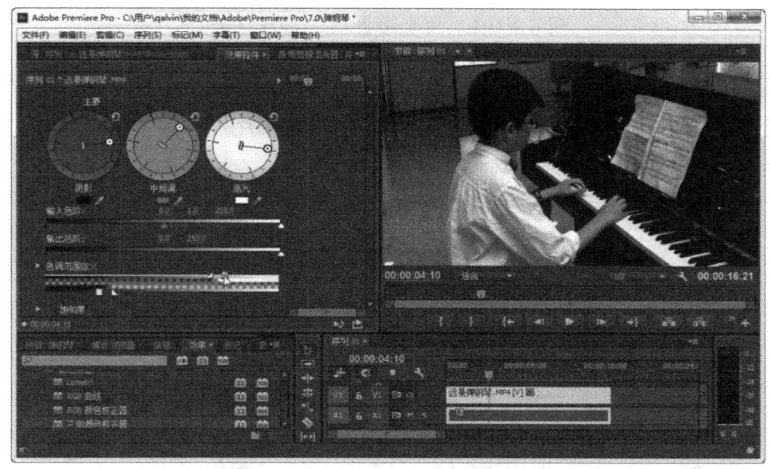

图 6.3.99 “三向颜色校正器”视频效果

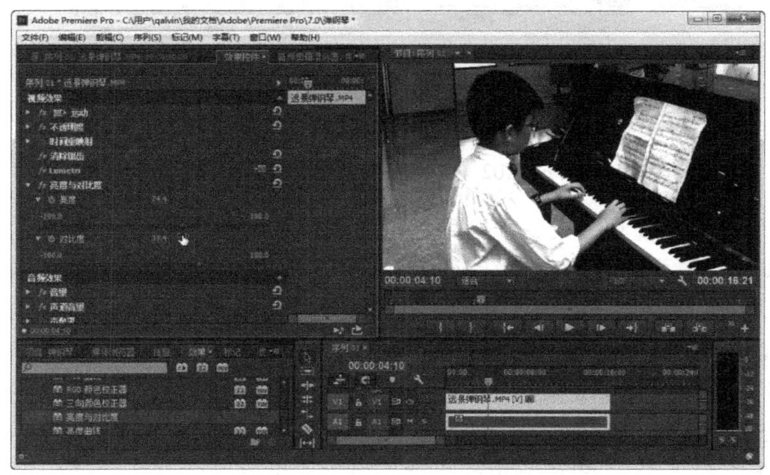

图 6.3.100 “亮度与对比度”视频效果

（6）亮度曲线：“亮度曲线”视频效果可以通过拖曳亮度曲线来调节视频画面的亮度。

图 6.3.101 所示的是应用“亮度曲线”视频效果的结果。

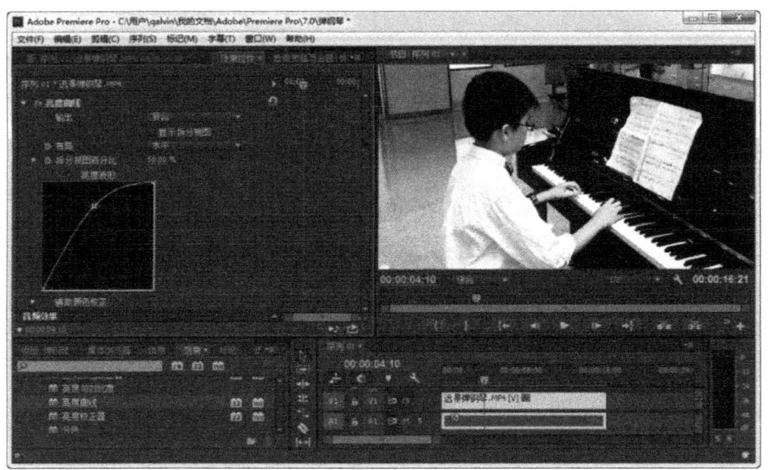

图 6.3.101　“亮度曲线”视频效果

（7）亮度校正器：“亮度校正器”视频效果可以调整视频画面的亮度，还可以将需要调整的色调分别处理，然后再进行调整。图 6.3.102 所示的是应用“亮度校正器”视频效果的结果，画面的上半部分进行了调整，下半部分保持不变。

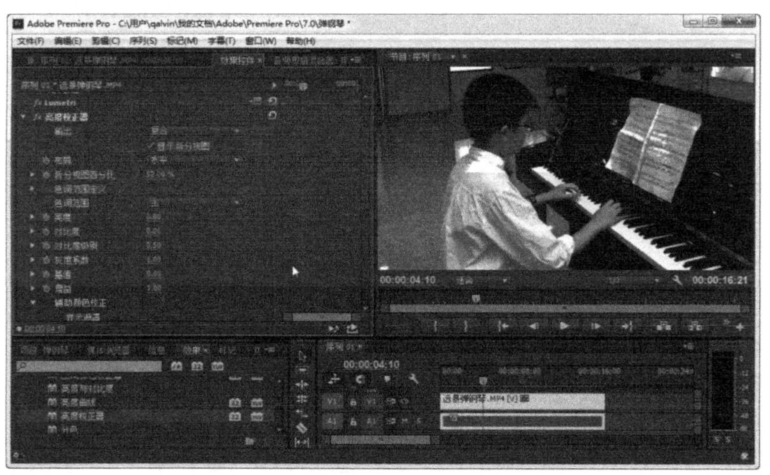

图 6.3.102　“亮度校正器”视频效果

（8）分色：“分色”视频效果用于删除指定的颜色，可以将彩色画面转化为灰度画面，并能保证画面的颜色模式不发生改变。图 6.3.103 所示的是应用“分色”视频效果的结果。

（9）均衡：“均衡”视频效果可以使视频画面达到均衡的效果，默认的均衡样式为“Photoshop 样式”。图 6.3.104 所示的是应用“均衡”视频效果的结果。

（10）广播级颜色：“广播级颜色”视频效果可以使视频画面在电视机中更加清晰、精确地播出。图 6.3.105 所示的是应用“广播级颜色”视频效果的结果。

（11）快速颜色校正器：“快速颜色校正器”视频效果可以通过拖动鼠标指针，快速调整素材中的颜色和亮度效果。图 6.3.106 所示的是应用“快速颜色校正器”视频效果的结果。

图 6.3.103　“分色”视频效果

图 6.3.104　“均衡”视频效果

图 6.3.105　“广播级颜色”视频效果

（12）更改为颜色：“更改为颜色”视频效果可以在视频画面中选择一种颜色，将其转化成另一种颜色的色调、透明度、饱和度。图 6.3.107 所示的是应用“更改为颜色”视频效果的结果。

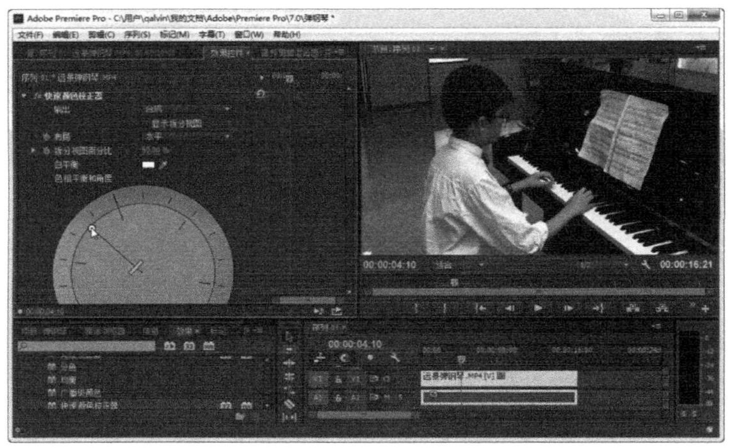

图 6.3.106 “快速颜色校正器”视频效果

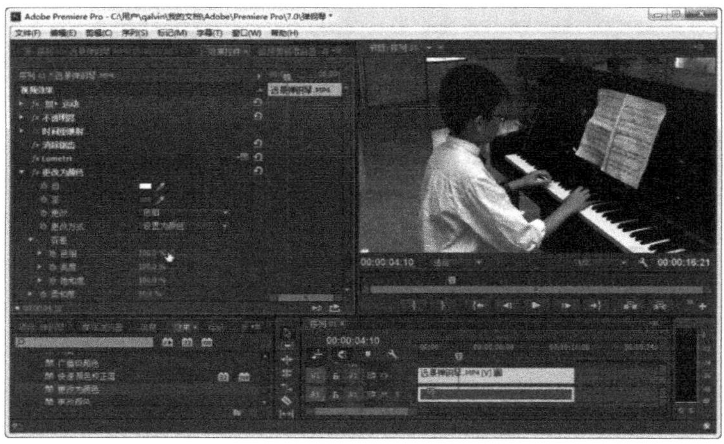

图 6.3.107 “更改为颜色”视频效果

（13）更改颜色：“更改颜色”视频效果用于改变视频画面中某种颜色区域的色调、饱和度或亮度，通过选择一个基本色并设置相似值来确定区域。图 6.3.108 所示的是应用“更改颜色”视频效果的结果。

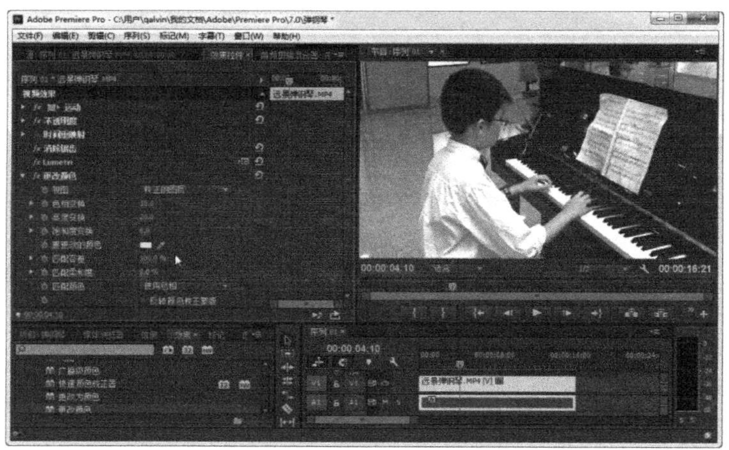

图 6.3.108 “更改颜色”视频效果

（14）色调："色调"视频效果可以将黑色和白色映射为另一种颜色，对视频画面的色调进行设置。图 6.3.109 所示的是应用"色调"视频效果的结果。

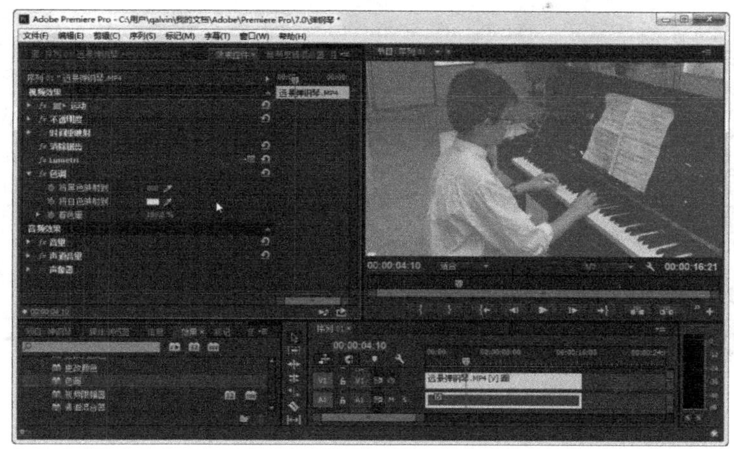

图 6.3.109　"色调"视频效果

（15）视频限幅器："视频限幅器"视频效果可以确保在修正视频画面颜色后，使视频处于指定的限制范围内，它可以限制视频的所有信号。图 6.3.110 所示的是应用"视频限幅器"视频效果的结果。

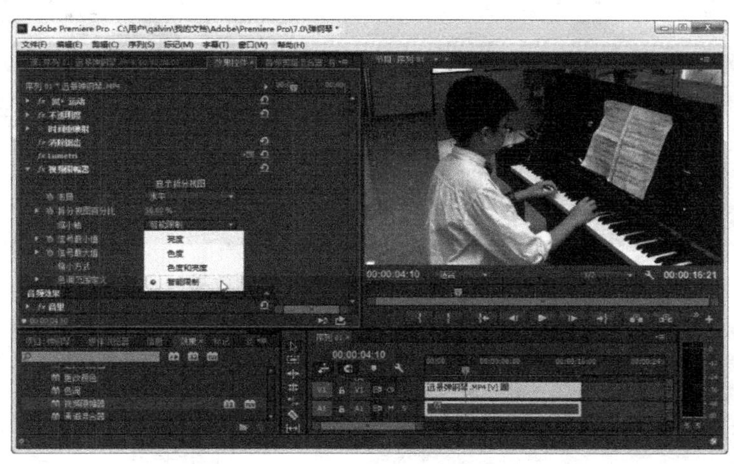

图 6.3.110　"视频限幅器"视频效果

（16）通道混合器："通道混合器"视频效果通过设置每一个颜色通道的数值，产生灰阶图或其他色调的图。图 6.3.111 所示的是应用"通道混合器"视频效果的结果。

（17）颜色平衡："颜色平衡"视频效果可以调整视频画面在红色、蓝色和绿色之间达到平衡。图 6.3.112 所示的是应用"颜色平衡"视频效果在高光区域将绿色平衡和蓝色平衡设置为 50，红色为 0 的效果。

（18）颜色平衡（HLS）："颜色平衡（HLS）"视频效果可以使视频画面基于 HLS，调整色相、亮度和饱和度从而达到平衡。图 6.3.113 所示的是应用"颜色平衡（HLS）"视频效果的结果。

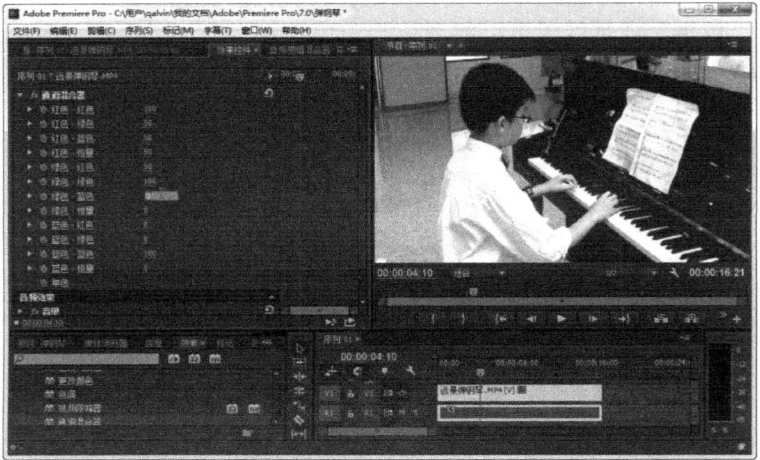

图 6.3.111　“通道混合器”视频效果

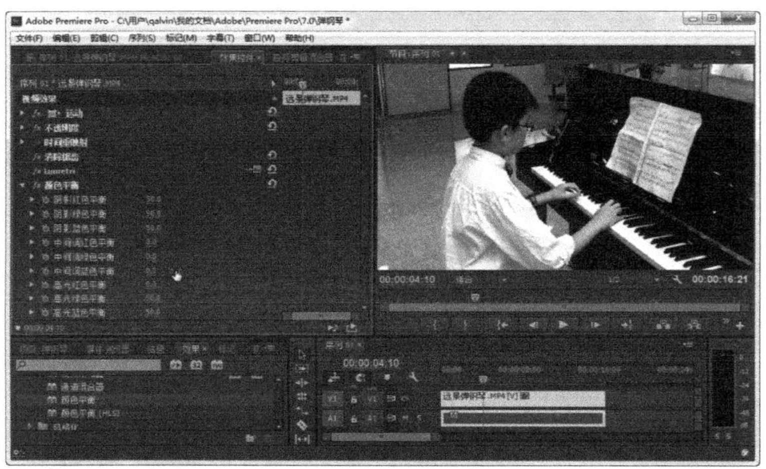

图 6.3.112　“颜色平衡”视频效果

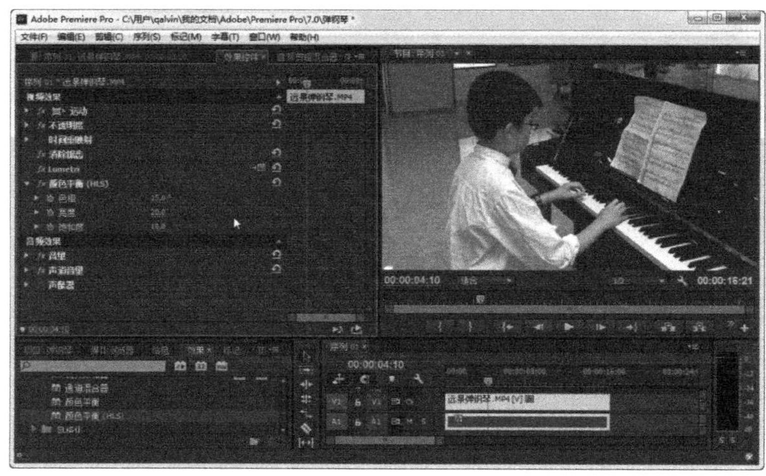

图 6.3.113　“颜色平衡（HLS）”视频效果

6.3.16　风格化

风格化类视频效果主要是通过改变图像中的像素或者对图像的色彩进行处理，从而产生各种抽象派或者印象派的作品效果，也可以模仿其他门类的艺术作品，如浮雕、素描等。这类特效共有 13 种，分别是 Alpha 发光、复制、彩色浮雕、抽帧、曝光过度、查找边缘、浮雕、画笔描边、粗糙边缘、纹理化、闪光灯、阈值、马赛克。它们都可以对视频效果进行设置，并设置成动画效果。

（1）Alpha 发光："Alpha 发光"视频效果仅对具有 Alpha 通道的素材起作用，而且仅对第 1 个 Alpha 通道起作用，该特效可以在 Alpha 通道指定的区域边缘产生一种颜色逐渐衰减或切换到另一种颜色的效果。图 6.3.114 所示的是应用"Alpha 发光"视频效果时"效果控件"面板中的可设置选项。

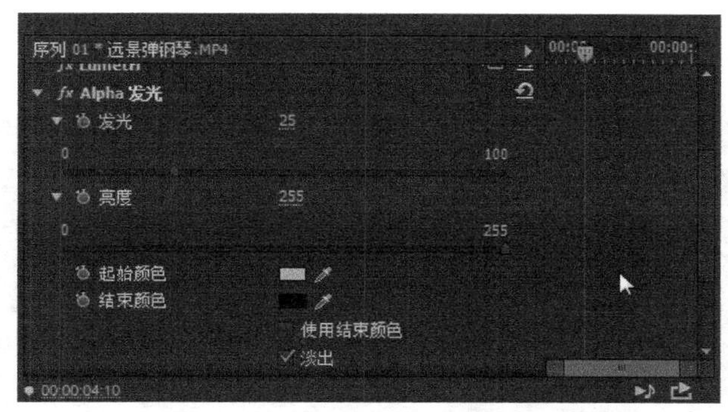

图 6.3.114　"Alpha 发光"视频效果的设置选项

（2）复制："复制"视频效果可以将视频画面分成若干区域，其中每个区域都将显示完整的画面效果。图 6.3.115 所示的是应用"复制"视频效果中"计数"值为"2"的效果。

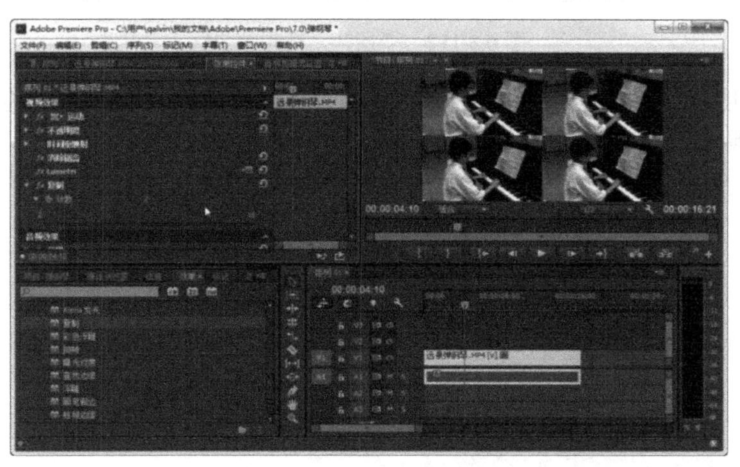

图 6.3.115　"复制"视频效果

（3）彩色浮雕："彩色浮雕"视频效果可以使视频画面产生浮雕效果，但并不改变画面的初始颜色。图 6.3.116 所示的是应用"彩色浮雕"视频效果的结果。

（4）抽帧："抽帧"视频效果可以使视频画面产生色彩变化。图 6.3.117 所示的是应用"抽帧"视频效果中"级别"为"6"的效果。

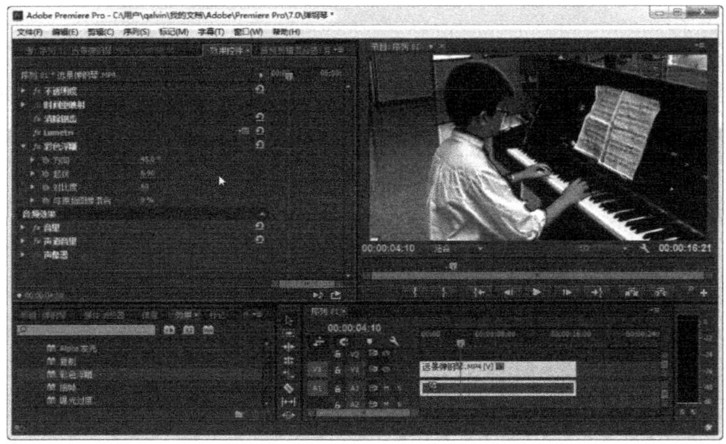

图 6.3.116 “彩色浮雕”视频效果

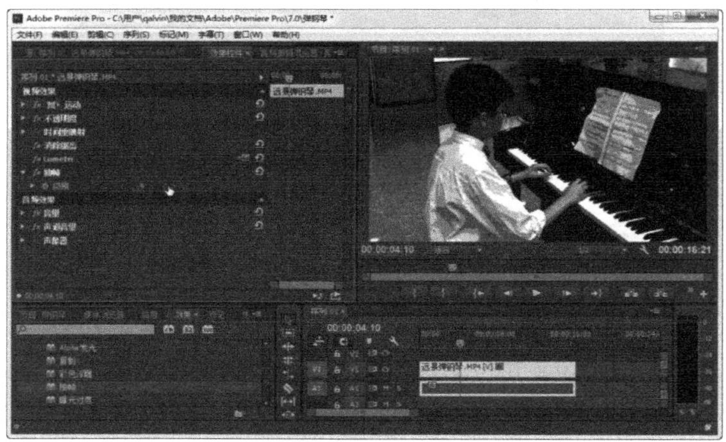

图 6.3.117 “抽帧”视频效果

（5）曝光过度：“曝光过度”视频效果可以使视频画面产生冲洗底片时的效果。图 6.3.118 所示的是应用“曝光过度”视频效果中“阈值”为“30”的效果。

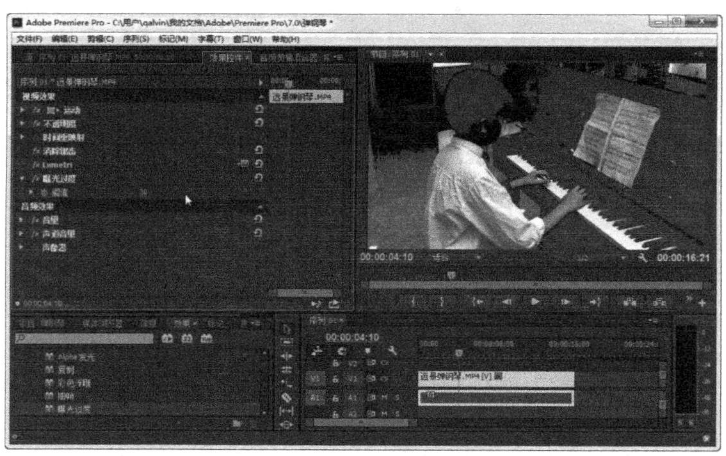

图 6.3.118 “曝光过度”视频效果

（6）查找边缘：“查找边缘”视频效果可以强化视频画面中的过渡像素来形成彩色线条，从而产生铅笔勾画的效果。图 6.3.119 所示的是应用“查找边缘”视频效果中“与原始图像混合”度为“30%”的效果。

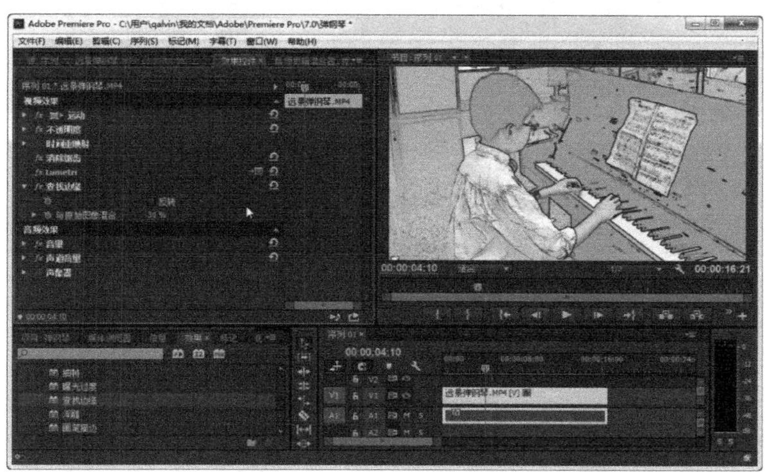

图 6.3.119 “查找边缘”视频效果

（7）浮雕：“浮雕”视频效果和“彩色浮雕”类似，可以在画面中产生单色浮雕效果。图 6.3.120 所示的是应用“浮雕”视频效果的结果。

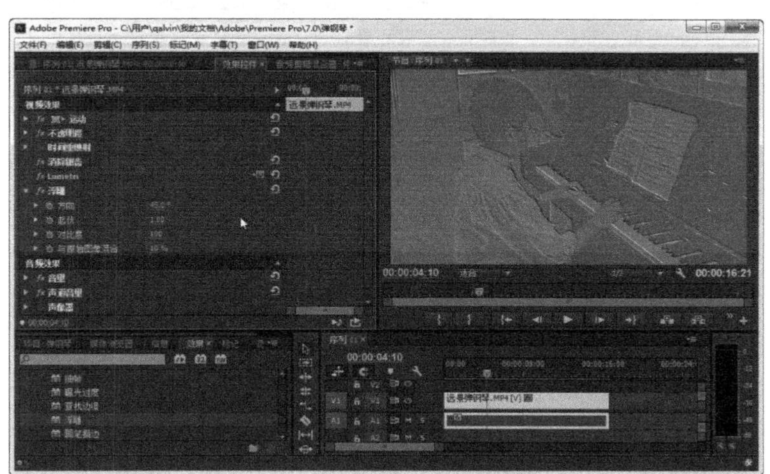

图 6.3.120 “浮雕”视频效果

（8）画笔描边：“画笔描边”视频效果可以为视频画面添加一个粗略的着色效果，另外通过设置该特效笔触的长短和密度，还可以制作出优化风格的效果。图 6.3.121 所示的是应用“画笔描边”视频效果中“描边长度”为“10”的效果。

（9）粗糙边缘：“粗糙边缘”视频效果可以使视频画面呈现出一种粗糙化的效果，该效果类似于腐蚀而成的纹理或溶解效果。图 6.3.122 所示的是应用“粗糙边缘”视频效果中“边框”设为“200”的效果。

（10）纹理化：“纹理化”视频效果为视频提供其他轨道视频的纹理外观，并且可以控制纹理深度及明显光源。图 6.3.123 所示的是应用“纹理化”视频效果的结果。

图 6.3.121 “画笔描边”视频效果

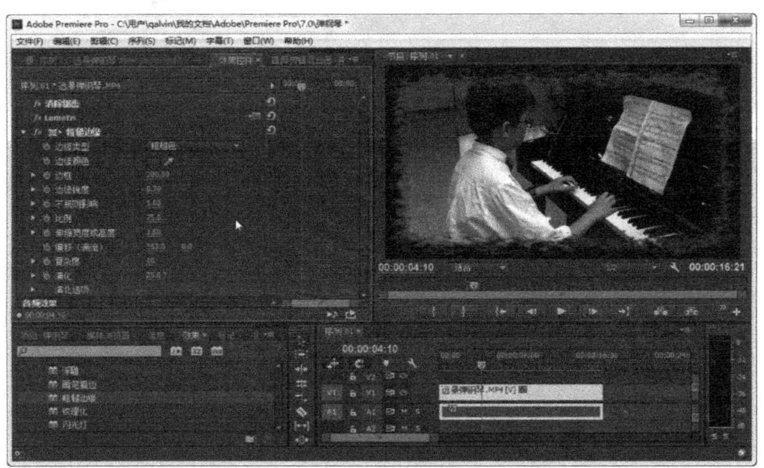

图 6.3.122 “粗糙边缘”视频效果

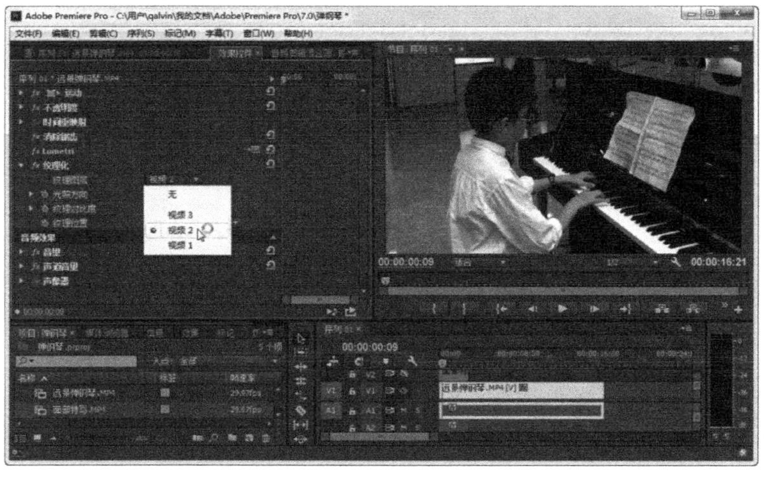

图 6.3.123 “纹理化”视频效果

（11）闪光灯：“闪光灯”视频效果对剪辑执行算术运算，或使剪辑在定期或随机间隔透明。例如，每 5 秒钟，剪辑可变为完全透明达 1/10 秒，或者剪辑的颜色能够以随机间隔反转。图 6.3.124 所示的是应用“闪光灯”视频效果，每隔 1 秒，闪 0.5 秒的效果。

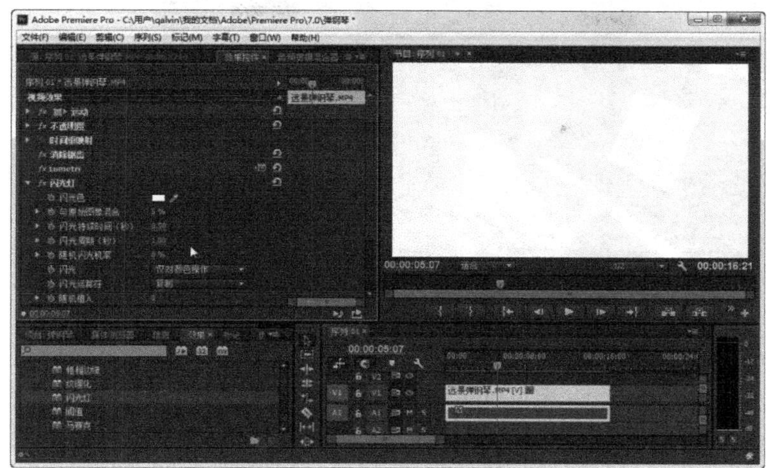

图 6.3.124　“闪光灯”视频效果

（12）阈值：“阈值”视频效果将灰度图像或彩色图像转换成高对比度的黑白图像。指定明亮度级别作为阈值；所有与阈值亮度相同或比阈值亮度更高的像素将转换为白色，而所有比阈值暗的像素则转换为黑色。图 6.3.125 所示的是应用“阈值”视频效果中“级别”值为“128”的效果。

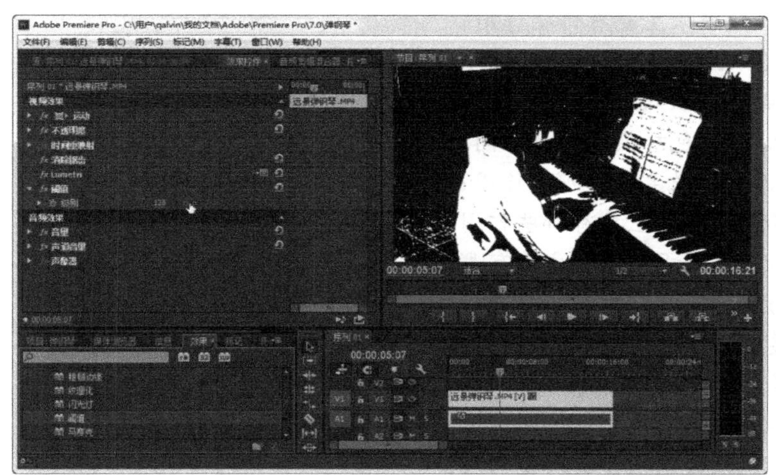

图 6.3.125　“阈值”视频效果

（13）马赛克：“马赛克”视频效果是使用纯色矩形填充剪辑，使原始图像像素化。此效果可用于模拟低分辨率显示及用于遮蔽面部。也可以针对过渡来使此效果动画化。图 6.3.126 所示的是应用“马赛克”视频效果中“水平块”和“垂直块”都为“50”的效果。

以上是各种视频效果的简单介绍，只有多加运用，掌握每一种视频效果的特点，灵活使用，互相搭配，才能达到预期的效果。

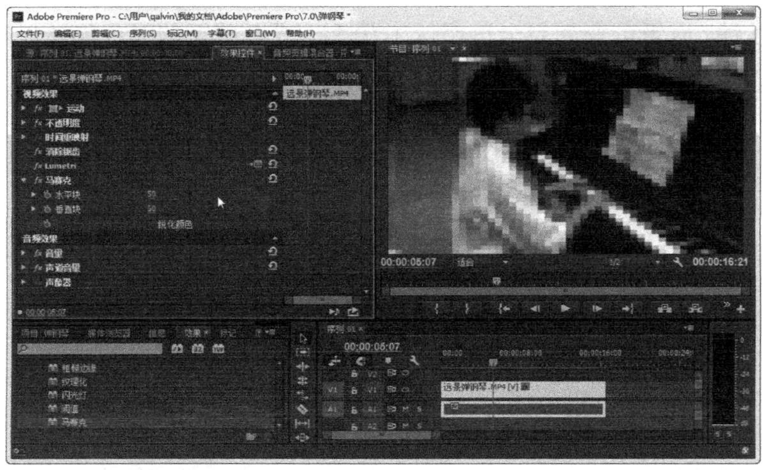

图 6.3.126 “马赛克”视频效果

习题 6

1. Premiere 所提供的视频特效有哪些作用？
2. 在 Premiere 的“视频效果”面板中，共有哪些类视频效果？
3. 使用视频效果后，希望将使用效果前后的画面进行比较，该如何操作？
4. 如何判断一个视频效果是否可以制作成视频动画？
5. 变换类视频效果主要有哪些作用？
6. 32 位颜色效果是什么含义？YUV 效果是什么含义？
7. 图像控制类视频效果主要有哪些作用？
8. 颜色过滤和颜色替换有什么不同？
9. 扭曲类视频效果主要有哪些作用？
10. 时间类视频效果主要有哪些作用？
11. 杂色与颗粒类视频效果主要有哪些作用？
12. 模糊与锐化类视频效果主要有哪些作用？
13. 生成类视频效果主要有哪些作用？
14. 视频类视频效果主要有哪些作用？
15. 调整类视频效果主要有哪些作用？
16. 过渡类视频效果主要有哪些作用？
17. 透视类视频效果主要有哪些作用？
18. 通道类视频效果主要有哪些作用？
19. 键控类视频效果主要有哪些作用？
20. 颜色校正类视频效果主要有哪些作用？
21. 风格化类视频效果主要有哪些作用？
22. 操作练习：在时间轴上拖曳一段视频素材，在每类视频效果中都选择一种视频效果，将这种效果应用在视频上，对比应用视频前后效果的变化。

在 Premiere 中合成视频

7.1 视频合成效果概述

7.1.1 视频合成

在实际的视频制作过程中，往往不会只使用一个素材，而是使用多个素材。例如，本书使用的弹钢琴视频，可以有远景的弹钢琴场景，可以有近景的弹钢琴场景，也可以有弹奏者面部的特写，如图 7.1.1～图 7.1.3 所示。分别采用这三段视频，将它们合成在一起，三种视频频繁切换，就可以完成一段有远有近、有虚有实的影片。

下面的项目实例就是把三段视频合成在一起。

图 7.1.1　远景的弹钢琴场景

图 7.1.2　近景的弹钢琴场景

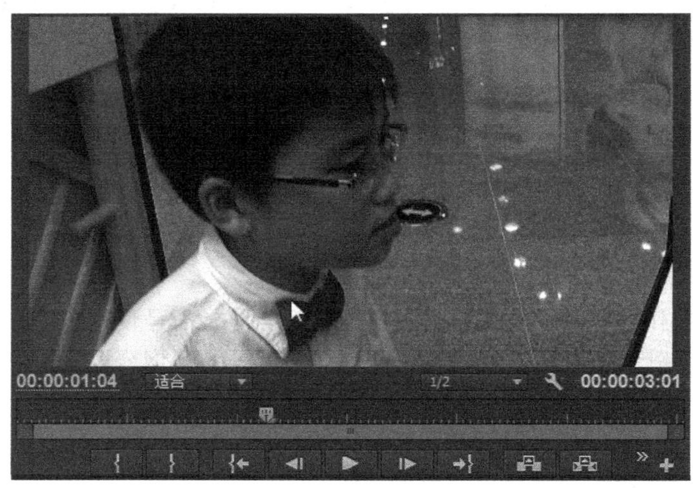

图 7.1.3　弹奏者面部特写

将以上三段视频的视频画面进行剪辑，根据音频连接成一个完整的视频，就可以达到预期的效果。

7.1.2　添加视频合成

首先将三段视频导入，分别拖曳到三个轨道上，如图 7.1.4 所示。

反复观看三段视频，确定视频的互相切入脚本。在观看过程中，可以通过单击“切换轨道输出”按钮，屏蔽轨道的输出，来观看某一个轨道上的视频。根据脚本，将近景弹钢琴视频与弹奏者面部特写弹钢琴视频进行切割，并移动它们的位置。

注意

近景视频中的手部特写应该和乐曲的音频合拍，否则，最后会出现手指按下琴键，却没有发出声音的状态，如图 7.1.5 所示。

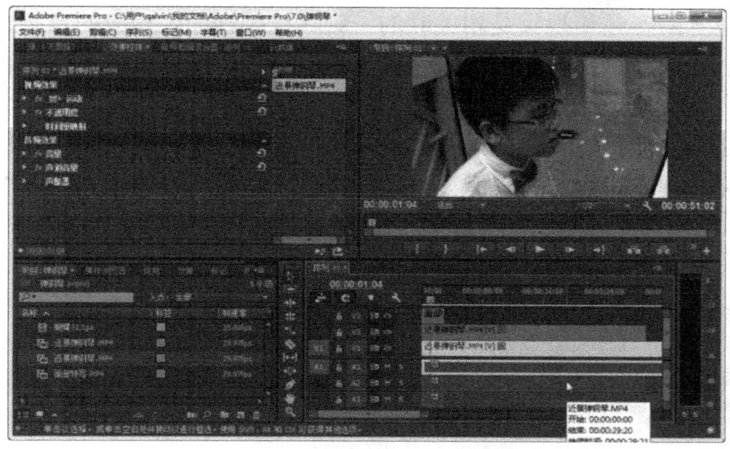

图 7.1.4 三段视频放置在三个轨道上

图 7.1.5 切割视频

删除轨道上不需要显示的视频。例如，在第三轨道上保留的视频，就将第二轨道和第一轨道的相同视频删除；第二轨道保留下的视频，就将第一轨道相同的视频删除，这样可以保证视频不会叠加，如图 7.1.6 所示。

图 7.1.6 删除轨道中不需要显示的视频

因为每个轨道上的音频和视频是相关联的，删除视频画面，相应的音频画面也被删除。在这种情况下，三个轨道上的音频连接在一起就非常不协调。将三个轨道上的音频都删除，重新导入一个完整的音频效果会更好。

在删除视频之前，首先要解除视频和音频之间的链接关系。将鼠标指针移动到时间轴上的视频行，单击鼠标右键，在弹出的快捷菜单中选择“取消链接”选项，就可以解除音频和视频之间的链接关系，如图 7.1.7 所示。

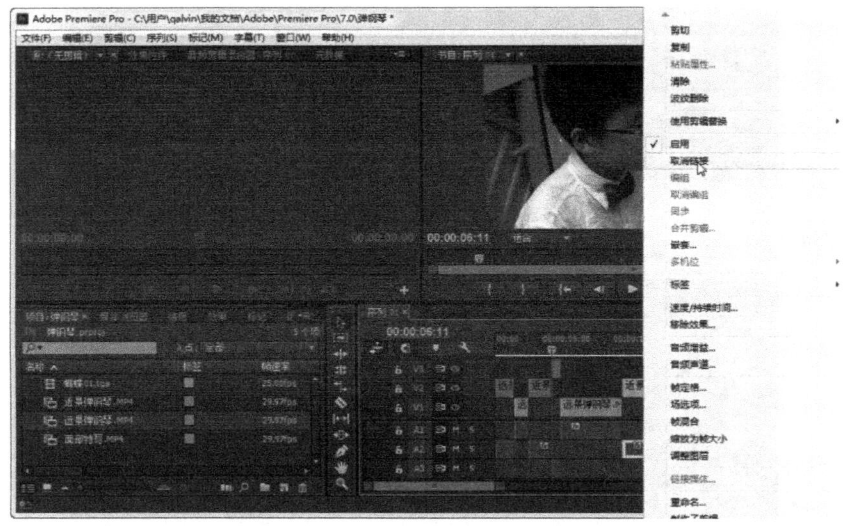

图 7.1.7　选择“取消链接”选项

解除音频与视频之间的链接关系后，将音频轨道上的音频都删除，如图 7.1.8 所示。

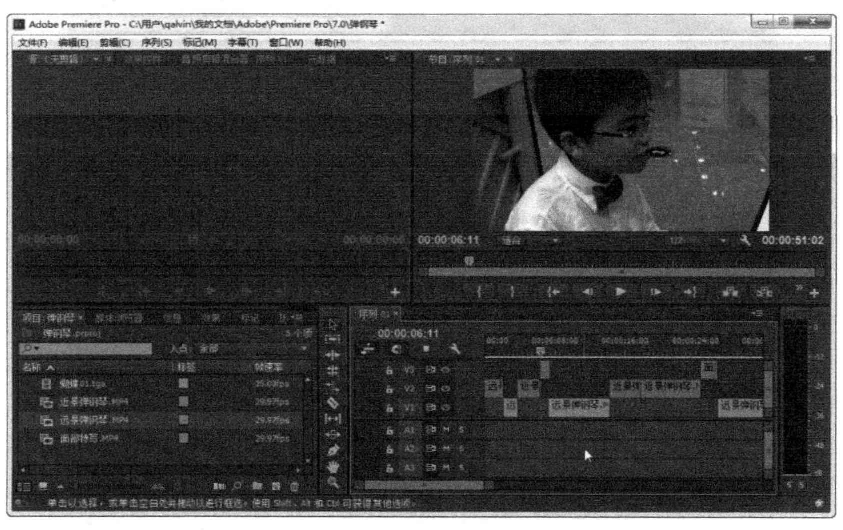

图 7.1.8　音频轨道中的音频被删除

在切割视频之前取消音频与视频之间的链接，会减少一些操作，从而提高操作的效率。

接下来，采用“远景弹钢琴”中的音频为视频加上一段完整的音频。首先从项目中将视频“远景弹钢琴”拖曳到“源”监视器中，然后在“源”监视器中单击“仅拖动音频”按钮，将其拖动到时间轴中的音频轨道 1 上，如图 7.1.9 所示。

至此，有音频、有视频，视频合成的工作完成了。

图 7.1.9 拖动音频到音频轨道上

7.1.3 预览视频合成

在节目监视器中，单击“播放”按钮，就可以看到连接在一起的视频依次播出，而且音频与视频同步，如图 7.1.10 所示。

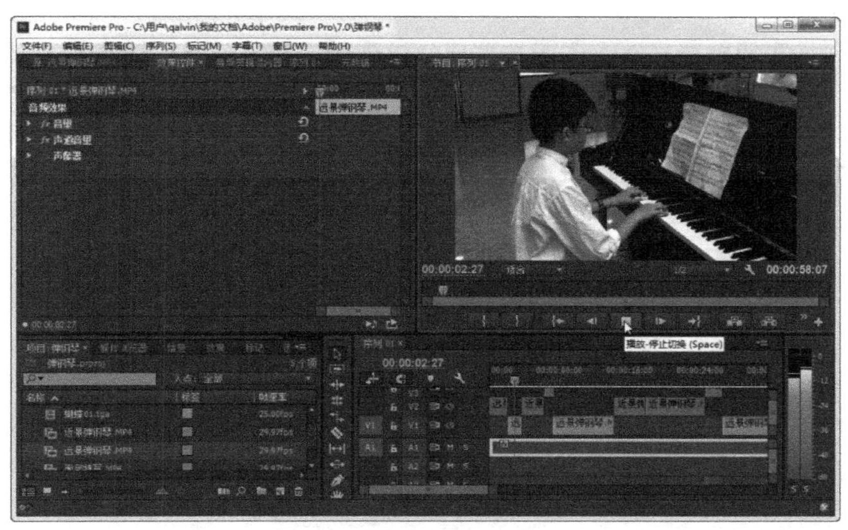

图 7.1.10 播放合成的视频

由于合成比较简单，因此切换难免生硬，为三个轨道上的视频添加视频过渡效果，可以让整个视频之间的切换更生动活泼，效果如图 7.1.11 所示。

视频的合成是一个需要耐心的过程，在预览的过程中难免发现问题，如音频、视频不同步，有一些镜头的切换不合理等，需要针对实际情况进行调整，进行试验，最终达到合适的效果。

图 7.1.11　添加视频过渡效果

7.2　制作电子相册

7.2.1　导入照片

合成视频，并不仅仅局限于视频与视频的合成，可以把图片和视频合成在一起，也可以把若干张图片合成一段视频。静态的图片使得观众的关注时间延长，更能引起注意，从而把重要的信息传达给观众。

下面的项目实例就是将若干张照片合成一段视频，然后插入一段音乐，制作成一个电子相册。

首先在“效果控件”面板上建立一个项目“电子相册”，然后在项目“电子相册”中建立一个宽银幕 48kHz 的序列，如图 7.2.1 所示。

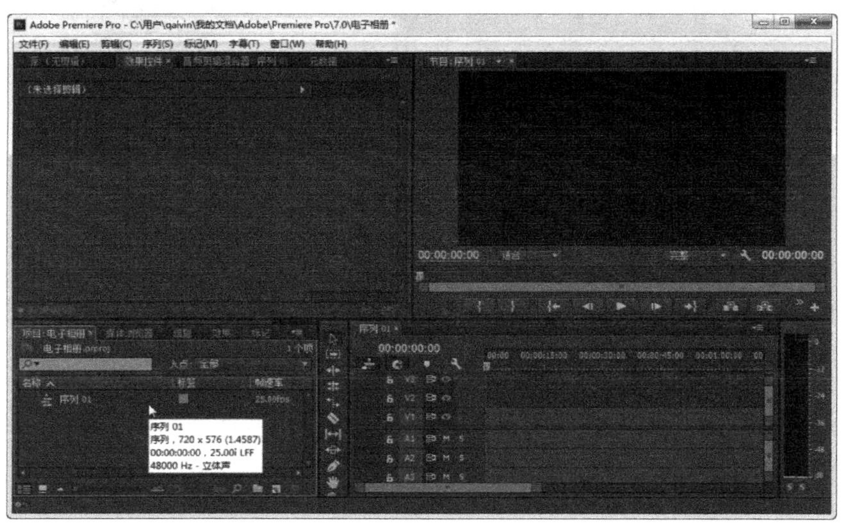

图 7.2.1　建立序列文件

单击“编辑”菜单，选择“首选项”项目下的“常规”命令，然后在弹出的“首选项”对话框中，更改“静止图像默认持续时间”为“100”帧，也就是说，在这个序列中插入的图像将显示 4 秒钟，如图 7.2.2 所示。

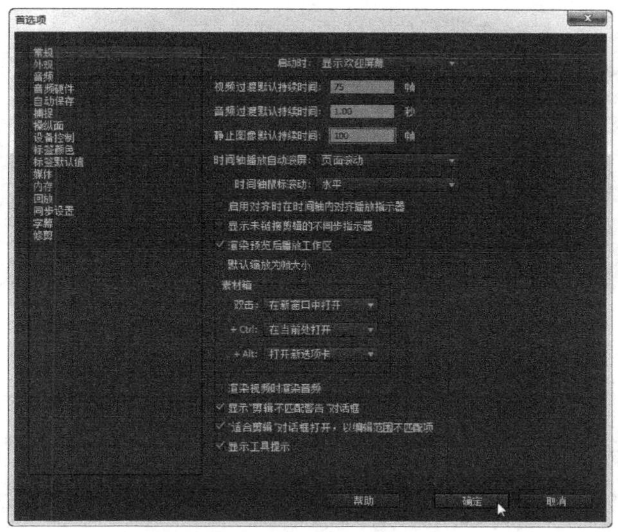

图 7.2.2　“首选项”对话框

将准备好的图片导入到项目“电子相册”中，然后将它们拖曳到时间轴上的轨道上，如图 7.2.3 所示。

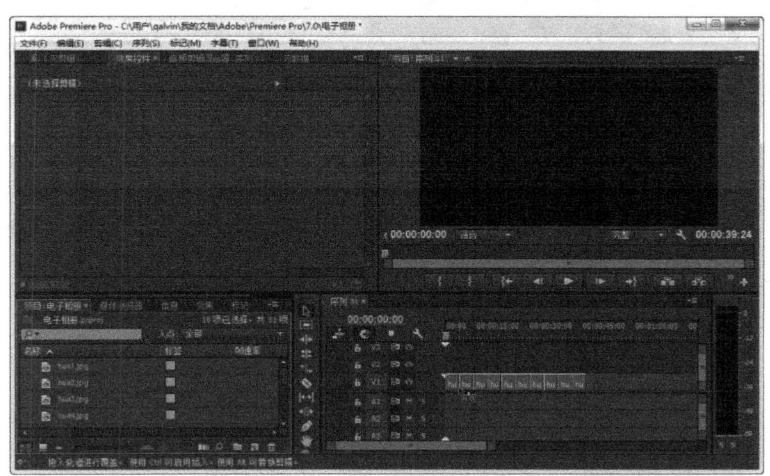

图 7.2.3　将图片添加到时间轴上

按下键盘上的“+”键，放大标尺，可以看到图片首尾相连在一起，每一幅图片都对应标尺上的 4 秒钟处，如图 7.2.4 所示。

7.2.2　导入音频

将事先准备好的音频文件导入到项目“电子相册”中，然后将它拖曳到时间轴上的音频轨道上，如图 7.2.5 所示。

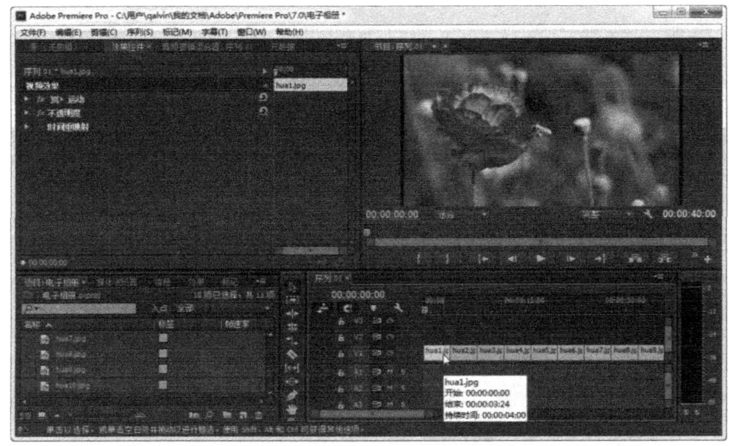

图 7.2.4　放大标尺

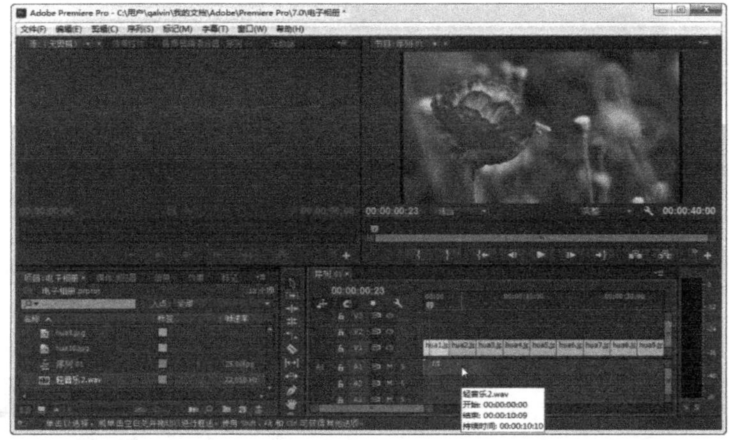

图 7.2.5　添加音频到音频轨道上

由于音频文件过短，可以多次拖曳该音频文件到音频轨道上，让音频文件的长度不短于图片视频的长度，这样就不会出现有图片没有音乐的情况。最后，将多余的音频部分切割删除，如图 7.2.6 所示。

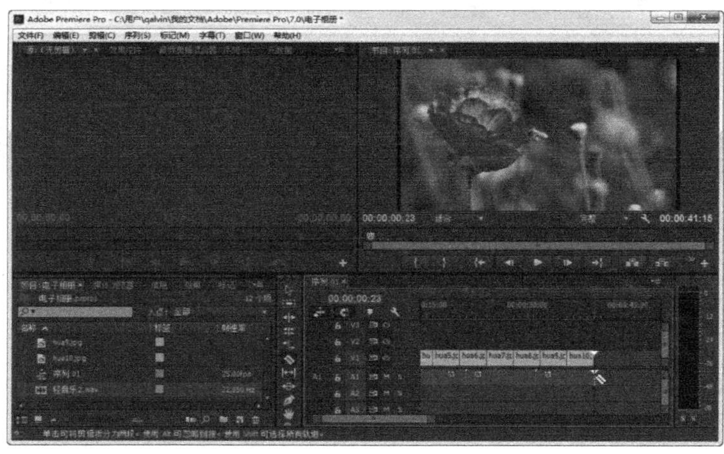

图 7.2.6　切割音频

7.2.3　设置视频过渡效果

单击节目监视器中的“播放”按钮，图片已经以视频的形式播放了，但图片之间的转换非常生硬。接下来可以在各个图片之间加上“视频过渡”效果，如图 7.2.7 所示。

图 7.2.7　添加过渡效果

注意

不要把视频过渡效果都加到一个图片上，要让过渡效果跨在两个图片之间。

单击节目监视器中的“播放”按钮，此时视频开始播放，可以在播放过程中检查一下是否有不合适的地方，如图片顺序、过渡效果是否合适等，如图 7.2.8 所示。

图 7.2.8　预览视频

7.2.4　导出相册视频

制作好的电子相册还仅仅存在 Premiere 软件中，只有生成非 Premiere 软件的视频文件，才能成为真正的电子相册，这就需要将生成的视频导出。

单击“文件”菜单，在弹出的菜单中选择“导出”级联菜单中的“媒体”命令，如图 7.2.9 所示。

图 7.2.9 选择“媒体”命令

在弹出的“导出设置”对话框中，可以发现生成的视频将是 AVI 文件，视频名为“序列 01.avi”，这些都可以进行修改，在后面的章节中将进行详细的介绍，如图 7.2.10 所示。

图 7.2.10 “导出设置”对话框

此时会弹出如图 7.2.11 所示的“编码”对话框，表明系统正在对视频进行渲染和编码。

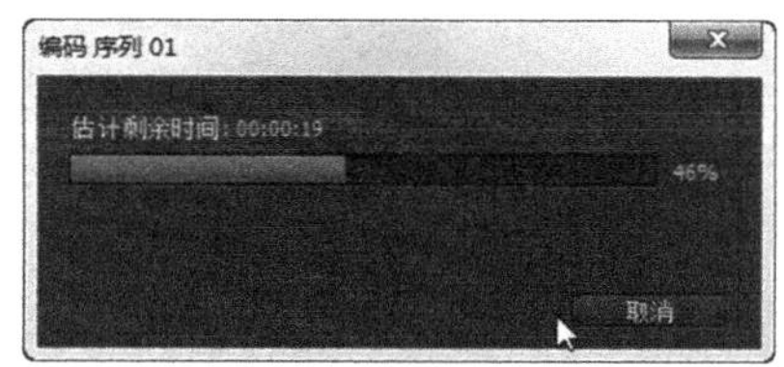

图 7.2.11 “编码”对话框

在默认的存放路径找到新生成的文件“序列 01.avi”，双击该文件，计算机上的默认播放器会将其打开。此时就可以一边听着轻音乐，一边欣赏图片了，如图 7.2.12 所示。

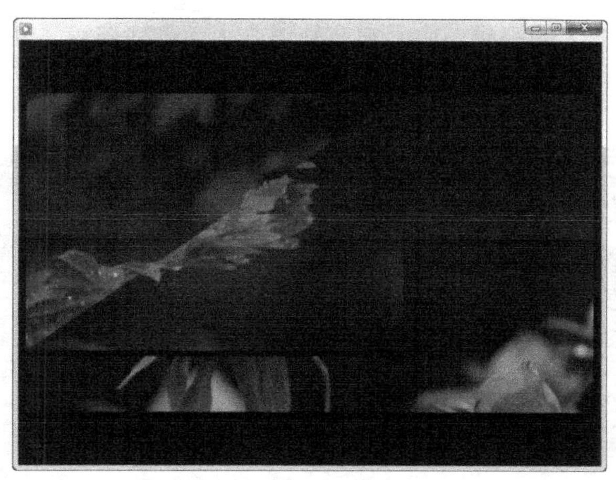

图 7.2.12　视频开始播放

7.3　采用“键控”视频效果实现视频合成

在影视制作中，视频合成是普遍采用的一种技术，比较常见的是蓝屏技术和绿屏技术。视频合成可以借助计算机技术实现恢弘的大场面，而演员只需要在摄影棚的蓝屏或绿屏帷幕中进行表演就可以了。这种方式，虽然增加了演员的表演难度，但节约了影片的制作成本，更可以实现许多科幻场景，因而广受欢迎。

前面已经介绍了“键控”的各种特效，它们都可以通过“抠像”等技术达到视频合成的效果。本项目实例就是采用“蓝屏键”来实现一个特殊的效果，虽然无法和大片相比，但可以达到现场拍摄无法实现的视觉效果。

7.3.1　导入视频素材

首先，在序列文件中导入一段片头视频，把这段视频添加到轨道 1 上，如图 7.3.1 所示。

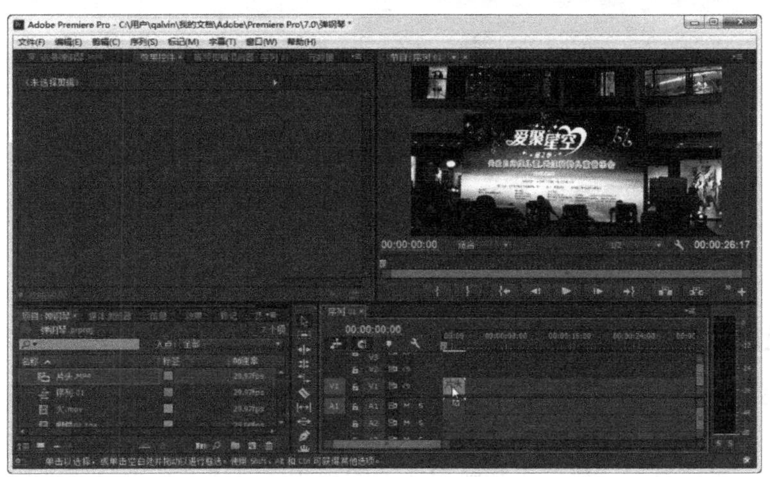

图 7.3.1　导入片头视频

然后，导入一段火焰的视频，把这段视频添加到轨道 2 上。通过预览可以发现，这是一段背景为蓝色的火焰由小变大的视频，由于它在轨道 2 上，彻底覆盖了轨道 1 上的片头视频，如图 7.3.2 所示。

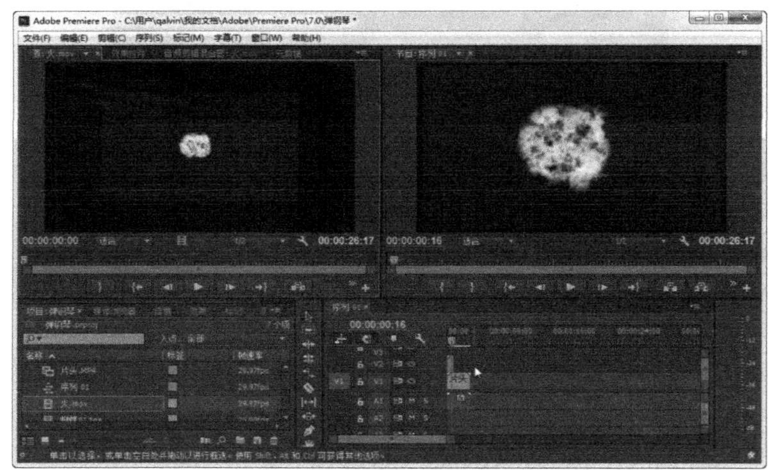

图 7.3.2　导入蓝屏视频

从图 7.3.2 中可以发现，轨道 1 和轨道 2 上的两段视频长度不一样，这就需要将两段视频的播放时间调整相同。完成这种设置有两种方法，一种是将火焰视频的播放时间拉长，另一种是将片头视频的后半部分截除。两种方法合成的视频长度是不一样的。本例采用第二种方式，如图 7.3.3 所示。

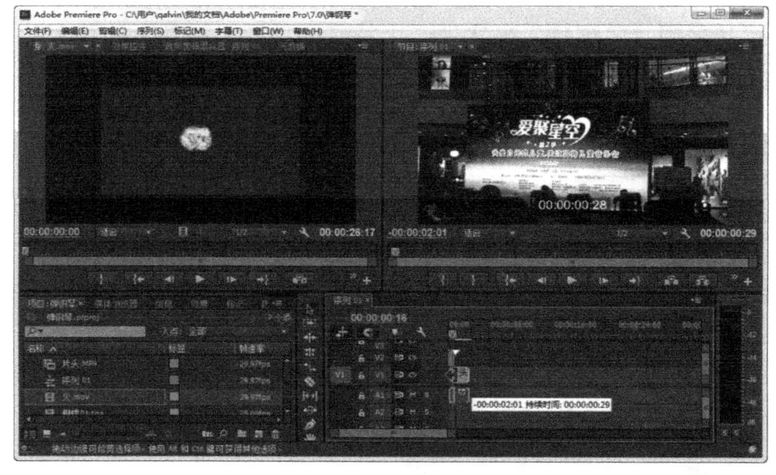

图 7.3.3　调整视频长度

7.3.2　应用“蓝屏键”视频特效

打开“效果”面板，选择“键控”项目中的“蓝屏键”命令，将它拖曳到轨道 2 视频上，如图 7.3.4 所示。

松开鼠标后，可以发现，轨道 1 和轨道 2 上的视频同时出现在节目监视器中，此时，轨道 2 视频上的蓝色背景都不见了。如果对火焰周围的杂色不满意，可以在“效果控件”面板中对“阈值”进行调整，如图 7.3.5 所示。

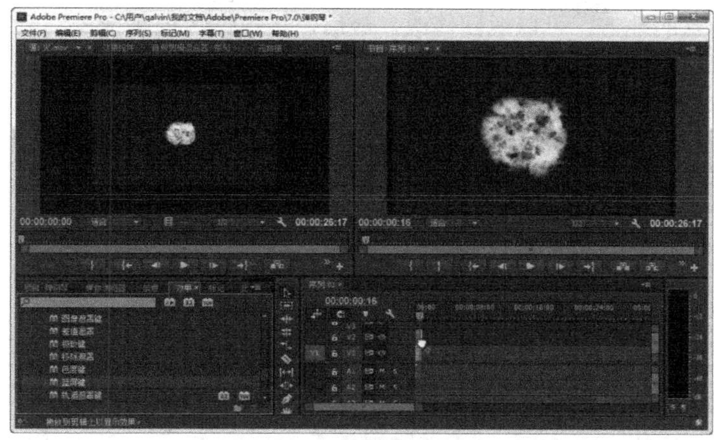

图 7.3.4　选择“蓝屏键”视频特效

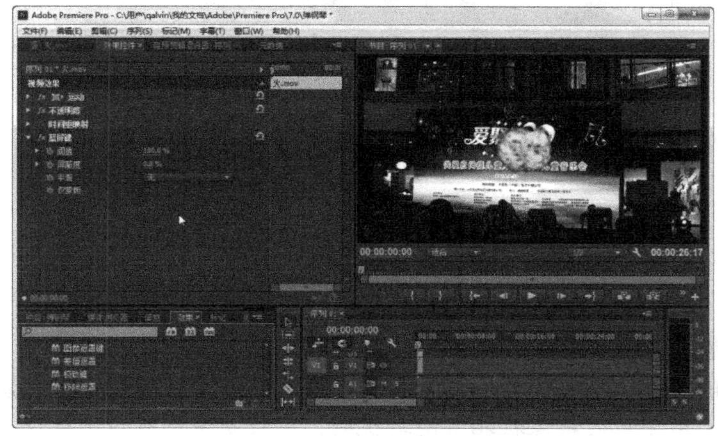

图 7.3.5　应用“蓝屏键”特效后的效果

7.3.3　预览视频

在节目监视器中单击“播放”按钮，可以看到在片头背景下，火焰由小到大，逐渐占据整个屏幕，如图 7.3.6 所示。

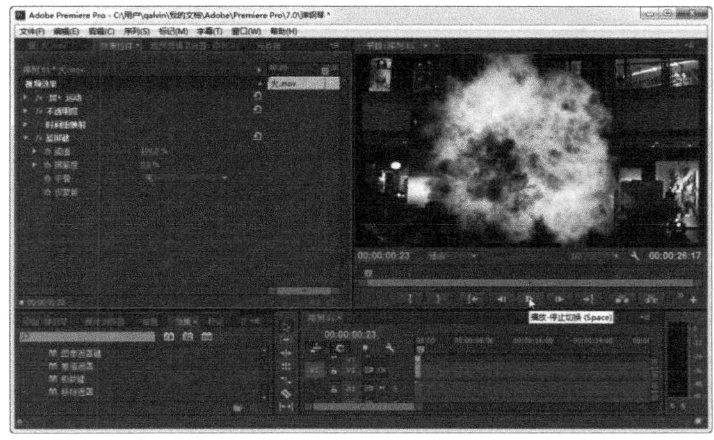

图 7.3.6　预览视频特效

对于视频不满意的地方，可以返回修改。最后，将弹钢琴视频拖曳到轨道 1 上，设置视频过渡，就能够欣赏一段带有片头特效的视频了，如图 7.3.7 所示。

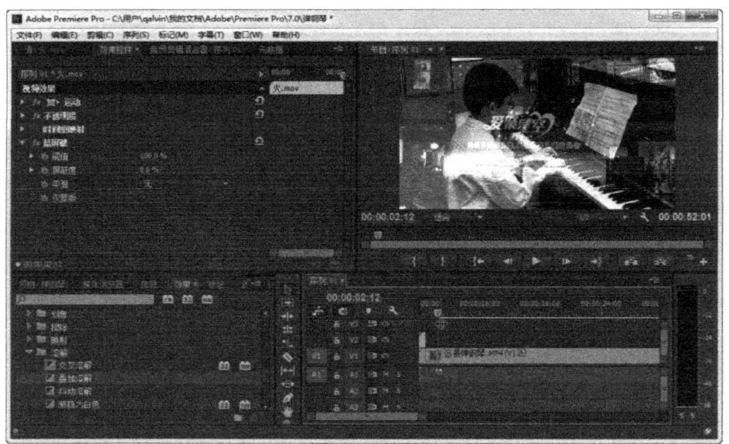

图 7.3.7 最终合成效果

其他的“键控”特效应用步骤和“蓝屏键”特效大同小异，多加练习，多加体会，就可以制作出优秀的视频合成作品。

习题 7

1. 怎样解除影片素材中音频与视频的链接关系？

2. 在合成三段弹钢琴的视频时，为什么要将它们拖曳到三个不同的轨道中？

3. 操作练习：用手机或摄像机拍摄两段视频，一段是甲对着镜头讲话，另一段是乙对着镜头讲话。将这两段视频合成在一起，形成两个人对话的效果。

在 Premiere 中使用字幕

8.1 字幕简介

8.1.1 字幕的作用

从视频诞生之日起，字幕就和它紧紧相连。在电影的默片时代，由于无法让视频中的人物“开口说话”，因此字幕就代替了语言的功能。如今多媒体技术飞速发展，视频早已不需要字幕来代替语言，但字幕仍然在视频中占有举足轻重的位置，甚至没有字幕的视频被认为是不完整的。

当今时代被称为“自媒体时代”，每一个人都是媒体，每一个人都可以做视频节目上传到网络。在这些视频中，视频的名字、拍摄者的姓名、拍摄地点、拍摄时间都是以字幕的形式出现的。

那么字幕在视频中有哪些作用呢？

（1）在视频中人物说话时，为了让观看者了解语言的内容，会在视频中加入字幕。目前，为照顾有听力障碍的人士，电影中一般都会加入字幕，一些从国外引进的影片也常常以加中文字幕的方式公映，如图 8.1.1 所示。

图 8.1.1　许多影片配有双语字幕

（2）在音乐电视 MTV 或者卡拉 OK 中会出现大量的歌词字幕，这些字幕可以帮助观看者更好地理解歌曲内容或者对演唱者进行提示，如图 8.1.2 所示。

图 8.1.2　卡拉 OK 提示字幕

（3）在新闻视频中，一些重要的文字一般会以字幕的形式出现，如图 8.1.3 所示。

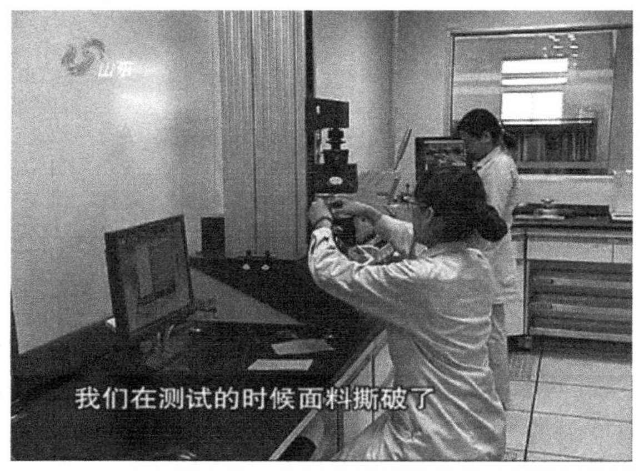

图 8.1.3　电视新闻中常常会出现字幕

（4）各种视频的开头和末尾会出现制作者的名单，一般采用字幕的形式，如图 8.1.4 所示。

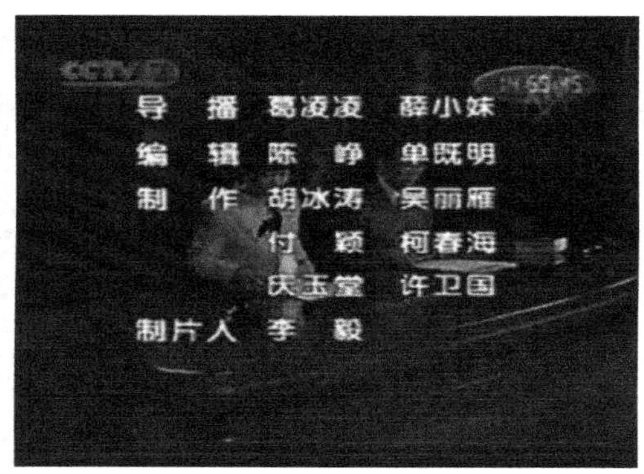

图 8.1.4　新闻结束后的字幕

为视频配加字幕一般有这样几个原则：

（1）字幕要求表达准确，绝对不能出现错别字。

（2）视频上的字幕文字，要求清晰可见，大小适中。文字太小不容易看清，文字太大又影响美观。

（3）除了片名等大的字幕以外，普通视频的字幕也不能用太艺术化的字体，因为曲线多的字体不容易看清，通常采用黑体。

（4）字幕的颜色要考虑到背景颜色的变化，通常选用黑色和白色。新闻节目中，为了保证字幕能够看清，一般都给字幕加上一个背景色框，如图 8.1.5 所示。

图 8.1.5 视频下方的字幕加了背景框

（5）除非特殊需要，字幕一般居中显示，而且显示在屏幕的中下部或者底部。

（6）如果字幕是运动的，必须要所有的字幕文字都在屏幕上至少显示一遍，运动的速度不能太快，要考虑到观看者可能看不完整。

8.1.2 编辑字幕的面板

下面的操作实例有助于了解编辑字幕的面板。

单击“字幕”菜单，选择其下拉菜单中的“新建字幕”级联菜单中的“默认静态字幕”，如图 8.1.6 所示。

图 8.1.6 “字幕”菜单

在弹出的“新建字幕”对话框中，可以设置字幕的宽度、高度等值，在名称框中输入字幕文件的名称，如图 8.1.7 所示。

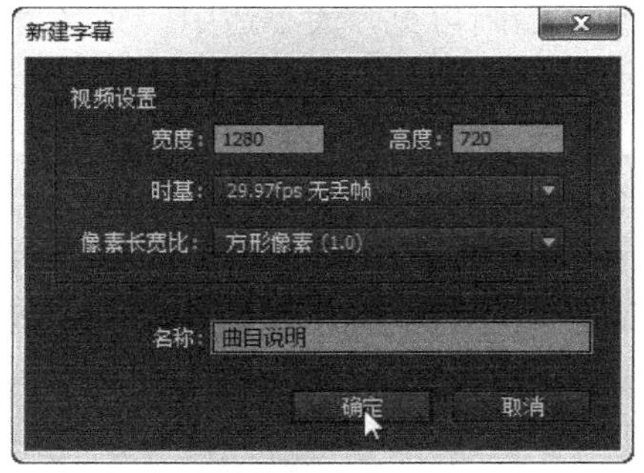

图 8.1.7 “新建字幕”对话框

字幕设计窗口如图 8.1.8 所示，在这个窗口中，可以直接输入文字作为字幕，也可以进行更改字幕的样式等多项操作。

图 8.1.8 字幕设计窗口

1. 字幕工具栏

窗口的最左端是字幕工具栏，共有 20 种工具可供选择，如图 8.1.9 所示。

这些工具是编写字幕时经常使用的，具体作用如下。

（1）选择工具：用来选择和移动文字和图形；

（2）旋转工具：用来对文字进行旋转操作；

（3）水平文字工具：输入水平排列的文字；

（4）垂直文字工具：输入垂直排列的文字；

（5）水平排版工具：画出一个水平文字输入范围的文本框；

（6）垂直排版工具：画出一个垂直文字输入范围的文本框；

（7）路径类型工具：绘制路径，以便在路径上输入垂直于路径的文字；

（8）垂直路径类型工具：绘制路径，以便在路径上输入平行于路径的文字；

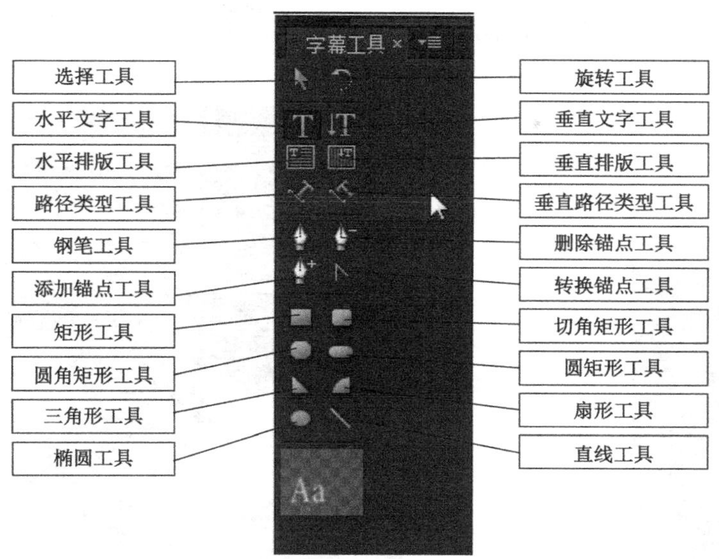

图 8.1.9　字幕工具栏

（9）钢笔工具：用于调节路径形状；
（10）添加锚点工具：在路径上添加控制点，用于改变路径的形状；
（11）删除锚点工具：减少路径上的控制点；
（12）转换锚点工具：转换路径夹角为贝塞尔曲线；
（13）矩形工具：绘制矩形；
（14）切角矩形工具：绘制切角矩形；
（15）圆角矩形工具：绘制圆角矩形；
（16）圆矩形工具：绘制圆矩形，圆矩形与圆角矩形的区别要参考工具栏的图例仔细区分；
（17）三角形工具：绘制三角形；
（18）扇形工具：绘制扇形；
（19）椭圆工具：绘制圆和椭圆形；
（20）直线工具：绘制直线。

2. 字幕动作栏

字幕工具栏的下方是字幕动作栏，动作栏中的各个按钮主要用于排列和分布文字，如对齐、平均分布等。对照按钮上的图示就可以了解各个按钮的作用，如图 8.1.10。

3. 字幕编辑区

字幕编辑区又称字幕设计区，位于整个字幕设计窗口的正中央，主要的字幕设计工作都在这个区域内完成。在区域的上半部分有两排按钮，可以进行字体、字号、对齐方式等设置；区域的中下部分显示了当前视频画面，画面中有两个框用于字幕的编辑，内部的框称为字幕标题安全框，外部的框称为字幕动作安全框。在设置字幕时，要保证字幕文字在安全框内。字幕编辑区如图 8.1.11 所示。

4. 字幕样式栏

字幕样式栏位于字幕编辑区的下方，这里有许多已经设置好的文字效果。使用它们时，可以直接选择这些效果，便于提高效率，也可以将自己设计的样式保存下来，供以后使用。字幕样式栏如图 8.1.12 所示。

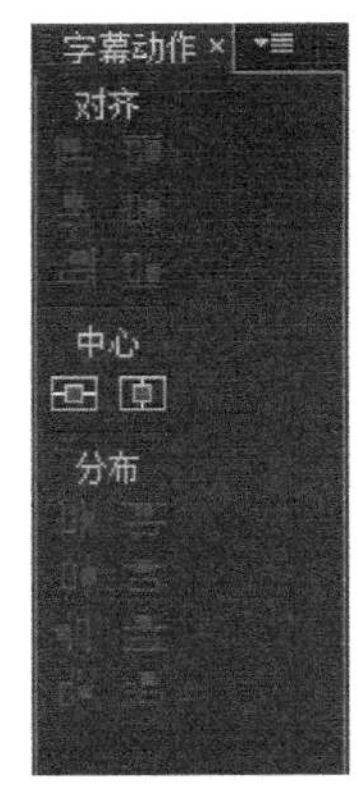

图 8.1.10　字幕动作栏

图 8.1.11　字幕编辑区

5. 属性栏

属性栏位于字幕设计窗口的最右侧，在这里可以设置字幕的各种效果。它分为变换、属性、填充、描边、阴影 5 部分。灵活使用这些选项可以制作出与众不同的字幕，但需要大量的时间进行摸索和练习。属性栏如图 8.1.13 所示。

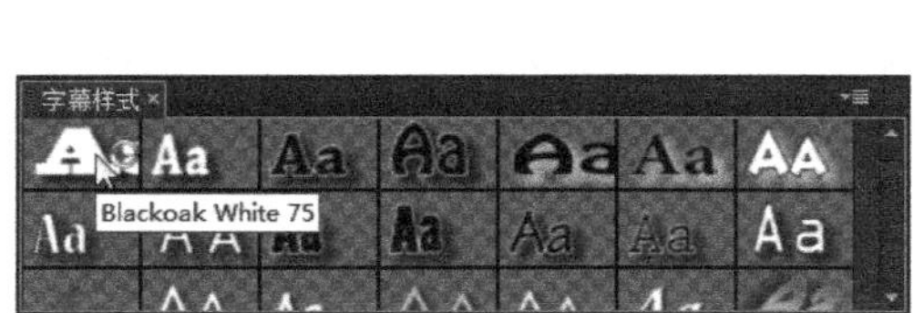

图 8.1.12　字幕样式栏

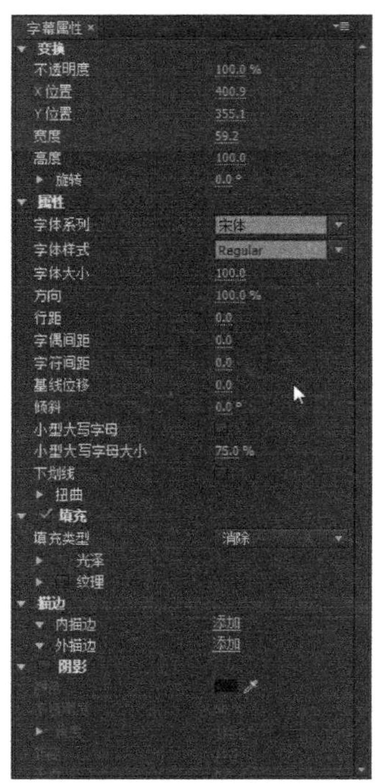

图 8.1.13　属性栏

8.1.3　创建字幕

下面通过一个项目实例来介绍创建字幕的一般步骤。

在字幕设计窗口左端的工具栏中选择“文字工具”，然后，在视频画面的合适位置单击鼠标，出现一个文本框和闪动的光标，此时可以直接输入文字作为字幕。有时候，字幕中的汉字不能正常显示，这是由于默认字体不是中文字体造成的。在窗口上端的字体框中更改字体为“宋体”，文字均能正常显示，如图 8.1.14 所示。

图 8.1.14　输入文字

在工具栏中选择“选择工具”，拖动字幕，可以改变字幕的位置。在字幕设计窗口右端的“字幕属性”框中更改颜色设置，可以让字幕的颜色和视频画面更协调，如图 8.1.15 所示。

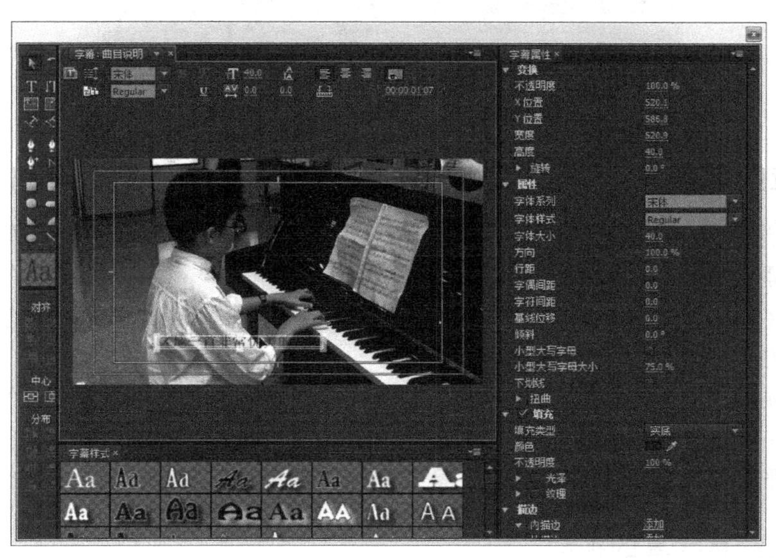

图 8.1.15　设置字幕的颜色

在字幕样式中选择一种样式，可以得到如图 8.1.16 所示的效果。

图 8.1.16　选择字幕样式

在窗口右端的“字幕属性”中可以对字幕进行进一步的设置，如变换、填充、阴影、背影等。设置完毕后，将字幕设计窗口关闭，此时在“项目”选项卡中出现相应的字幕文件，如图 8.1.17 所示。

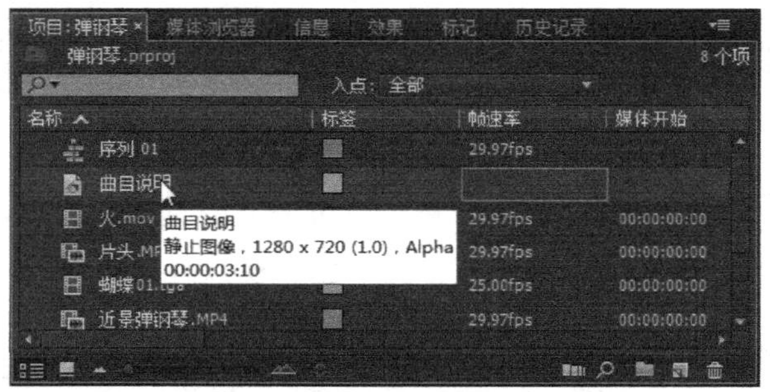

图 8.1.17　“项目”选项卡

8.1.4　应用字幕

在“项目”选项卡中拖动字幕文件到时间轴轨道上，就可以将字幕添加到视频上。图 8.1.18 所示的是将字幕拖曳到时间轴视频轨道上的情景。

如果觉得字幕文件的显示时间太短或太长，可以像剪辑视频长度一样，拖动字幕块的末尾，更改字幕文件的显示时间，如图 8.1.19 所示。

在一些视频中，字幕往往有多个，而且这些字幕的出现也有严格的规定。如在一些新闻节目中，被采访者可能普通话并不标准，就需要为他（她）的发言添加字幕。在进行操作时，需要将每一句话都设置为一个字幕文件，字幕文件都要拖曳到时间轴上的合适位置。

8.1.5　预览有字幕的视频

在节目监示器中，将播放指示器拖到最左端，然后单击“播放”按钮，就可以看到带有字幕的视频文件开始播放了，如图 8.1.20 所示。

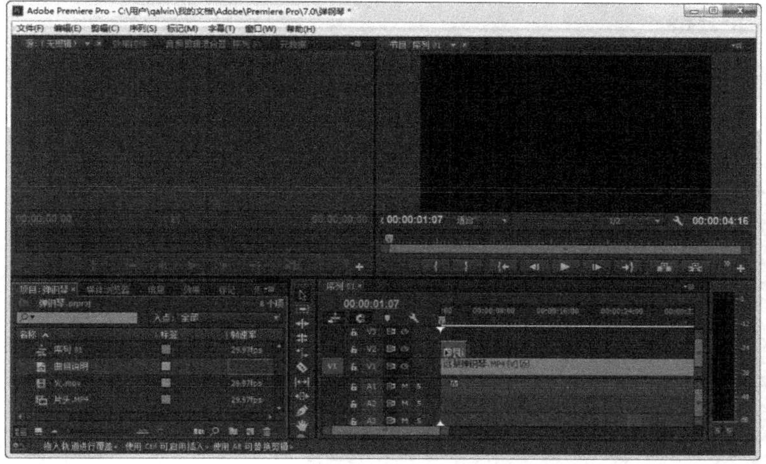

图 8.1.18 拖曳字幕文件

图 8.1.19 更改字幕显示时间

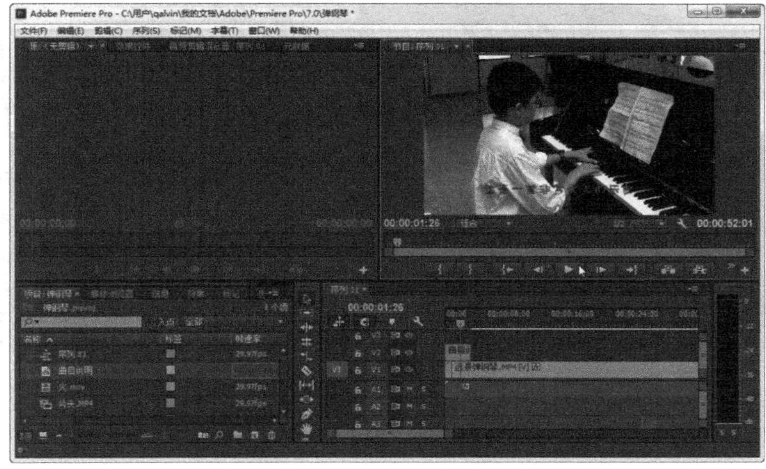

图 8.1.20 预览带字幕的视频

8.1.6 删除字幕

如果对字幕不满意，可以在时间轴上的轨道上选中该字幕，单击鼠标右键，在弹出的快捷菜单中选择“清除”命令，将字幕文件删除，如图 8.1.21 所示。

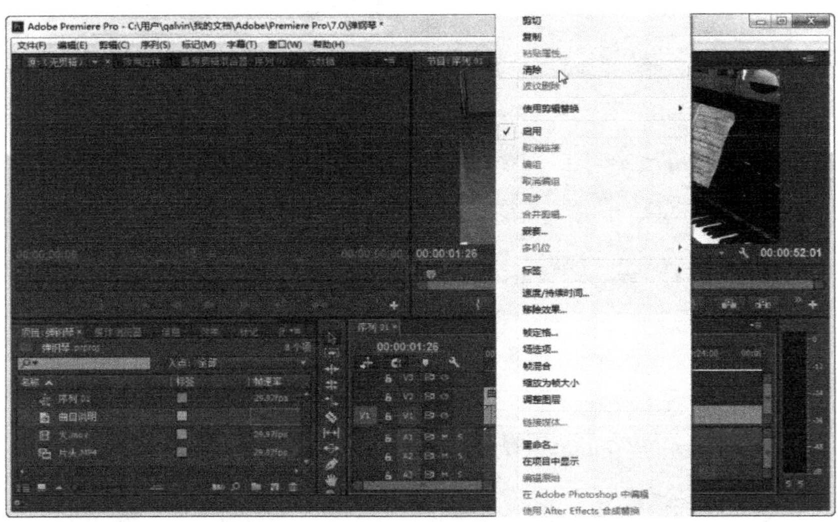

图 8.1.21　清除字幕快捷菜单

在时间轴上清除字幕后，字幕文件并没有被真正清除，仍然在“项目”中，双击字幕文件，字幕设计窗口被自动打开，在该窗口中可以对字幕文件进行修改，如图 8.1.22 所示。

图 8.1.22　修改字幕内容

如果确认要放弃这个字幕文件，可以在“项目”选项卡中选中该字幕文件并右击，在弹出的快捷菜单中选择“清除”命令，字幕文件就从“项目”中清除了，如图 8.1.23 所示。

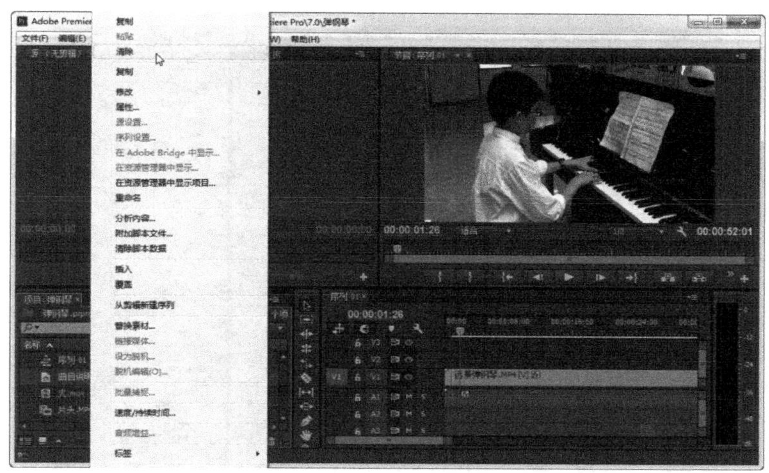

图 8.1.23　删除字幕文件快捷菜单

8.2　编辑字幕

8.2.1　编辑文字格式

在 8.1 节的项目中，只是一个简单的字幕应用实例。在实际的操作中，往往需要制作更加灵活的文字形式，让整个字幕显得与众不同，更容易引起观看者的注意。

下面以为视频建立一个曲目字幕为例，简要说明设置文字格式的方法。首先新建一个名为“曲名”的字幕文件，如图 8.2.1 所示。

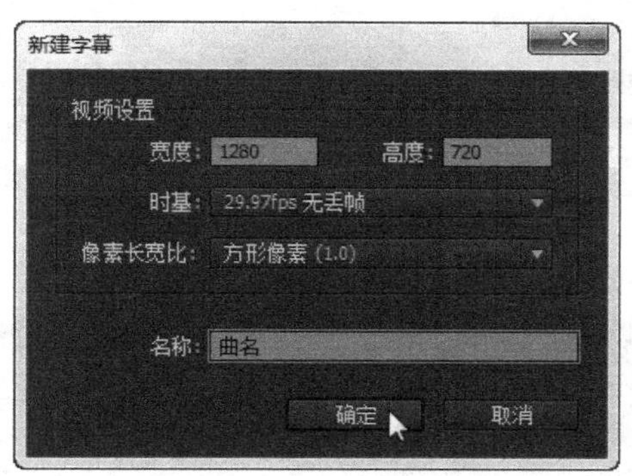

图 8.2.1　“新建字幕”对话框

在弹出的字幕设计窗口中，可以发现几乎所有的项目都是灰色的，也就是处于非编辑状态。选择“文字工具”，在字幕编辑区单击鼠标，此时出现光标闪动，同时许多选项都由虚变实，处于可编辑状态，如图 8.2.2 所示。

更改字体为希望展现的中文字体，这样做要比先输入文字再改变字体更好一些。因为，默认的英文字体无法显示所有的中文，会出现一些“占位符”，在输入文字之前就更改字体为中文字体，可以避免这种情况。图 8.2.3 所示的是更改字体为“华文行楷”的情景。

输入文字后，选择工具栏中的“选择工具”，此时光标消失，文字处于非编辑状态，同时文字周围出现框线，框线上有 8 个小方块，如图 8.2.4 所示。

图 8.2.2　字幕编辑窗口

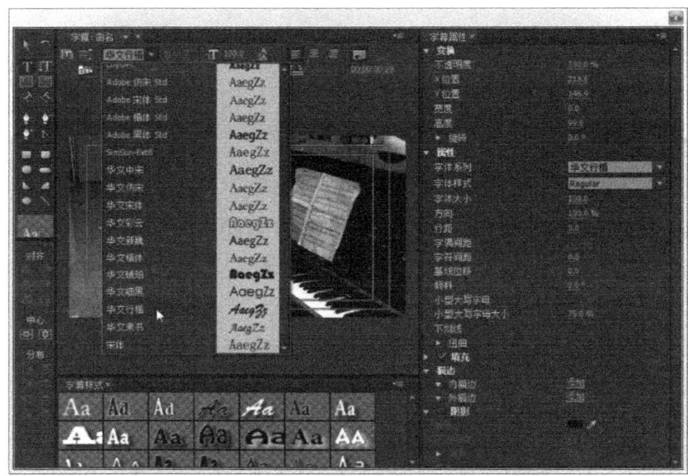

图 8.2.3　更改字体

图 8.2.4　文字被框住

此时，用鼠标拖动文字可以改变文字的位置，而将鼠标放到小方块上，当鼠标变成双向箭头时，拖动鼠标，可以改变文字框的大小。随着文字框大小的改变，框中的文字也发生相应的变化。图 8.2.5 所示的是将文字变成细长样子的情景。

图 8.2.5　改变文字框的大小

这时，可以发现右端的“字幕属性”选项卡中，相应的位置值、高度值和宽度值也发生了变化。在此处直接更改相应的数值可以达到同样的效果，这种操作的优点是比较精确，缺点是不够直观。一般情况下，使用先拖曳确定基本位置，再通过输入数值精确定位的方法。图 8.2.6 所示的是“字幕属性”选项卡的内容。

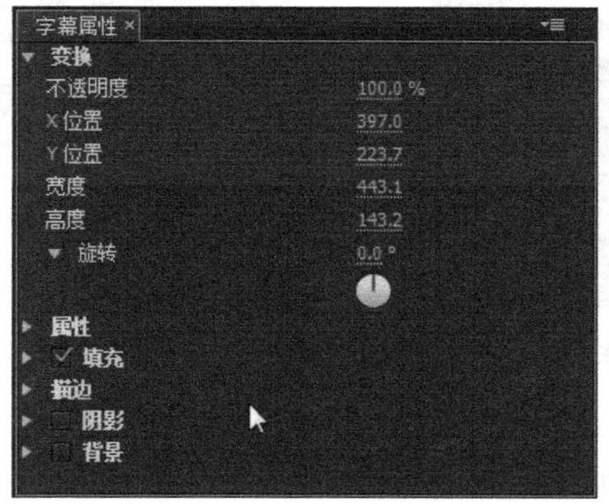

图 8.2.6　“字幕属性”选项卡

有时可以在视频上看到一些奇怪的扭曲字体，这些字体在字体库中肯定是没有的。通过“扭曲”就可以达到类似的效果。将“字幕属性”选项卡中的“属性”展开，单击“扭曲”前的三角形按钮，其有两个选项，一个称为 X，另一个称为 Y。调整 X 和 Y 的值就可以改变文字的形状，实现字幕的个性化。如图 8.2.7 所示的是将 X 的值改为 50%，Y 的值改为 70%的情景。

除了“扭曲”文字以外，在“字幕属性”选项卡中，还提供了更改字体、更改样式、更改字体大小、方向、字间距等功能。如果使用“区域文字工具”插入字幕，那么文字将自动分行显示，在“字幕属性”的选项卡中还提供了调整行距的功能。图 8.2.8 所示是“字幕属性”下的各个选项。

图 8.2.7 “扭曲”字幕文字

“字幕属性”选项卡中的许多内容在字幕编辑窗口中也有，这些功能在顶部是以按钮的形式出现的，使用起来更方便。将鼠标悬停在相应按钮上，可以看到提示信息，如图 8.2.9 所示。

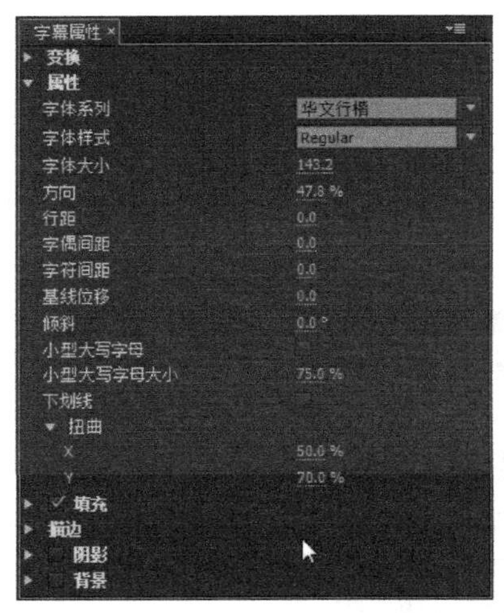

图 8.2.8 “字幕属性”选项卡

图 8.2.9 字幕编辑窗口

如果觉得文字的颜色太单一，可以为它设置更个性化的效果。将“字幕属性”选项卡中的“填充”展开，然后选中“填充类型”选项。默认的“实底”就是人们常见的单一颜色，其他的几种都可以产生特殊的效果。图 6.2.10 所示的是选择“四色渐变”的填充模式。

单击颜色块的四个角，分别选择不同的颜色，就会产生不同的颜色渐变效果，如图 8.2.11 所示。

“填充”选项下还有“光泽”和“纹理”可供选择，灵活运用它们可以产生更多效果的变化。

“描边”的主要功能是为文字的边缘添加一种颜色的细边，来突出文字的效果。“描边”选项中有“深度”、“边缘”、“凹进”三种效果，如图 8.2.12 所示。

图 8.2.13 所示的是为“天空之城”文字边缘添加“描边”之后的效果。

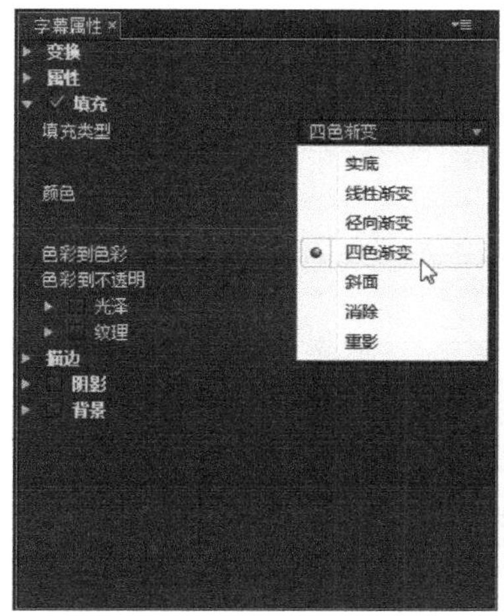

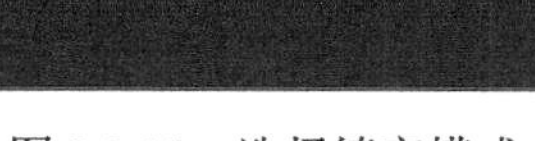

图 8.2.10 选择填充模式

图 8.2.11 为文字设置渐变色

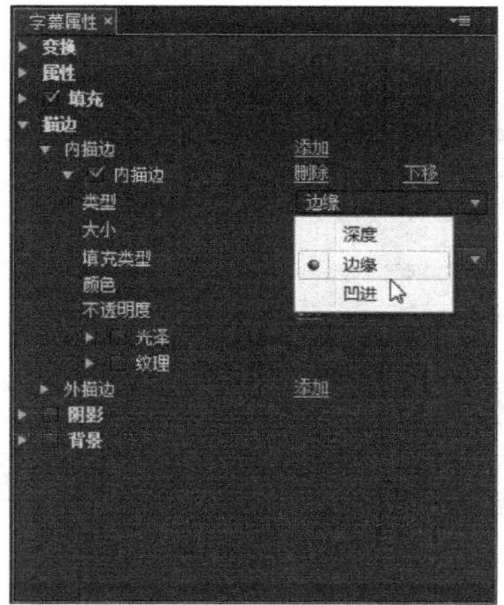

图 8.2.12 “描边”的选项

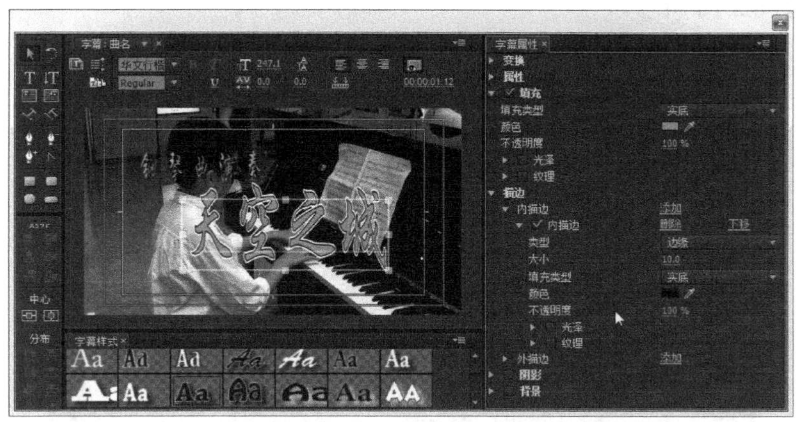

图 8.2.13 为“天空之城”添加描边

“阴影”可以为字幕文字添加上一个阴影，阴影的距离、角度都可以设置，如图 8.2.14 所示。

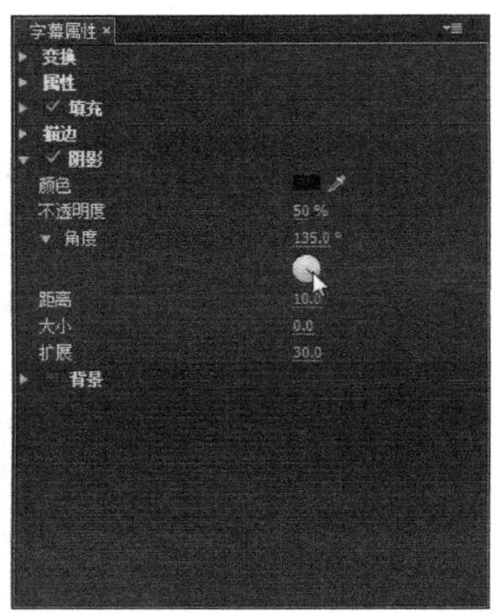

图 8.2.14 “阴影”的选项

图 8.2.15 所示的是为文字添加阴影的效果。

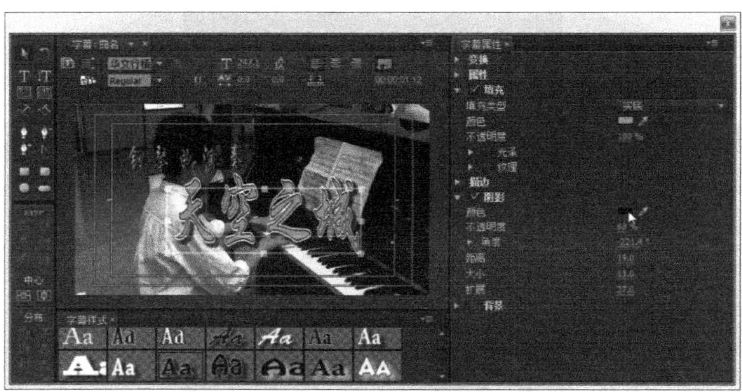

图 8.2.15 为“天空之城”添加阴影

关闭字幕设计窗口，将字幕文件“曲名”拖曳到时间轴上，播放视频，可以看到字幕和视频的效果，如图 8.2.16 所示。

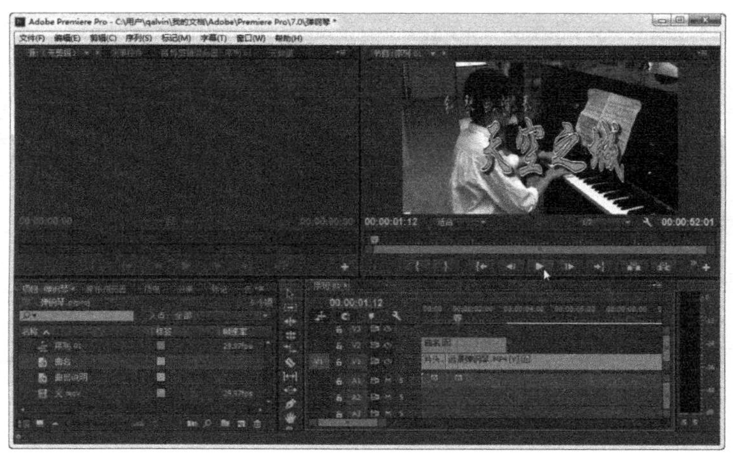

图 8.2.16 预览字幕效果

8.2.2 编辑文字路径

灵活运用“扭曲”、“描边”、“阴影”等属性，可以为字幕添加个性化的色彩，但文字还是在一个文本框中“规规矩矩”地排列的。能不能让文字沿着某条曲线排列呢？可以将一行文字拆分成一个个的文字，以一个字为单位确定位置，实现了字幕文字的位置变化。而 Premiere 软件提供了“路径文字工具”，可以更方便地实现这一功能。

如图 8.2.17 所示，打开字幕文件“曲目说明”，删除原来设置在底部的文字。

图 8.2.17 打开字幕文件“曲目说明”

单击“路径文字工具”按钮，此时，鼠标变成钢笔头的形状，如图 8.2.18 所示。

图 8.2.18 鼠标变成钢笔头的形状

单击鼠标，出现第一个锚点，这个锚点就是未来文字路径的起始点。轻轻拖动鼠标，出现一个穿过该锚点的直线。

注意

这个直线并不是画出的文字路径，而是未来文字路径的方向线。拖动鼠标，这条直线会以锚点为中心进行旋转，如图 8.2.19 所示。

在离第一个锚点不远的位置单击鼠标，此时出现第二个锚点，同时，两个锚点之间出现一条曲线。调整曲线的方向可以更改曲线的曲率，如图 8.2.20 所示。

图 8.2.19　出现第一个锚点

图 8.2.20　两个锚点之间出现一条曲线

继续单击鼠标，可以添加更多的锚点，单击第一个锚点还可以形成一个封闭的曲线。锚点的位置是可以移动的，移动它的位置可以调节曲线的曲率等，如图 8.2.21 所示。

单击“添加锚点工具”按钮，也可以在曲线上单击鼠标，添加一个锚点；使用“删除锚点工具”，可以减少曲线上的锚点；使用“锚点转换工具”，可以更改锚点上的方向线走向。灵活使用这三个工具可以使曲线更符合自己的设想。如图 8.2.22 所示的是添加锚点的情景。

图 8.2.21　调整锚点的位置

图 8.2.22　添加锚点

选择“文字路径工具”后，移动鼠标到曲线上，有光标闪动。此时，输入文字，可以看到文字沿着曲线排列，如图 8.2.23 所示。

图 8.2.23　文字沿曲线排列

“垂直路径工具” 的使用方法和“文字路径工具”的使用方法类似，只是文字的方向不同。图 8.2.24 所示的是使用“垂直路径工具”的效果。

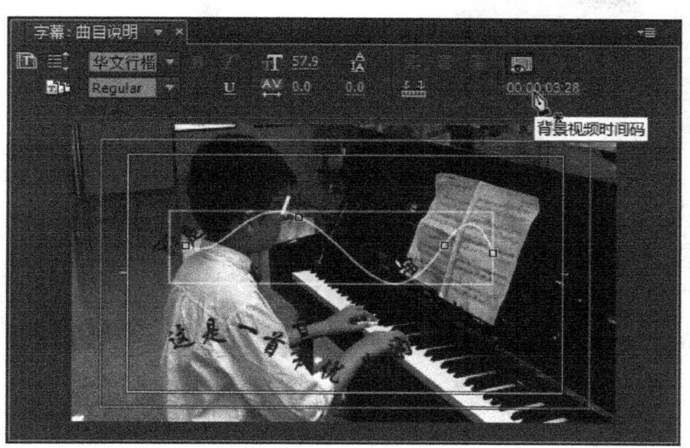

图 8.2.24　使用“垂直路径工具”

8.2.3　编辑字幕的样式

在字幕的第一个项目实例中，已经介绍过样式的使用方法了。使用样式可以非常方便地实现字幕的快速制作。然而，Premiere 软件提供的样式有限，有时可以把自己制作的字幕保存为样式，这样以后使用时，只需单击鼠标就可以完成，不必再去改“扭曲”、“阴影”、“描边”的值了。

首先，要有一个已经设计好的字幕文件，图 8.2.25 选择的是本章 8.2 中设计的字幕文件“曲名”。

图 8.2.25　字幕文件“曲名”

选择编辑好的文字，单击“字幕演示”选项卡右端的 按钮，在弹出的菜单中选择“新建样式”选项，如图 8.2.26 所示。

在弹出的“新建样式”对话框中，Premiere 会自动为该样式命名，此时，可以为该样式改名，也可以使用默认的名称，最后，单击“确定”按钮，如图 8.2.27 所示。

此时，在样式表最下端就出现一个新的样式，将鼠标悬停在该样式上，会自动出现该样式的名称，如图 8.2.28 所示。

这样，在以后新建字幕文件时，就可以直接使用这个样式，制作字幕文件。

图 8.2.26 选择“新建样式”选项

图 8.2.27 “新建样式”对话框

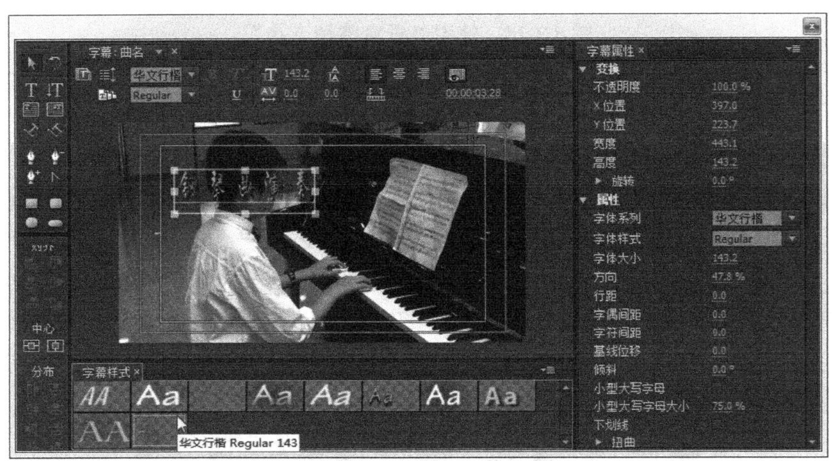

图 8.2.28 新的样式在样式表中出现

8.3 使用滚动字幕和游动字幕

8.3.1 滚动字幕的作用

滚动字幕是指在屏幕中由下至上滚动的一种字幕，它可以在屏幕中通过滚动的方法展示出更多的文字，提供更大的信息量。

在电影、电视剧的片尾，都会用滚动字幕的形式来展示演员名单及剧组的工作人员名单，滚动字幕的速度一般都比较慢。图 8.3.1 所示的是电视剧《雍正王朝》片尾的滚动字幕，该电视剧因为片尾字幕滚动速度过快，一度引发争议。

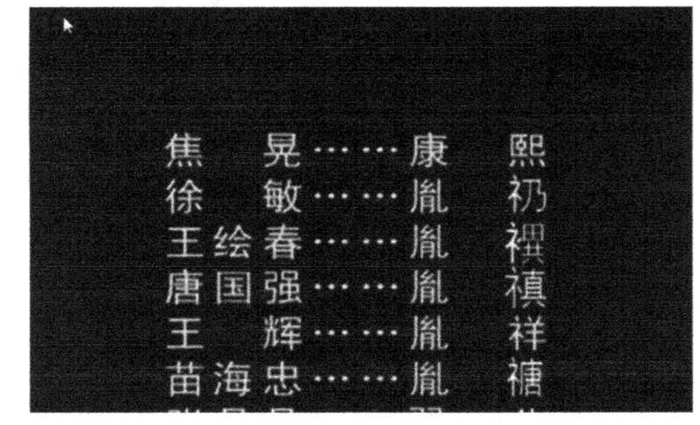

图 8.3.1 电视剧片尾的滚动字幕

8.3.2 设置滚动字幕

设置滚动字幕的方法和设置静态字幕类似，单击菜单栏中的“字幕”菜单，选择“新建字幕”级联菜单中的“默认滚动字幕”命令，如图 8.3.2 所示。

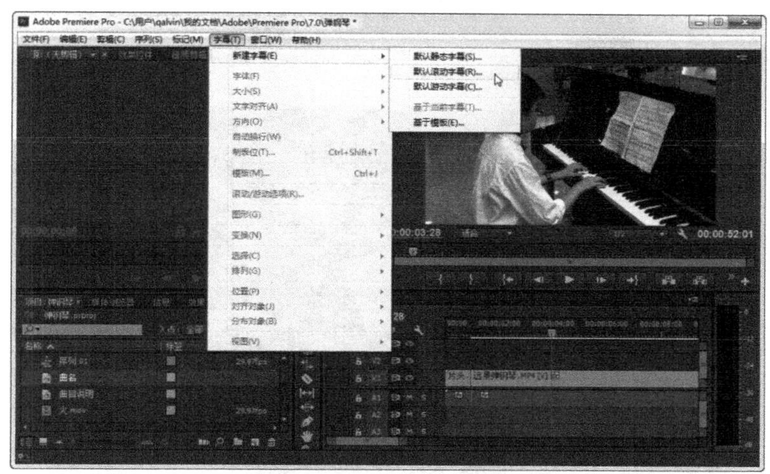

图 8.3.2　“字幕”菜单

在弹出的“新建字幕”对话框中，可以设置字幕宽度、高度及名称等，如图 8.3.3 所示。

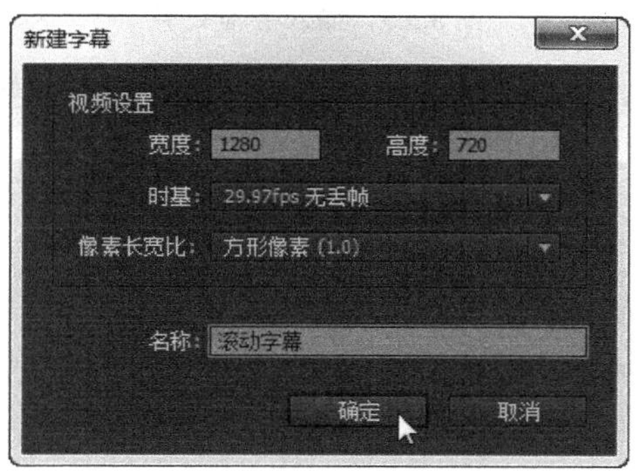

图 8.3.3　“新建字幕”对话框

单击“文字工具”按钮，在字幕编辑区域画出一个文本框，输入的字幕将显示在这个框中，而且自动分行，如图 8.3.4 所示。

图 8.3.4　画出一个文本框

在文本框中输入字幕文字。由于字幕是由下向上滚动的，因此文字在上下端是可以超出字幕编辑区域的。在默认的情况下，文字往往排列比较紧密，可以改变行间距和字间距的设置来进行调整，如图 8.3.5 所示。

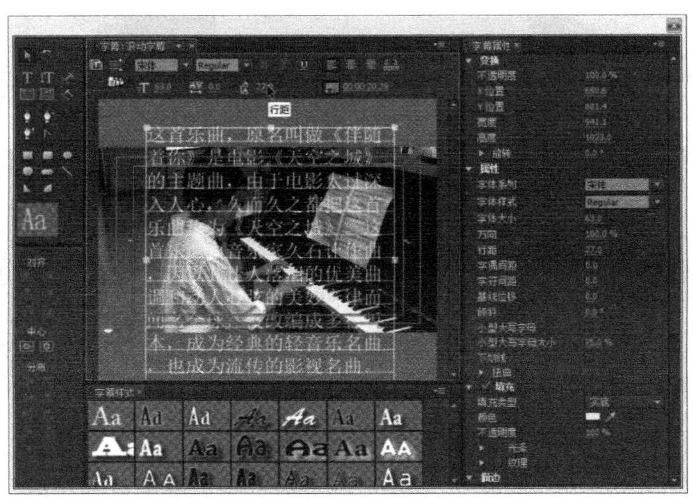

图 8.3.5　输入字幕文字

单击“选择工具”按钮，拖动文本框到视频的下端，这个位置将是字幕出现的起始位置，如图 8.3.6 所示。

注意

一定要改变文本框的长度，让所有的文字都在文本框中出现，如果一开始设定的文本框太小，可能就会有部分文字无法显示在视频上。

图 8.3.6　确定字幕的起始位置

关闭字幕设计窗口，字幕文件被自动保存。在项目窗口中，将字幕文件拖曳到时间轴上的视频轨道中，如图 8.3.7 所示。

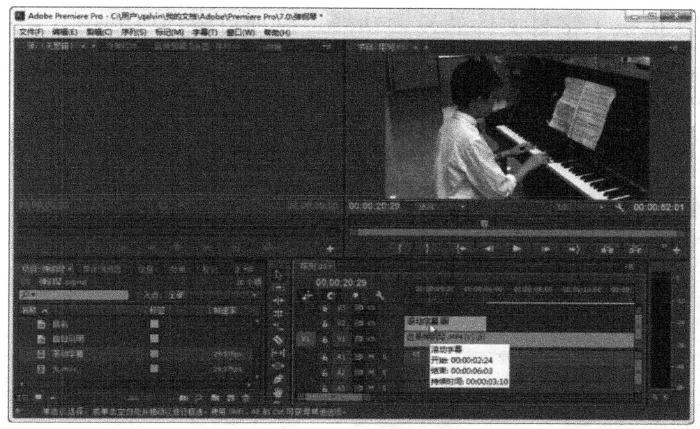

图 8.3.7　将字幕文件拖入视频轨道中

单击“播放”按钮，可以看到视频窗口中字幕由下向上滚动的情景，如图 8.3.8 所示。

图 8.3.8　预览视频

如果觉得字幕滚动的时间过长，拉长时间轴上的字幕文件，这样播放的速度就减慢了，如图 8.3.9 所示。

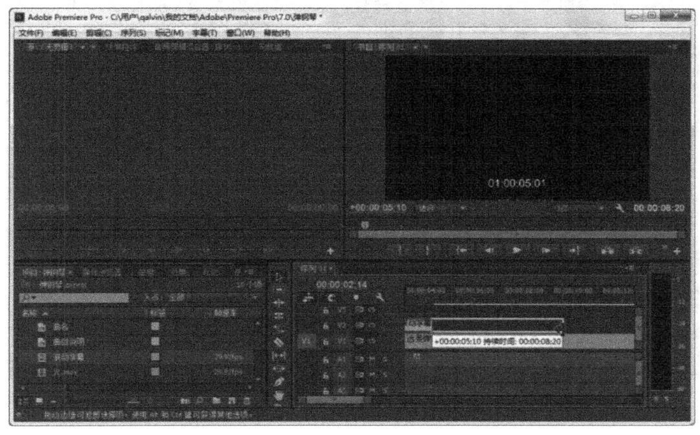

图 8.3.9　拉长时间轴上的字幕文件

Premiere 软件还提供了字幕文件的设置功能。在项目窗口中双击“字幕文件”，将其在字幕编辑窗口中打开，单击左上角的“滚动/游动选项”按钮，如图 8.3.10 所示。

在“滚动/游动选项”对话框中可以对字幕显示进行设置，如图 8.3.11 所示的是选中了“开始于屏幕外”、“结束于屏幕外”两个选项。

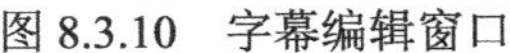
图 8.3.10　字幕编辑窗口

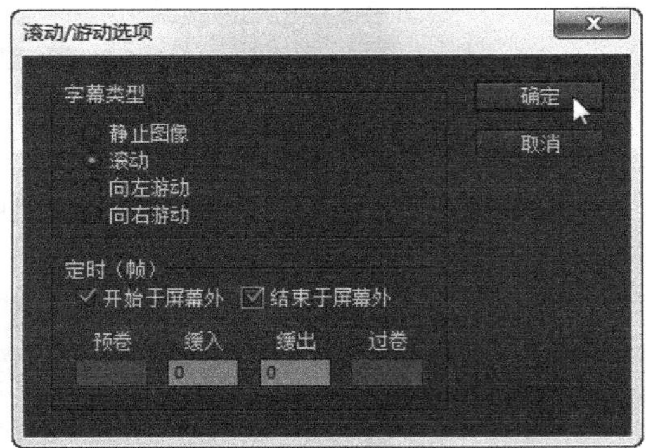

图 8.3.11　“滚动/游动选项”对话框

此时，将字幕文件拖曳到时间轴的轨道上，可以看到字幕文件按照设置的方式进行显示。

8.3.3　设置游动字幕

游动字幕与滚动字幕相似，只是它在水平方向实现了字幕文字的游动。游动字幕一般出现在新闻等节目的底端，用于显示突发新闻、文字提示或天气预报等，如图 8.3.12 所示。

图 8.3.12　新闻直播中的游动字幕

单击“字幕”菜单，选择“新建字幕”级联菜单中的“默认游动字幕”命令，如图 8.3.13

所示。

在“新建字幕”对话框中输入字幕文件的名称，可以更改相关设置。图 8.3.14 所示的是输入“游动字幕”作为字幕的文件名称。

图 8.3.13 “字幕”菜单

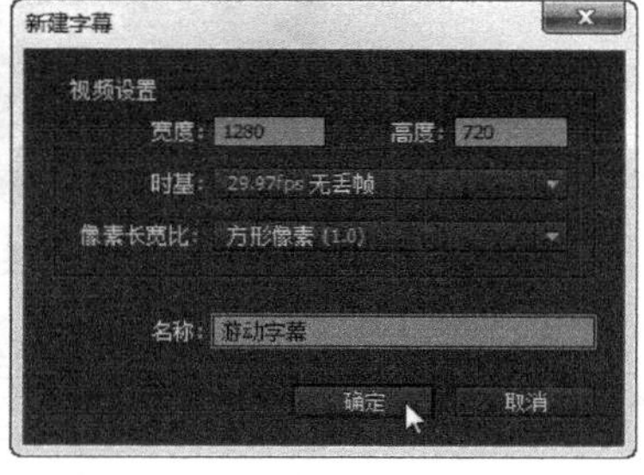

图 8.3.14 “新建字幕”对话框

单击“文字工具”按钮，然后在视频底部输入一行文字。

注意

因为游动字幕是在水平方向上游动的，所以允许文字在水平方向上超出视频窗口的范围。输入完毕后，单击“选择工具”按钮，将字幕文字拖动到起始位置，如图 8.3.15 所示。

图 8.3.15 输入文字

关闭字幕编辑窗口，字幕文件被自动保存。在项目窗口中将字幕文件拖曳到时间轴的轨道上，如图 8.3.16 所示。

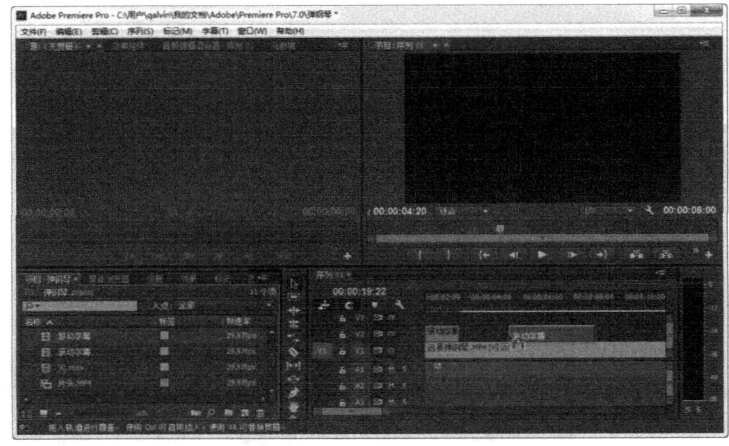

图 8.3.16　将字幕文件拖曳到轨道上

单击“播放”按钮，可以看到游动字幕从右端向左端游动，如图 8.3.17 所示。

图 8.3.17　预览游动字幕

在时间轴上，通过拖曳更改字幕文件的长度，可以让字幕的滚动速度变慢，如图 8.3.18 所示。

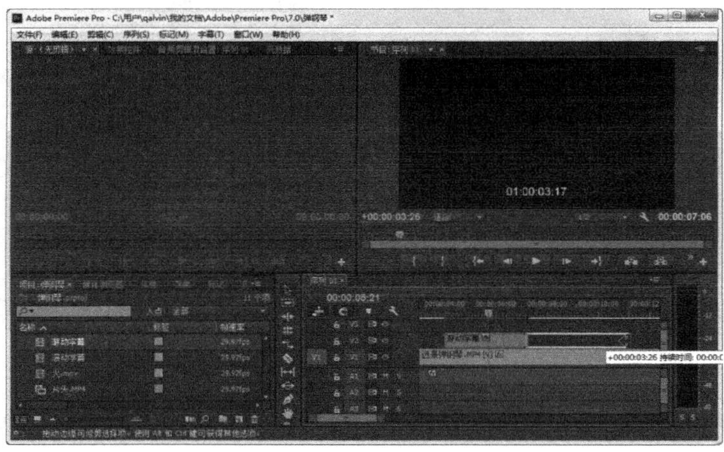

图 8.3.18　更改字幕文件的长度

在字幕编辑窗口中，单击“滚动/游动选项”按钮，打开“滚动/游动选项”对话框，在这个对话框中可以更改游动字幕的方向等值，如图 8.3.19 所示。

字幕的使用是个反复修改、不断修正的过程，需要静下心来，一点点尝试，一次次调整，最终才能得到需要的结果。

8.4 使用图形字幕

8.4.1 绘制字幕图形

除了支持输入文字字幕以外，Premiere 软件还支持输入图形，或者导入图形作为字幕文件。选择“矩形工具”，然后在字幕编辑区域拖动就可以画出一个矩形，如图 8.4.1 所示。

图 8.4.1　画出一个矩形

如果在拖动鼠标时，按住 Shift 键，那么画出来的就是正方形，如图 8.4.2 所示。

图 8.4.2　画出一个正方形

用同样的方法可以画出圆角矩形、切角矩形、三角形、扇形等图形。对这些图形，可以像文字字幕一样进行扭曲、阴影、填充等设置。如图 8.4.3 所示的是对圆角矩形进行“径向渐变”填充的效果。

图 8.4.3 对图形进行“径向渐变”填充

Premiere 还允许在图形中插入图片，如 LOGO 图片等，这就极大地丰富了字幕的空间，使得字幕不仅仅是以文字的形式出现。

首先选中“填充”选项下的“纹理”，然后将“纹理”选项下的选项展开，再单击被展开选项中“纹理”右侧的小方块，如图 8.4.4 所示。

图 8.4.4 “填充”菜单

在弹出的“选择纹理图像”对话框中，选择要插入的图片，单击“打开”按钮，如图 8.4.5 所示。

此时，图像出现在原本插入图形的位置，并自动缩放成图形的大小，如图 8.4.6 所示。

拖动图形的轮廓，图片的大小随之发生改变，如图 8.4.7 所示。

图 8.4.5　“选择纹理图像”对话框

图 8.4.6　图片被插入

图 8.4.7　调整图片的大小

8.4.2　导入图形文件作为字幕

虽然 Premiere 软件的字幕功能非常强大，但毕竟和 Photoshop 等专业图像处理软件相比还存在差距。Premiere软件支持将Photoshop等软件制作的图像直接导入到视频中作为字幕出现。

如图 8.4.8 所示的是一幅使用 Photoshop 制作的图片，该图片由文字和一片云组成，而且背景是透明的。下面的实例将把这幅 Photoshop 制作的 PSD 文件作为字幕插入到视频中。

将这幅图片插入到视频中有以下两种方法。

第一种方法：将这幅图片直接导入到视频轨道上，和视频叠加在一起。

首先，将图片导入到 Premiere 中。选择“文件”菜单中的“导入”命令，在弹出的“导入”对话框中选择要导入的 PSD 文件，如图 8.4.9 所示。

图 8.4.8 使用 Photoshop 制作的图片

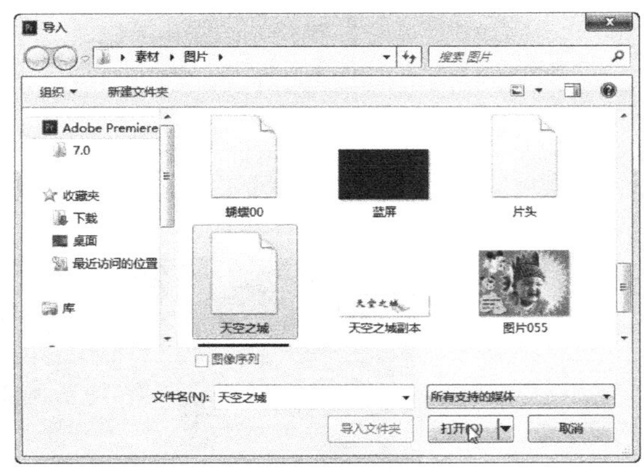

图 8.4.9 “导入”对话框

从“项目”选项卡中将 PSD 文件拖曳到时间轴轨道 2 上，此时可以看见图片被叠加到视频上，只是由于像素分别率不同，图片显得比较小，如图 8.4.10 所示。

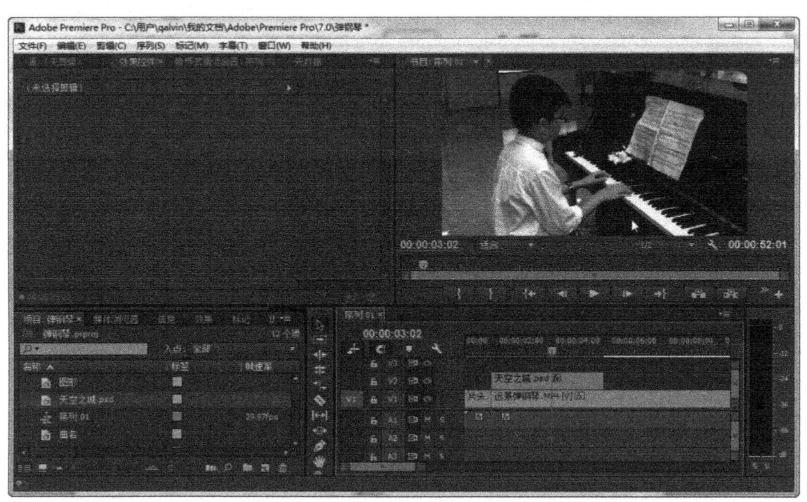

图 8.4.10 将图片拖入视频轨道

在时间轴上选中图片，打开“效果控件”选项卡，调整“缩放”右边的缩放率，可以将图片放大，如图 8.4.11 所示。

通过添加关键帧，还可以实现图片的缩放动画过程。在“效果控件”选项卡中，将窗口右半部分的播放指示器拖到最左端，缩放率调整得小一些，然后单击“切换动画”按钮，如图 8.4.12 所示。

图 8.4.11　调整图片大小

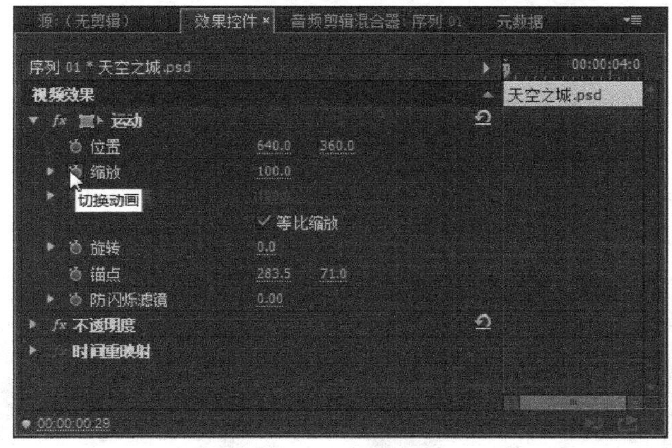

图 8.4.12　“效果控制”选项卡

将播放指示器拖到中间位置，然后调整缩放率到合适大小，单击“添加/移除关键帧”按钮，添加第二个关键帧，如图 8.4.13 所示。

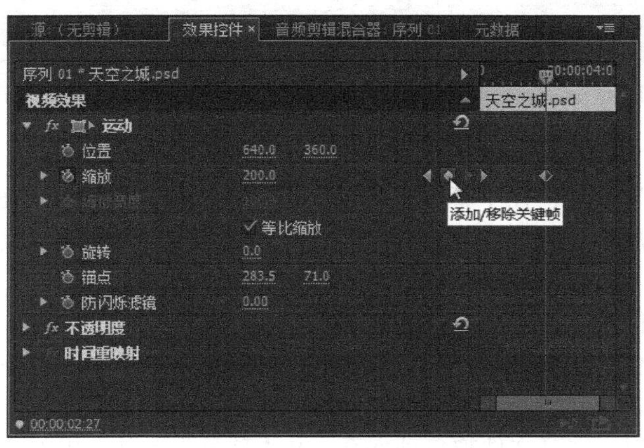

图 8.4.13　添加第二个关键帧

将时间轴上的播放指示器拖到最左端，单击节目监视器中的“播放”按钮，就可以看到图片作为字幕在视频上由小到大的动画过程，如图 8.4.14 所示。

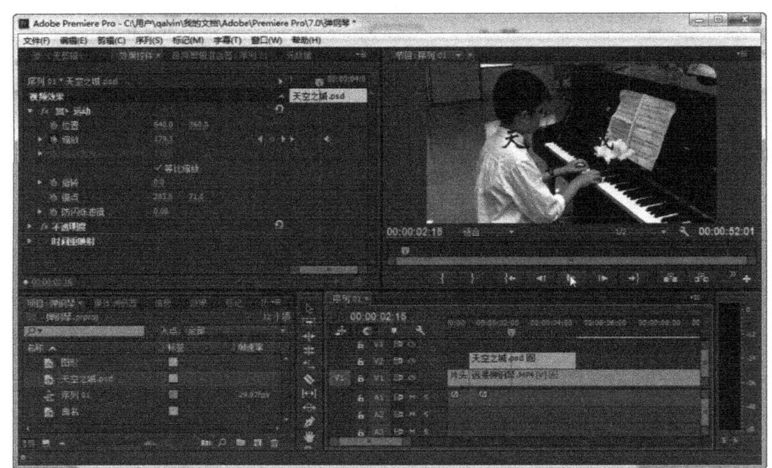

图 8.4.14　预览视频

第二种方法：将图片插入到字幕设计窗口中，通过字幕叠加到视频轨道上。此方法的优点是可以对该图片和其他字幕元素进行二次编辑。

首先新建一个静态字幕文件，此时字幕编辑窗口被自动打开。如图 8.4.15 所示的是新建一个名为“PS 图片”的字幕文件的情景。

图 8.4.15　新建一个字幕文件

单击“矩形工具”按钮，在字幕编辑区域画出一个矩形，如图 8.4.16 所示。

在右侧的“字幕属性”选项卡中选择“填充”选项下的“纹理”，然后单击“纹理”右侧的小方块，如图 8.4.17 所示。

在“选择纹理图像”对话框中，选中 PS 图片，单击“打开”按钮，如图 8.4.18 所示。

此时，PS 文件出现在字幕编辑窗口中。拖动矩形框上的 8 个小方框，可以改变图片的大小，如图 8.4.19 所示。

关闭字幕编辑窗口，字幕文件被自动保存。从“项目”选项卡中将字幕文件拖曳到时间轴的视频轨道上，单击“节目”监视器上的“播放”按钮，就可以看到字幕和视频的完美结合画面，如图 8.4.20 所示。

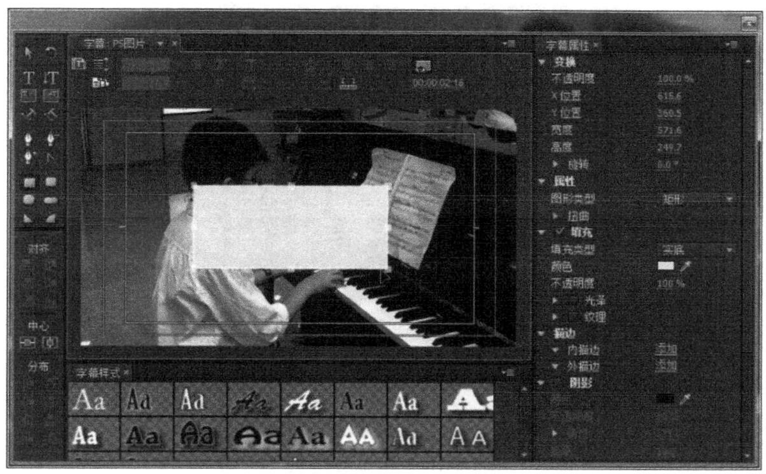

图 8.4.16　画出一个矩形

图 8.4.17　展开“纹理”选项

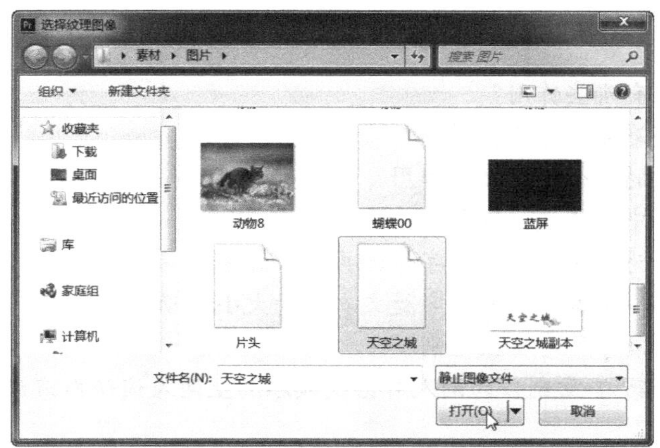

图 8.4.18　“选择纹理图像”对话框

图 8.4.19　更改图片大小

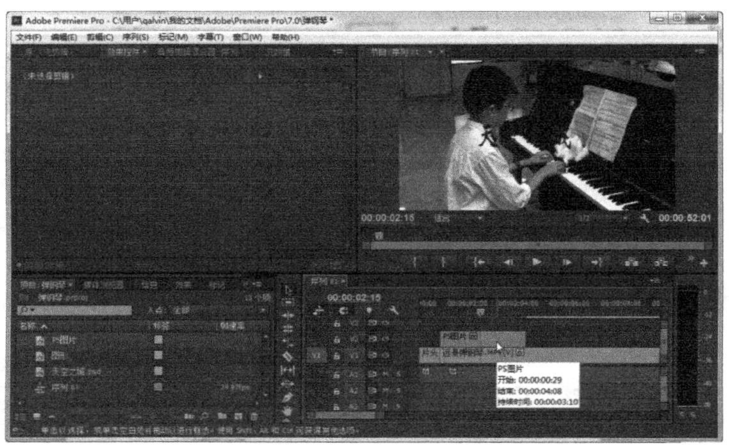

图 8.4.20　预览视频

习题 8

1. 字幕在影片中有哪些作用？
2. 为影片添加字幕要遵守哪些原则？
3. 字幕编辑区内的两个框有什么作用？
4. 字幕编辑窗口中的样式栏有什么作用？
5. 输入文字前，为什么要先更改字体，再输入文字？
6. 在什么情况下，文本框中的文字随文本框的大小自动调整大小？
7. 滚动字幕和游动字幕有什么区别？
8. 操作练习：为第 7 章制作的两人对话视频添加上两人谈话内容的字幕。注意，字幕和人物的音频要一致。

在 Premiere 中使用音频

9.1 音频概述

9.1.1 音频的类型和格式

电影发展史上有一个时代称为“默片时代”，也就是说，那时电影里的人是不说话的，一切语言都要靠字幕来代替。当人们解决了声音与画面的同步问题时，电影发展才真正跨上了快车道，也为后来的电视发展提供了巨大的支持。

现在观看那个时代的电影，如卓别林的电影，就可以发现那些所谓的默片其实是有声音的，只不过那些声音是一些乐曲，伴随着剧情的发展时而舒缓，时而激越。因为声音对于视频的表现力实在是太重要了。

图 9.1.1 所示的是默片电影《淘金记》中的一幅剧照。

图 9.1.1　默片电影《淘金记》中的剧照

在计算机的操作中，声音被称为音频，Premiere 软件支持多种格式的音频文件，并将这些音频文件以波形图的形式形象地展示出来。

1. 单声道、双声道和多声道

从声道的角度来区分，音频分为单声道、双声道和多声道。

（1）单声道是比较原始的一种声音形式，它的最大特点是声音没有位置感。即使使用多个音箱，单声道的声音听起来也没有环绕的感觉。用袖珍收音机听广播，在调幅的状态下，听到的一般都是单声道的。

（2）双声道在录制声音时，使用左右两个不同的单声道，使得两个音箱发出的声音之间存在一个位置差，从而让两个耳朵可以判断声音的距离和移动的位置。这种位置差是在录制声音时就已经确定的，所以单声道的声音即使用多个音箱播放出来也无法和双声道的声音相媲美。一般的调频广播都是双声道立体声的，用耳机听 MP3 歌曲也有同样的音质。

（3）多声道音频首先是从电影院开始的，比较著名的是 5.1 声道，也就是大家熟知的杜比环绕立体声。其中 5 个声道分别是左前、右前、前中置、左环绕和右环绕，而 1 指的是超低音声道，这个声道主要负责传送低音信息，补充其他声道的低音内容，后来又发展出了 6.1 声道、7.1 声道。目前家庭用的音响一般都是 5.1 声道。

5.1 声道喇叭摆放位置如图 9.1.2 所示。

Premiere 软件支持以上 3 种声道的音频信号，并可以进行有效的编辑。

2. 音频的格式

按音频的文件格式，可以分为标准格式、无损压缩格式和有损压缩格式 3 种。由于各个厂家都有自己的具体格式标准，因此显得多而杂。

（1）标准格式一般是指 WAV 文件，这种文件都比较大，是计算机上普遍认同的一种格式，几乎所有的音频编辑软件都支持。Windows 上的“录音机”录制的声音就默认以这种格式保存。值得一提的是，苹果公司的计算机和 Windows 是不兼容的，它的默认声音格式是 AIFF。

（2）无损压缩格式比较少，比较有名的有 APE 格式文件，这种音频文件的压缩率比较高，能达到 55%，它的最大功能在于还原之后还能够达到压缩前的音频效果。

（3）有损压缩格式比较多，应用也最广泛。MP3、WMV、RA 等常见的音频格式都属于有损压缩格式。由于多数人分辨音质的听力一般，再加上耳机等设备的声音还原能力不足，因此许多低频或高频的声音舍弃掉并不影响音频效果。MP3 格式文件用最小的失真实现了音频文件的最小化，成为目前最受欢迎的音频文件格式。有损压缩格式的缺点是音频文件解压缩后无法达到原来未压缩前的音质水平。

Premiere 软件支持 WAV、MIDI、MP3、WMA、RA 等多种格式文件，如果使用的音频文件 Premiere 软件不支持，可以先转换成支持的格式，再进行编辑。

9.1.2　导入音频

在前面的操作实例中，音频和视频是连在一起的，因为是现场拍摄和录音，音频的效果很不好。下面的操作是将音频和视频分开，然后用一段无杂音的音频替代视频中的音频。

首先，将音频和视频分开。在时间轴上选中音频，单击右键，快捷菜单中选择“取消链接”命令，这时音频和视频之间的链接就取消了，如图 9.1.3 所示。

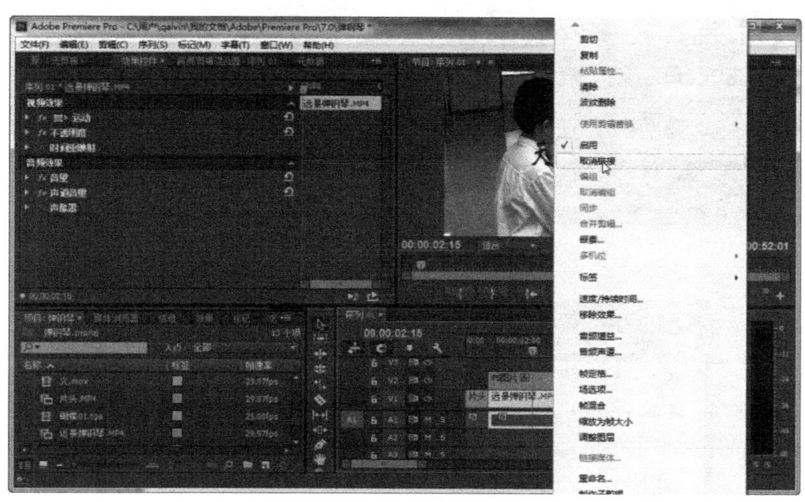

图 9.1.3　选择“取消链接”命令

在时间轴上再次选中音频，单击右键，在弹出的快捷菜单中选择“清除”命令，如图 9.1.4 所指示。

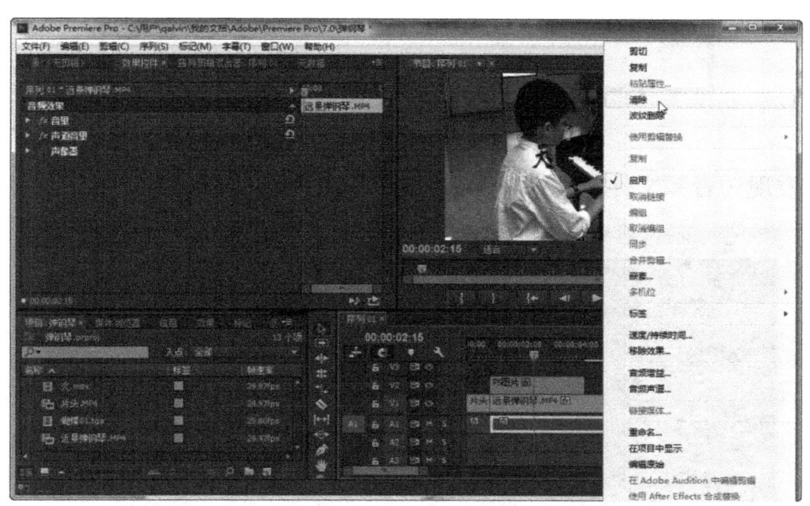

图 9.1.4　选择“清除”命令

此时可以发现音频被删除了，如图 9.1.5 所示。单击节目监视器中的“播放”按钮，只有视频播放，没有声音播出。

接下来需要将音频文件导入到当前的项目中。在“项目”选项卡中双击鼠标，然后在弹出的“导入”对话框中选中事先准备好的素材，单击“打开”按钮，如图 9.1.6 所示。

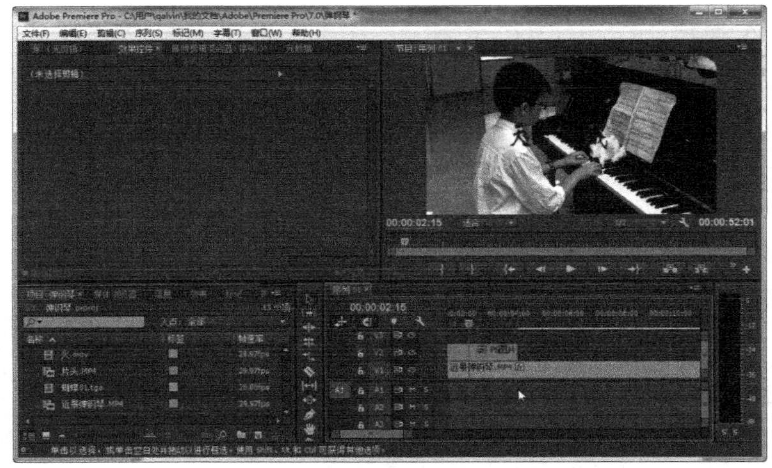

图 9.1.5　音频被删除

图 9.1.6　“导入”对话框

此时可以发现，音频文件出现在“项目”选项卡中，如图 9.1.7 所示。

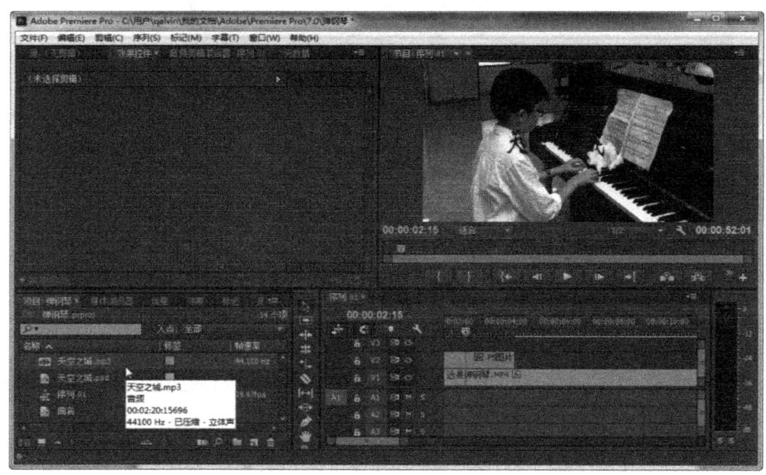

图 9.1.7　音频文件被导入

9.1.3 为视频添加音频

将“项目”选项卡中的音频文件拖曳到时间轴的音频轨道上，如图 9.1.8 所示。

图 9.1.8 添加音频

此时在节目监视器中单击“播放”按钮，预览视频，可以在看到视频的同时，听到没有噪声的音乐，同时在右侧可以看到随着音乐的播放，两个声道上的绿色条也出现变化，如图 9.1.9 所示。

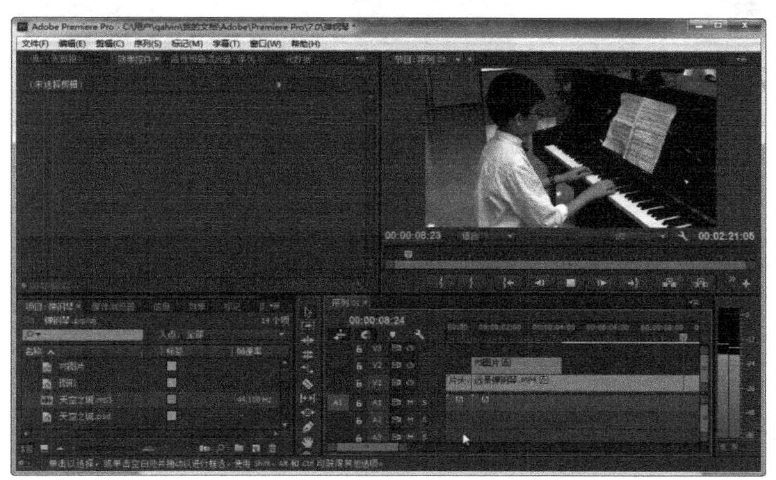

图 9.1.9 预览视频

9.1.4 删除音频

用一段无噪声的音频代替影片中原有的音频，虽然解决了音频噪声问题，但无法保证音频和视频的同步。目前这种方法多用于制作相册配乐等。

下面的操作实例就是把这段音频删除，至于影片的音频有噪声问题，可以通过设置音频效果来解决。

在时间轴的音频轨道上选中音频，单击右键，在弹出的快捷菜单中选择“清除”命令，就可以将音频删除，如图 9.1.10 所示。

图 9.1.10　选择“清除”命令

在“项目”选项卡中选中音频文件，单击右键，在弹出的快捷菜单中选择“清除”命令，就可以将音频文件从项目中删除，如图 9.1.11 所示。

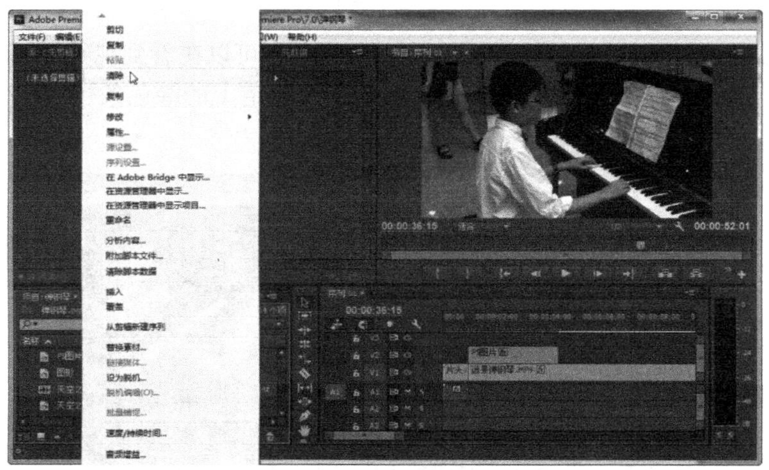

图 9.1.11　删除音频文件

9.2　设置音频

9.2.1　剪辑音频素材

下面的操作实例是将一组照片制作成视频，然后为它配上音频，制作成一个电子相册。由于无法保证音频的长度和视频长度一致，因此会涉及剪切音频素材、更改视频时间、提高音频音量等诸多操作。

首先新建一个项目，图 9.2.1 所示的是建立了一个名为“cat”的项目文件，然后在该项目文件中建立一个序列。

接下来把事先准备好的照片导入到该项目中，图 9.2.2 所示的是导入了一批“猫”的照片。

然后在如图 9.2.3 所示的“导入”对话框中将音频文件导入到该项目中。

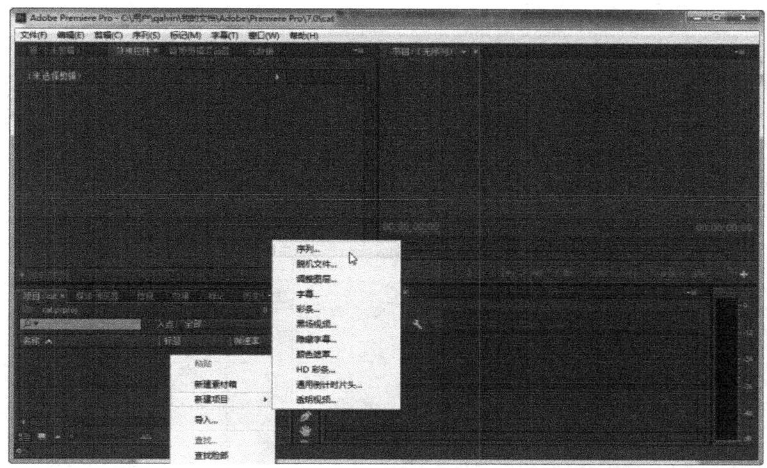

图 9.2.1　建立序列

图 9.2.2　导入一批照片

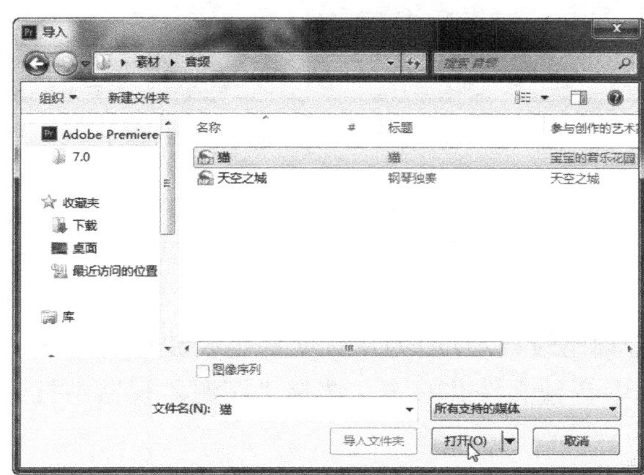

图 9.2.3　“导入”对话框

将照片一次从“项目”选项卡中拖曳到时间轴的视频轨道上，并为每张照片设置视频过渡效果，如图 9.2.4 所示。

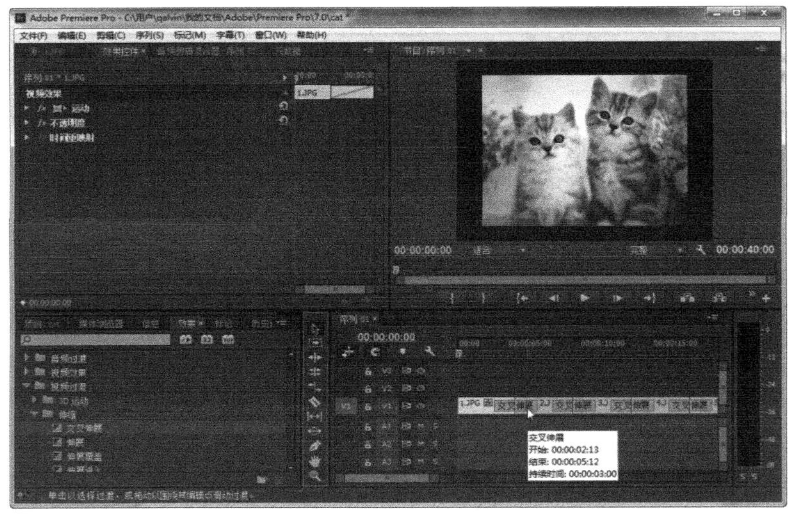

图 9.2.4　设置视频过渡效果

将音频文件从“项目”选项卡中拖曳到时间轴的音频轨道上，如图 9.2.5 所示。

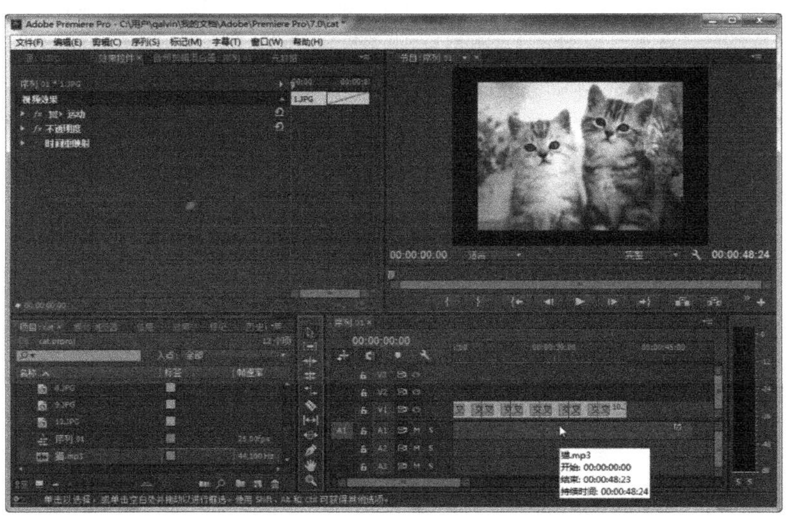

图 9.2.5　将音频文件拖曳到音频轨道上

此时可以发现，音频的长度要比视频的长度长，这需要剪除一部分音频文件，来适应视频文件的长度。剪辑音频的方法和剪辑视频的方法类似，可以在源监视器中剪辑，也可以在时间轴上进行剪辑。

在源监视器中编辑音频比较直观，因为音频文件是以波形的方式呈现的，如图 9.2.6 所示。在“项目”选项卡中，选中音频文件并右击，选择“在源监视器中打开”就可以在源监视器中看到这样的波形。

此时，音频已经被拖曳到时间轴上，下面的操作就采用在时间轴上剪辑音频的方法。

在节目监视器中单击“播放”按钮，播放视频，注意听音乐的节奏变化，当视频快播放完毕时，找到音乐正好完成某个段落的位置，按下“停止播放”按钮，如图 9.2.7 所示。

使用工具栏中的“剃刀工具”将音频一分为二，如图 9.2.8 所示。

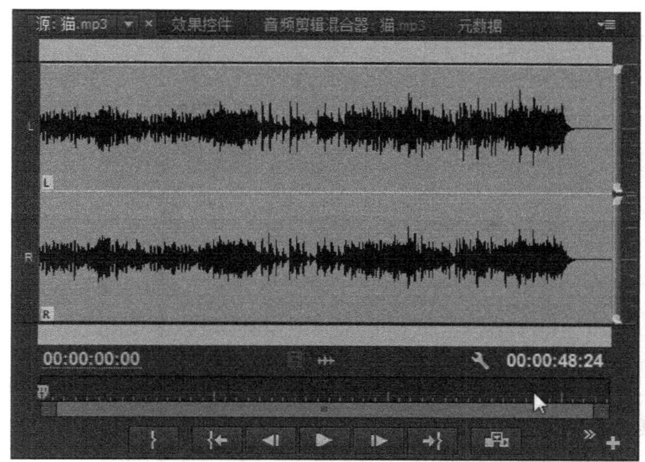

图 9.2.6　源监视器中的音频文件

图 9.2.7　找到合适的位置

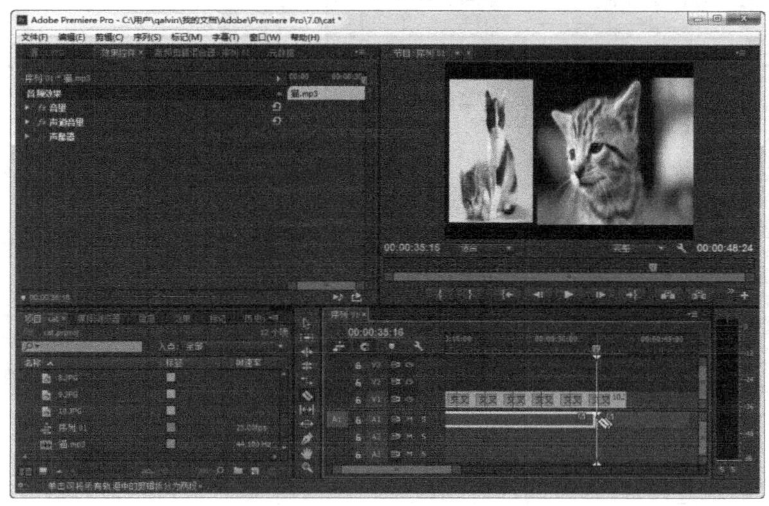

图 9.2.8　分割音频

用鼠标选中第二段音频，单击鼠标右键，在弹出的快捷菜单中选择“清除”命令，将第二段音频删除，如图 9.2.9 所示。

图 9.2.9　将第二段音频删除

此时，音频和视频的结束时间仍不相同，但是，两者之间已经靠得非常近了。

9.2.2　更改音频的持续时间和速度

在为视频配上音频的过程中，两者之间无法完美搭配是正常现象，剪辑音频能使音频开始或结束得不突兀，却不能使两者配合得天衣无缝。此时可以通过改变音频和持续时间或速度的方法，使两者达到某种统一。

用鼠标选中音频文件，单击鼠标右键，选择“速度/持续时间”命令，如图 9.2.10 所示。

图 9.2.10　音频文件设置菜单

在弹出的“剪辑速度/持续时间”对话框中，修改持续时间为视频的播放时间。由于速度和持续时间是相关联的，因此修改持续时间后，速度会相应发生变化，如图 9.2.11 所示。

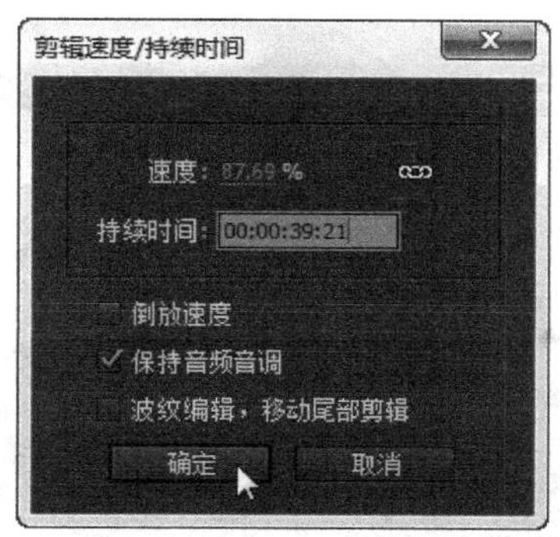

图 9.2.11　“剪辑速度/持续时间”对话框

此时，可以发现音频和视频同时结束。单击“播放”按钮，可以预览音频和视频是否搭配合理，有问题可以随时修改，如图 9.2.12 所示。

图 9.2.12　预览音频和视频

把一个 1 分钟长的音频放慢或加快 1 秒，往往不容易发现，但要注意的是音频和视频的播放时间不能差别太大，否则容易听出音频的节奏发生变化。此时可以同时调节视频和音频的播放长度，在两者之间达到某种平衡。

9.2.3　调整音频的增益

音频增益是指音频信号的强弱，它也决定了音量的大小。如果一段视频有多个音频，那么哪一个音频是主要的，哪一个音频是次要的，就需要设置来平衡各个音频之间的关系，避免声音忽大忽小。

如图 9.2.13 所示，在项目中导入一个“猫叫”的音频文件，并将其拖曳到音频轨道 2 上。这样，在播放影片时，就可以听到两声猫叫，然后才是音乐的声音。

下面的操作是将猫叫的声音变小一些，仅仅作为音乐的第一个背景声。选中音频轨道 2 上的音频文件“猫叫”，单击鼠标右键，在弹出的快捷菜单中选择“音频增益”命令，如图 9.2.14 所示。

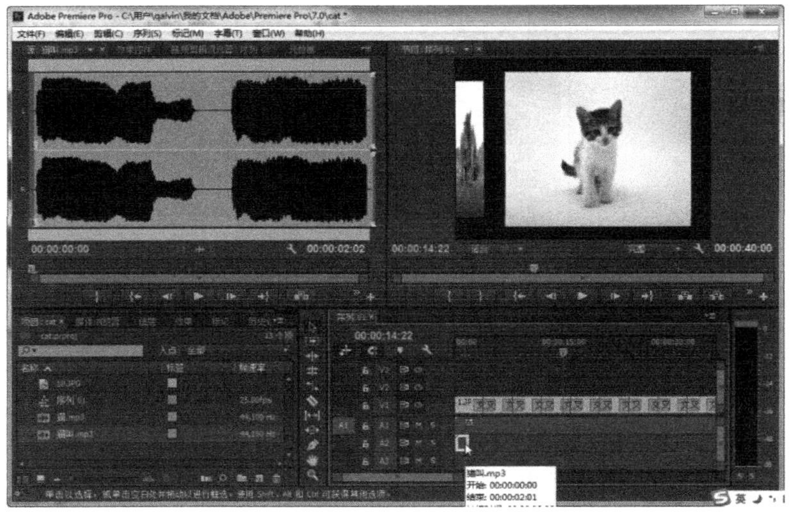

图 9.2.13　添加第二段音频

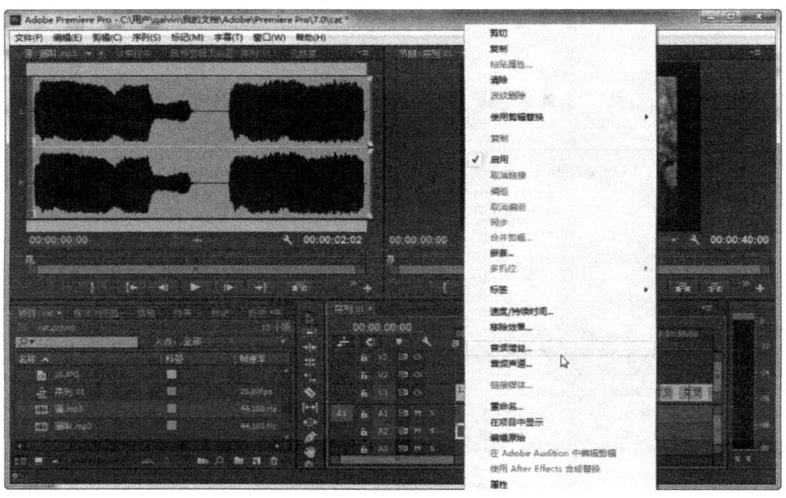

图 9.2.14　选择“音频增益”命令

在弹出的“音频增益”对话框中，选中“将增益设置为”单选按钮，然后将后面的值设为“-20”（具体数值可以根据情况进行调整），单击“确定”按钮，如图 9.2.5 所示。

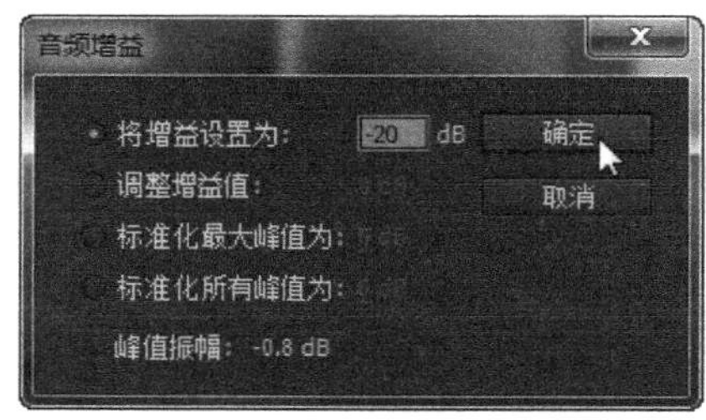

图 9.2.15　“音频增益”对话框

此时，在节目监视器中单击“播放”按钮，预览视频，可以听到猫叫的声音已经变小，而音乐的声音也相应加强，如图 9.2.16 所示。

图 9.2.16　预览视频

9.3　使用音频特效

9.3.1　消除杂音

现场拍摄的视频、音频都会有杂音，如嗡嗡声等。Premiere 软件提供了一些音频特效，可以对这些声音进行处理，让操作变得更简单。

Premiere 软件共有 44 种音频特效，使用这些特效的方法大同小异，区别在于参数的调节。下面的实例是使用音频特效“消除嗡嗡声”。

打开前面操作过的实例“弹钢琴”，这段视频的音频就存在现场杂音较大，存在嗡嗡声的问题，如图 9.3.1 所示。

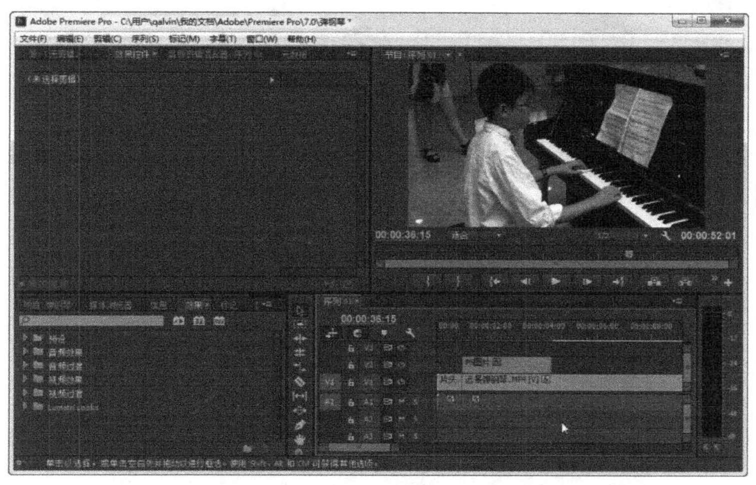

图 9.3.1　“弹钢琴”视频

打开“特效”选项卡，展开“音频特效”选项，将“消除嗡嗡声”特效拖曳到视频的音频上，如图 9.3.2 所示。

此时可以发现，左上角的“效果控件”选项卡自动打开，在该选项卡中出现“消除嗡嗡声”

选项，如图 9.3.3 所示。

图 9.3.2　使用“消除嗡嗡声”特效

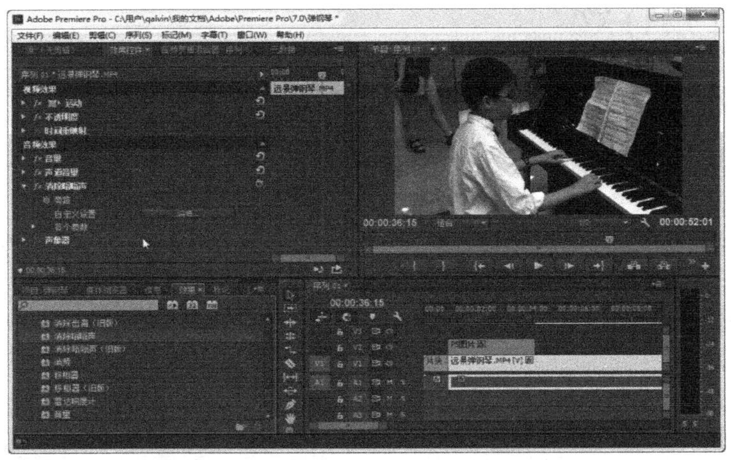

图 9.3.3　“效果控件”选项卡

单击“各个参数”左边的小三角形，将“消除嗡嗡声”选项下的各个参数展开，可以看到许多选项，如图 9.3.4 所示。

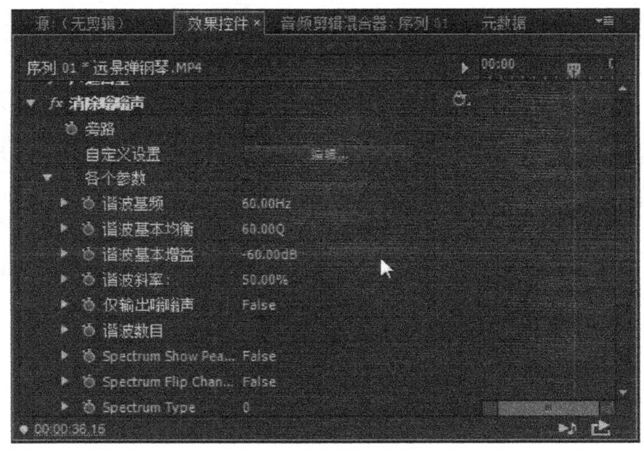

图 9.3.4　展开“各个参数”

单击自定义设置右边的“编辑”按钮，可以打开“剪辑效果编辑器”选项，在该编辑器中有多个参数可供设置，如图 9.3.5 所示。

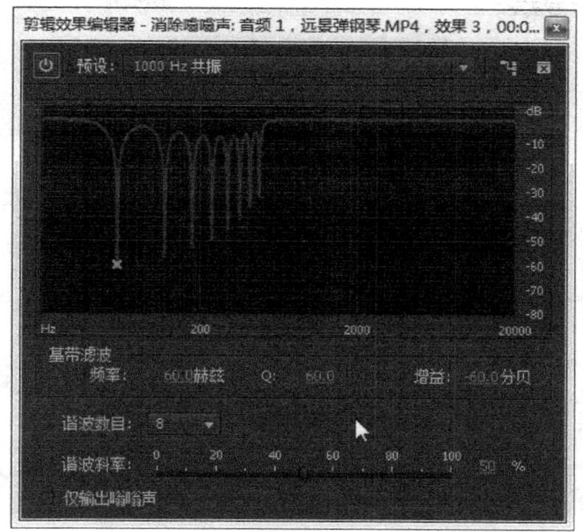

图 9.3.5　剪辑效果编辑器面板

反复调整各个参数，可以实现预想的效果。如果对“消除嗡嗡声”特效不满意，可以在“效果控件”选项卡中，选中“消除嗡嗡声”，然后单击右键，在弹出的快捷菜单中选择“清除”命令，将该特效删除，如图 9.3.6 所示。

图 9.3.6　删除“消除嗡嗡声”特效

9.3.2　淡入与淡出效果

音频的淡入效果是指一个音频播放时，声音由小逐渐变大到正常播放声音的过程；声音的淡出效果是指声音由大逐渐变小到正常播放声音的过程。音频的淡入与淡出效果是由关键帧来控制的。

首先，将播放指示器拖动到音频文件的最左端，然后在“效果控件”选项卡中，将“音频效果”选项展开，然后再把“级别”选项展开。这样就可以看到一个调整音量的滚动条，拖动滚动条，将声音变小，这个音量将是淡入的起始音量。单击“级别”前的“切换动画”按钮，此时出现一个关键帧，如图 9.3.7 所示。

图 9.3.7　设定淡入第一个关键帧

拖动播放指示器到合适的位置，如 3 秒钟处，这个位置的声音将变大到合适的音量。拖动音量滚动条，将音量增大到合适的大小，然后单击“添加关键帧”按钮，如图 9.3.8 所示。

图 9.3.8　添加淡入第二个关键帧

此时，观察“效果控件”选项卡右端的时间轴，可以看到一条线倾斜上升，然后持平的情景。这条线代表了声音的变化趋势，如图 9.3.9 所示。

将播放指示器拖动到最左端，单击“播放”按钮，就可以听到声音由小到大的淡入效果。

淡出的设置方法和淡入正好相反。将播放指示器拖曳到离结束还有 3 秒钟的位置，在“效果控制”选项卡中，检查音量的值，这个值是淡出的最高值。然后单击“添加关键帧”按钮，添加一个关键帧，如图 9.3.10 所示。

将播放指示器拖曳到音频文件末尾，然后调节音量的值，将音量的值调小，这个音量的值将是淡出的最低音量。最后，单击“添加关键帧”按钮，添加一个关键帧，如图 9.3.11 所示。

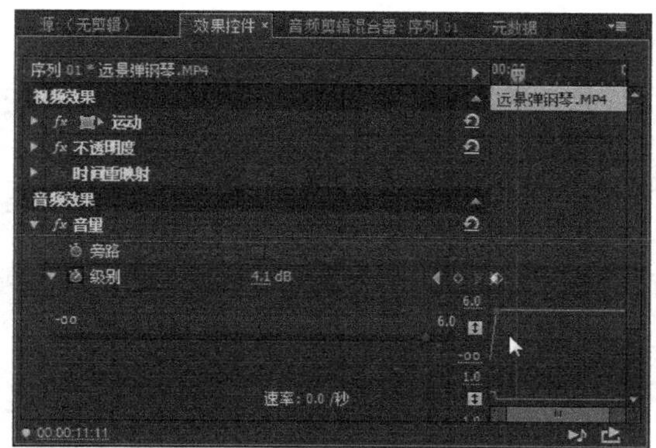

图 9.3.9　“效果控件”选项卡

图 9.3.10　添加淡出的第一个关键帧

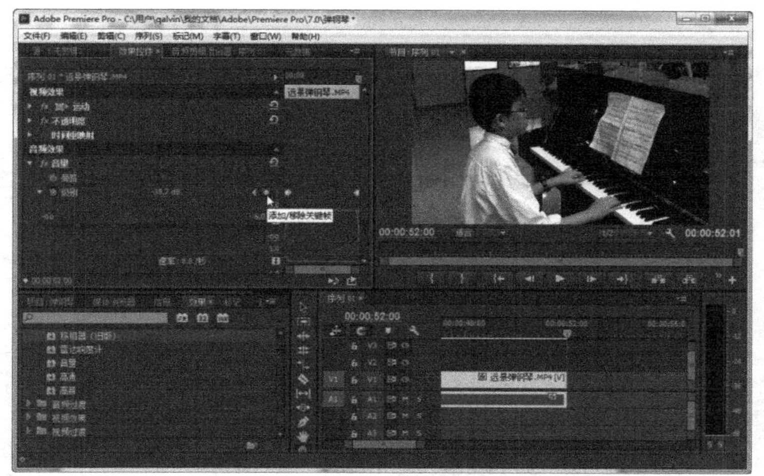

图 9.3.11　添加淡出的第二个关键帧

此时可以发现，“效果控件”选项卡右端的时间轴上，标识音量的那条线倾斜下降，它代表了声音的变化趋势。将播放指示器拖曳到最左端，单击“播放”按钮，就可以听到开始声音淡入，然后正常播放，最后淡出的效果，如图 9.3.12 所示。

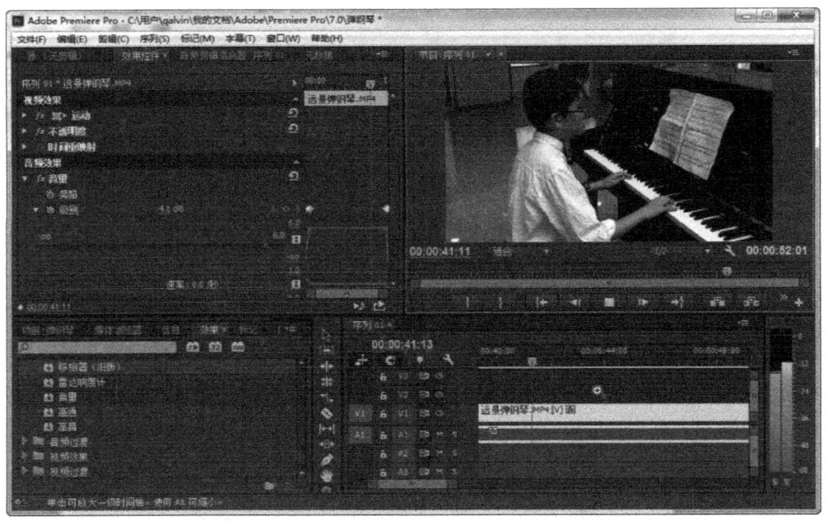

图 9.3.12　预览影片

9.3.3　使用过渡效果

Premiere 软件还提供了音频过渡特效。例如，当两个音频连接在一起时，可以实现第一个音频逐渐淡出，第二个音频逐渐淡入的效果。直接使用音频过渡要比使用关键帧来实现两个相邻音频的淡入淡出更快捷方便。

如图 9.3.13 所示，打开“效果”选项卡，展开“音频过渡”选项，再展开“交叉淡化”选项，可以看到三个音频过渡特效。“恒定功率”是指创建一段平滑的功率，第一个音频逐渐降低音量，接近末端时，第二个音频逐渐升高音量；“恒定增益”是指两段音频以恒定的速率更改音量，与恒定功率的方式相比，显得生硬；“指数淡化”是指以指数曲线的形式平滑过渡，与恒定功率的方式相比，渐变的效果更好。

图 9.3.13　展开“音频过渡”选项

选择恒定功率，将它拖曳到时间轴上两段音频连接的位置，如图 9.3.14 所示。

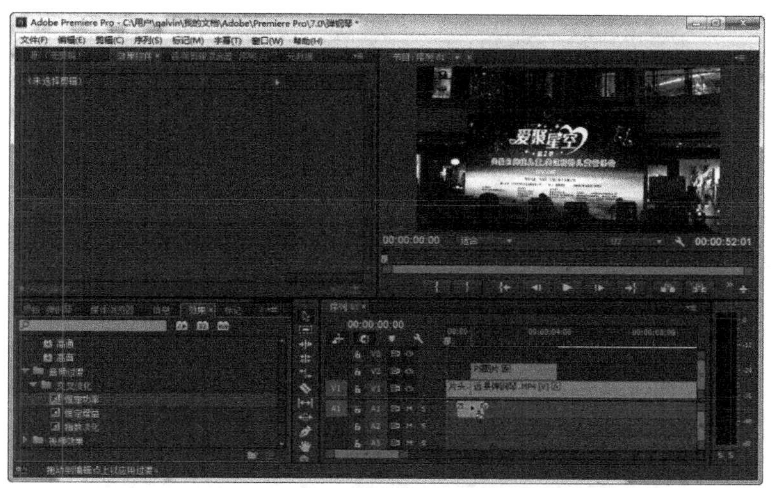

图 9.3.14　应用音频过渡效果

将播放指示器拖曳到最左端，单击“播放”按钮，就可以听到两个音频平滑过渡的效果。如果觉得音频过渡的时间太短，可以对音频过渡的时间进行修改。比较简单的方法是，将鼠标移动到时间轴上的过渡特效色块上，单击鼠标右键，在弹出的快捷菜单上选择“设置过渡持续时间”命令，修改持续时间，但这种方法只对这一个音频过渡有效，要想修改所有的音频过渡时间需要修改默认的值。

单击“编辑”菜单，选择“首选项”级联菜单中的“常规”命令，如图 9.3.15 所示。

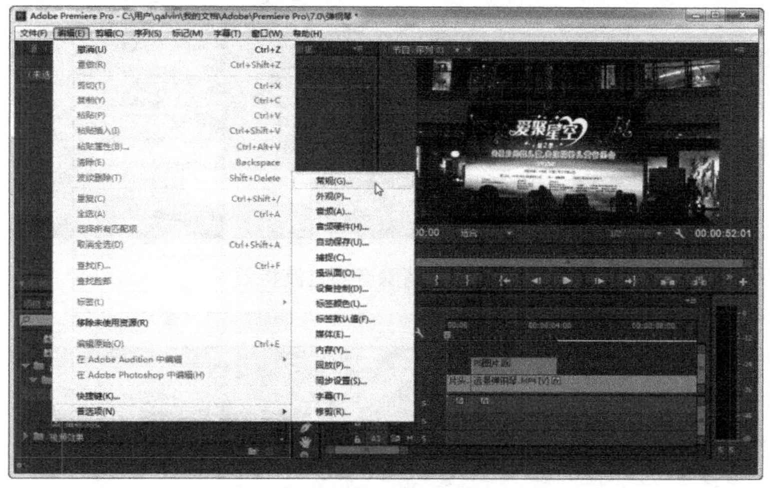

图 9.3.15　“编辑”菜单

在弹出的“首选项”对话框中，更改“音频过渡默认持续时间”后面的值，如图 9.3.16 所示的是将值由 1 秒改为 3 秒。

由于更改的持续时间在下一次操作时才有用，因此先要把目前的音频过渡特效删除。首先将鼠标移动到时间轴上的过渡特效色块上，单击鼠标右键，然后在弹出的快捷菜单中选择“清除”命令，这样就能把音频过渡特效删除了，如图 9.3.17 所示。

重复添加音频过渡特效的操作步骤，可以发现，添加到音频上的特效色块比上一次加长了，也就是说音频过渡的时间变长了，如图 9.3.18 所示。

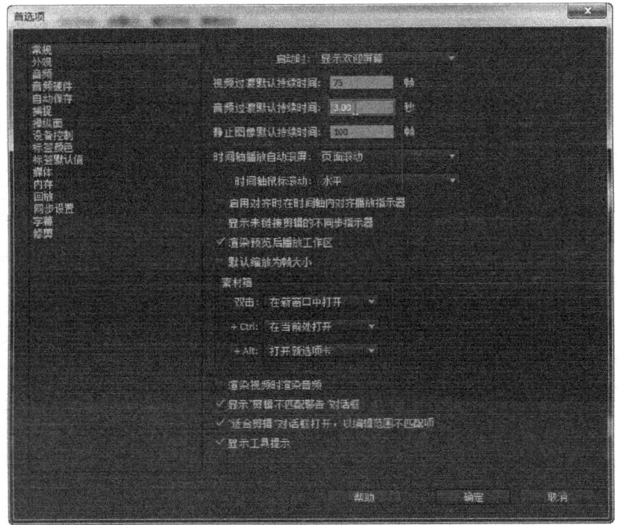

图 9.3.16 “首选项”对话框

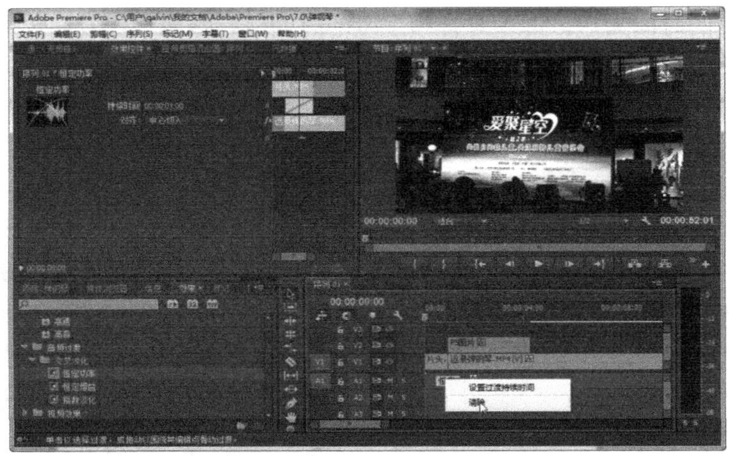
图 9.3.17 清除音频过渡特效

图 9.3.18 音频过渡的时间变长

将播放指示器拖曳到最左端，单击“播放”按钮，就可以听到两个音频过渡的时间明显变长了。

当一段视频有多段音频，而这些音频都使用同一种音频过渡效果时，可以将要应用的过渡效果设置为默认过渡效果。在“效果”选项卡中，选中该效果，单击鼠标右键，在弹出的快捷菜单中选择“将所选过渡设置为默认过渡”命令，如图 9.3.19 所示。

图 9.3.19　设置默认过渡效果

当插入新的音频时，将鼠标移动到音频文件相连的位置，单击鼠标右键，在弹出的快捷菜单中选择“应用默认过渡”命令，就可以快速实现音频过渡效果的设置，如图 9.3.20 所示。

图 9.3.20　应用默认过渡效果

习题 9

1. 5.1 声道中的“5”指什么？“1”指什么？
2. Premiere 软件支持的音频格式有哪些？
3. 调整音频增益有什么作用？
4. 音频的淡入与淡出能达到什么效果？
5. “交叉淡化”下的三个音频过渡特效有什么不同？
6. 操作练习：选择 10 张以上家人的照片，扫描到计算机中，将它们制作成一个电子相册，设置好过渡效果，配上一段舒缓的音乐，然后保存起来。

导出影片

10.1 在 Premiere 中导出影片

10.1.1 Premiere 支持的导出格式

在完成视频的剪辑、过渡、特效，以及添加字幕、设置音频后，就可以对所完成的影片进行导出操作了。在导出之前，需要反复查看影片，检查是否有疏漏之处，进行修改，然后再输出。

导出之后的作品将独立于 Premiere 而进行播放，但由于播放的设备千差万别，相应的格式也不尽相同，这就需要首先了解 Premiere 支持哪些导出格式。

在 Premiere 中单击“文件”菜单，选择“导出”选项，然后可以看到“导出”的下一级菜单，如图 10.1.1 所示。菜单中的内容就是 Premiere 支持的导出格式。

图 10.1.1　“文件”菜单

从菜单中可以看出，Premiere 的适应性非常强，不仅可以导出批处理列表、字幕，以及 OMF 公开媒体框架、AAF 视频格式等，甚至还支持导出到 DV 磁带。而在这些导出格式中，应用最广泛的是媒体，而媒体中又分为影片、视频、图形图像、动画等各种格式。图 10.1.2 所示的是 Premiere 能够导出的“媒体”文件格式。

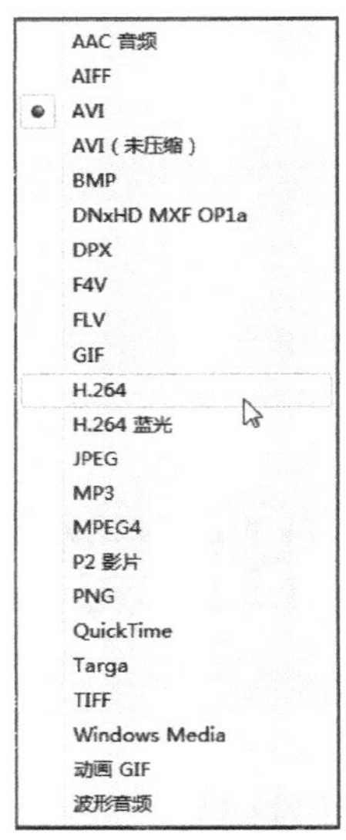

图 10.1.2　Premiere 支持导出的“媒体”文件格式

本节的实例主要介绍导出类型为媒体的操作步骤。

10.1.2　导出影片

如图 10.1.3 所示，打开关于“猫”的电子相册，将该电子相册导出为一段影片。单击“文件”菜单，移动鼠标到“导出”菜单项，然后单击级联菜单中的“媒体”命令。

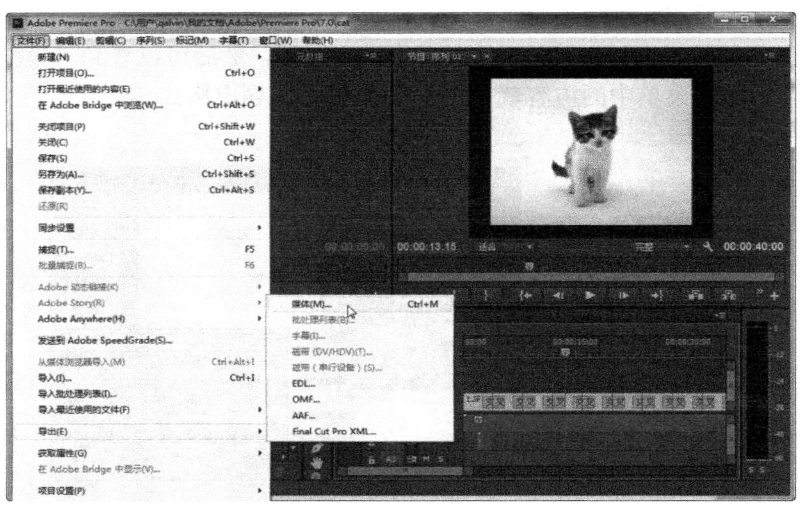

图 10.1.3　“文件”菜单

在弹出的“导出设置”对话框中，可以发现，左边为影片预览窗口，右边为导出设置面板，如图 10.1.4 所示。

图 10.1.4　“导出设置”对话框

在对话框的预览窗口，可以调整源文件的缩放比例，在底部拖动播放指示器可以看到视频的画面变化情况，同时显示当前位置的播放时间，如图 10.1.5 所示。

在导出设置面板，可以对导出的影片进行各种设置。单击“格式”右边的三角形按钮，可以选择导出的文件格式，默认的情况下，导出的影片是 AVI 格式。选择 F4V 或者 FLV，可以导出网络上普遍使用的 Flash 流媒体格式；选择 H.264，可以导出 MP4 格式；选择 QuickTime，可以导出苹果计算机、iPhone、iPad 使用的 MOV 格式等。具体参数的设置如图 10.1.6 所示。

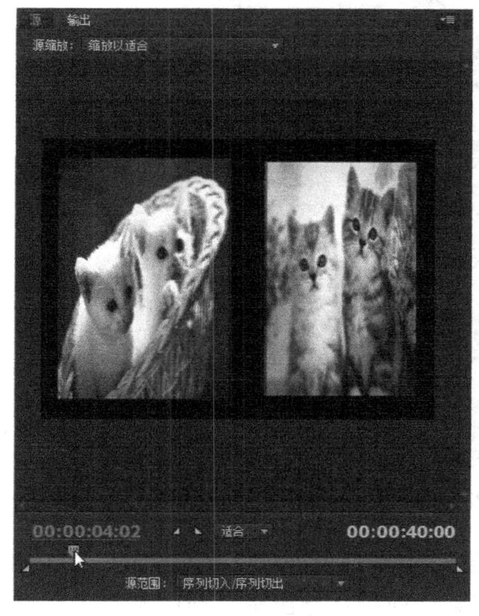

图 10.1.5　预览视频

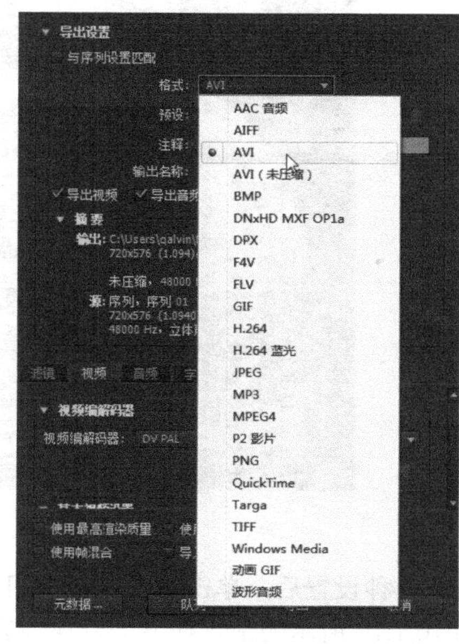

图 10.1.6　设置文件导出格式

默认情况下，导出影片默认的文件名为“序列 01_01.avi”。单击“序列 01_01.avi”，弹出

“另存为”对话框，在该对话框中可以更改导出的文件名。如图 10.1.7 所示的是文件名被改为“电子相册”。

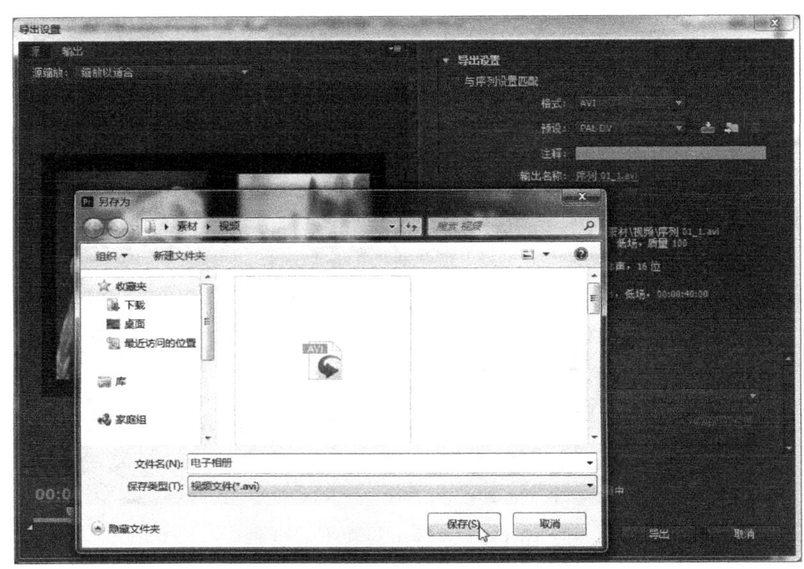

图 10.1.7　更改文件名称

Premiere 自带了编码软件，可以对影片进行编码，具体的编码可以进行选择。单击“视频编解码器”右边的三角形按钮，可以看到具体的“视频编解码器”选项，如图 10.1.8 所示。

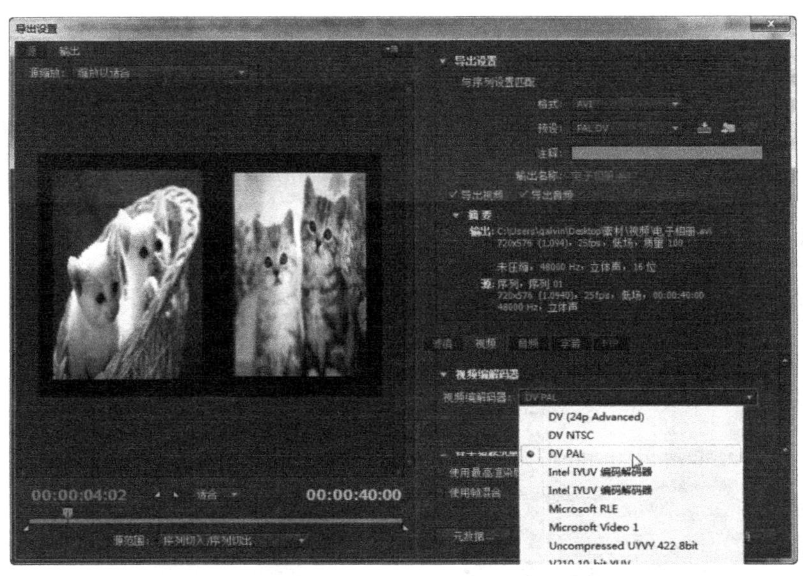

图 10.1.8　“视频编解码器”选项

完成各种设置后，单击“导出”按钮，开始导出影片，如图 10.1.9 所示。

图 10.1.10 所示的是正在渲染音视频的情景，渲染音视频是导出影片前的必需工作。

图 10.1.11 所示的是正在对视频进行编码的情景。

导出完毕，可以在设定的文件夹中看到导出的影片，如图 10.1.12 所示。

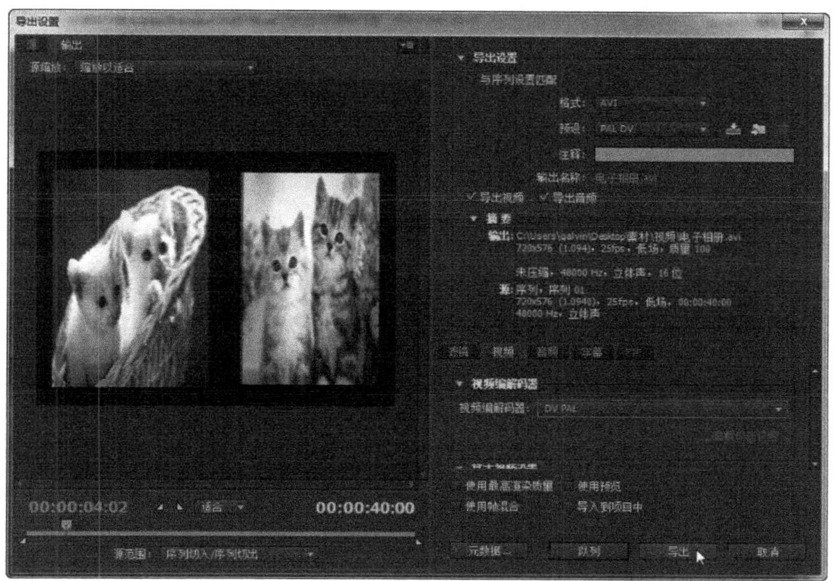

图 10.1.9　导出影片

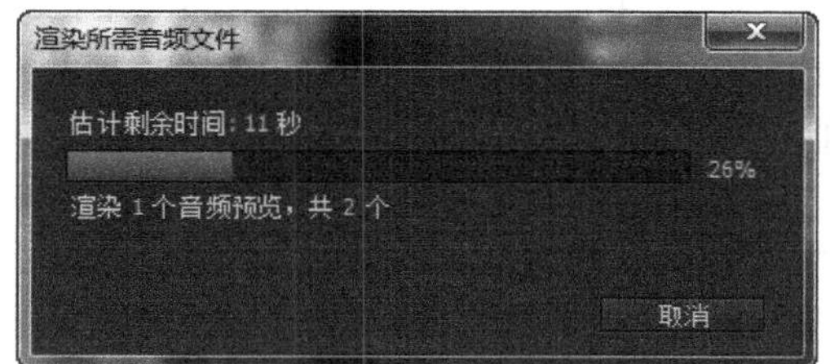

图 10.1.10　“渲染所需音频文件”对话框

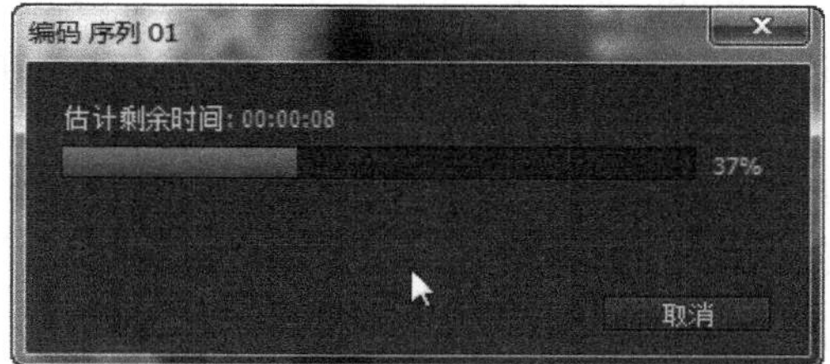

图 10.1.11　视频“编码”对话框

图 10.1.12　影片已经生成

双击导出的影片文件，计算机默认的视频播放软件会自动打开，并播放该影片。图 10.1.13 所示的是 Windows 自带的播放器 Media Player 播放视频的情景。

图 10.1.13　播放影片

10.1.3　导出动画 GIF 文件

Premiere 还支持将作品导出为 GIF 动画。相对于影片，GIF 动画虽然颜色不够丰富，动态连贯性差，也没有声音，但文件体积小，因而适合在网络上传播，在社交软件上应用广泛。

导出为 GIF 动画的步骤和导出影片的步骤类似，只是在“导出设置”对话框中要将格式更改为“动画 GIF”，如图 10.1.14 所示。

注意

一共有两种 GIF 格式：一种是 GIF，另一种是动画 GIF。如果选择 GIF，会导出许多张图片。

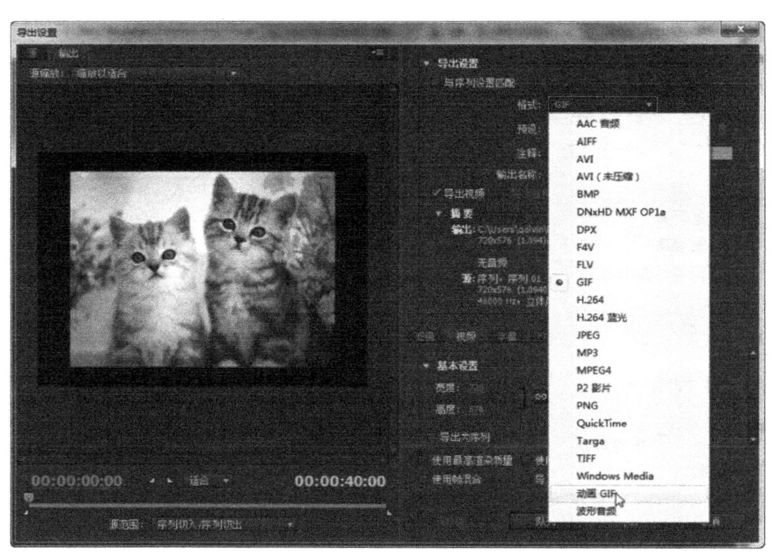

图 10.1.14　“导出设置”对话框

然后将默认的文件名“序列 01_01.gif”更改为“猫.gif”，如图 10.1.15 所示。

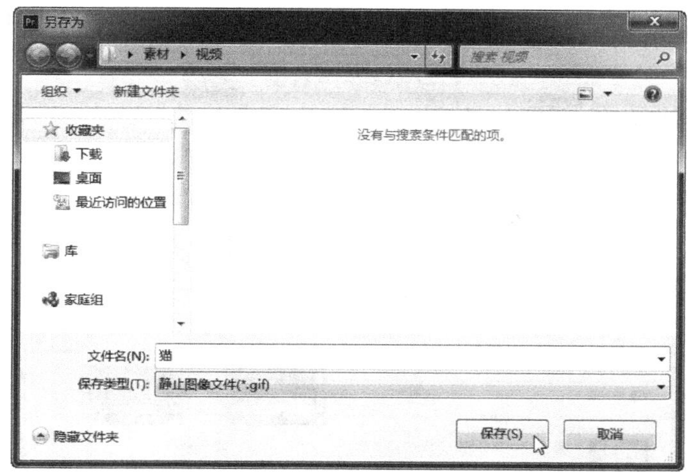

图 10.1.15　更改文件名

此时可以发现，“导出设置”对话框中左半部分的预览窗口，画面质量明显下降；右半部分导出影片时的“视频编解码器”选项已经不见了，取而代之的是画面输出质量、宽度和高度的设置。单击数值，可以对帧宽度和高度进行更改，最后单击“导出”按钮，如图 10.1.16 所示。

图 10.1.16　“导出设置”对话框

Premiere 开始对导出的文件格式进行编码，如图 10.1.17 所示。

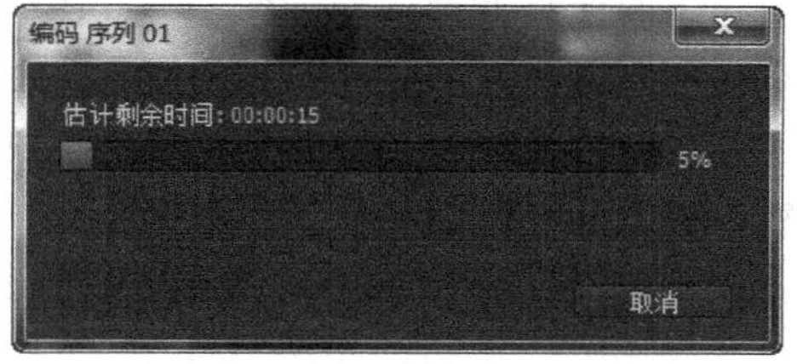

图 10.1.17　“编码”对话框

导出完毕，可以在设定的文件夹中看到导出的动画 GIF，如图 10.1.18 所示。

图 10.1.18　动画 GIF 文件已经生成

双击动画 GIF 文件，该文件在默认的浏览器中打开，可以看到动态的效果，没有声音，画面质量也不高，如图 10.1.19 所示。

图 10.1.19　预览动画 GIF

10.1.4　导出静态图像

Premiere 还支持将影片中的画面保存为静态的图像，不过在默认的情况下，这一功能是不显示的。在节目监视器中，单击右下角的“按钮编辑器”按钮，如图 10.1.20 所示。

在弹出的“按钮编辑器”中，将“导出帧”按钮拖曳到节目监视器的按钮区域，如图 10.1.21 所示。最后单击“确定”按钮，将“按钮编辑器”关闭。

在节目监视器中单击“播放”按钮，播放视频，当播放到想截取的画面时，单击“停止”按钮，停止播放。然后，单击“导出帧”按钮，如图 10.1.22 所示。

图 10.1.20　节目监视器窗口

图 10.1.21　拖曳“导出帧”按钮到节目监视器

图 10.1.22　截取播放视频中的画面

在“导出帧”对话框中，更改名称，然后单击“格式”右边的三角形按钮，选择导出图片的格式，如图 10.1.23 所示。

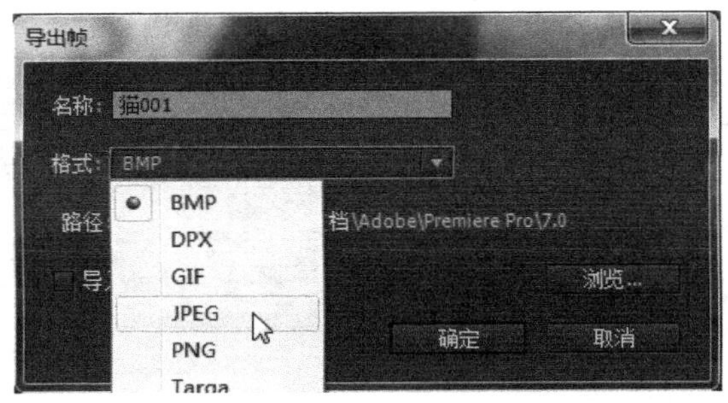

图 10.1.23 选择图片导出格式

单击“导出帧”对话框上的“浏览”按钮，选择存放导出图片的文件夹，如图 10.1.24 所示。

图 10.1.24 确定导出图片的位置

最后，在“导出帧”对话框中单击“确定”按钮，图片被导出，如图 10.1.25 所示。

图 10.1.25 “导出帧”对话框

打开存放图片的文件夹，可以看到导出的图片，如图 10.1.26 所示。

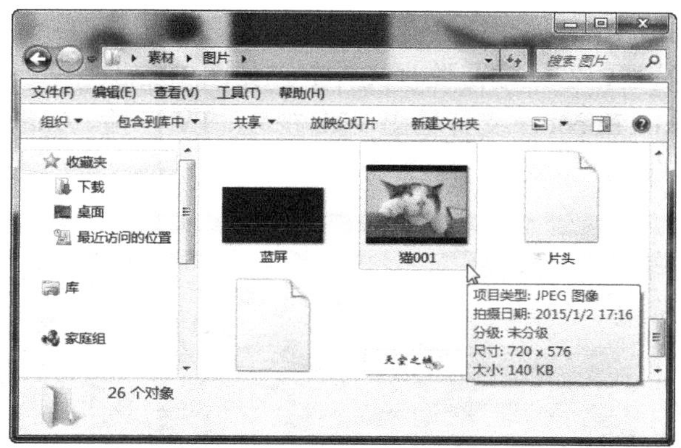

图 10.1.26　图片已经导出

10.2　使用 Adobe Media Encoder 导出影片

10.2.1　Adobe Media Encoder 简介

Adobe Media Encoder 是一个视频和音频编码应用程序，可以针对不同应用程序的不同格式进行编码。例如，针对于 Adobe Flash Player 的 FLV 和 F4V 文件格式；针对于手机和平板电脑的 H.264（MP4）格式；针对于 VCD 的 MPEG-1 文件格式；针对于 DVD 的 MPEG-2 文件格式；针对于 Apple 播放器 QuickTime 的 MOV 文件格式，以及针对于 Windows Media Player 的 AVI、WMV 等文件格式。

Adobe Media Encoder 用户界面如图 10.2.1 所示。

单击“开始”按钮，选择“开始”菜单中的“程序”选项，在“程序”级联菜单中选择“Adobe Media Encoder CC”命令，如图 10.2.2 所示。

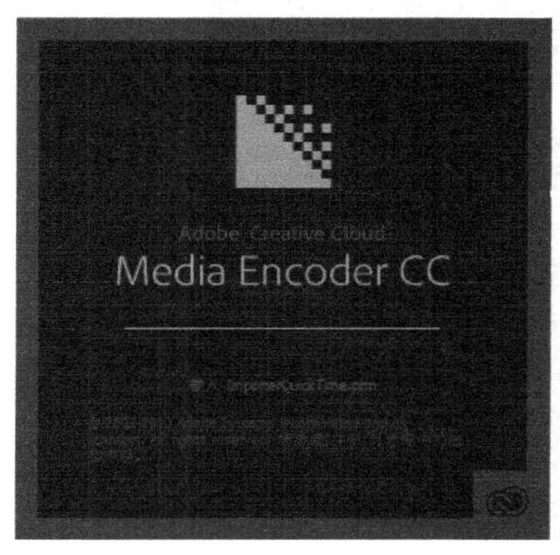

图 10.2.1　Adobe Media Encoder 用户界面

图 10.2.2　“开始”菜单

Adobe Media Encoder 用户界面共分为四部分，左上端是“队列”面板，左下端是“编码”面板，右上端是预设浏览器，右下端是监视文件夹，如图 10.2.3 所示。在“预设浏览器”面板中，可以看到 Adobe Media Encoder 支持输出 Web 视频、TV 广播、Android 设备、Apple 设备、Kindle 设备等多种设备的文件格式。

图 10.2.3　Adobe Media Encoder 用户界面

Adobe Encore 最初的名称为 Adobe Encore DVD，是一个 DVD 的工具。以后更名为 Adobe Encore，不仅有光盘的编著及刻录功能，还有 Flash 编码输出功能。后来，取消了 DVD 编码、设计与刻录集成功能，但编码的功能进一步增强并成为 Premiere Pro 的附属组件。更名为 Adobe Media Encoder 后，成为 Adobe 软件中可以独立运行的主流媒体编码器，支持所有的 Adobe 软件。

10.2.2　使用 Adobe Media Encoder 导出 MP4 文件

下面的实例是在 Adobe Media Encoder 中将“弹钢琴”这一段影片导出。当然，可以直接在 Premiere 中将这一段影片导出，只是为了讲解 Adobe Media Encoder 的使用方法，才选择在 Adobe Media Encoder 中导入项目文件，导出影片的。

在 Adobe Media Encoder 窗口中，单击“队列”面板上的“添加源”按钮，如图 10.2.4 所示。

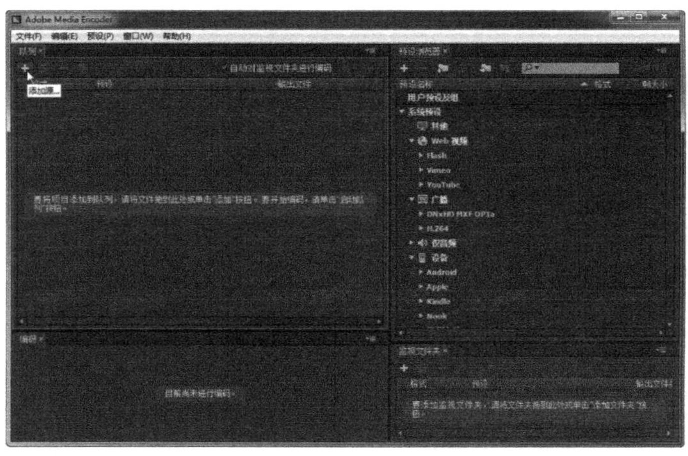

图 10.2.4　“队列”面板

在弹出的“打开”对话框中，找到“弹钢琴”的项目文件，选择该文件，单击“打开”按钮，如图 10.2.5 所示。

图 10.2.5　选择项目文件

此时弹出“导入”对话框，如图 10.2.6 所示，Adobe Media Encoder 开始连接到动态链接服务器，准备导入 Premiere 项目文件。

连接成功后，在“导入”对话框中出现序列的名称，选择“序列 01”，单击“确定”按钮，如图 10.2.7 所示。

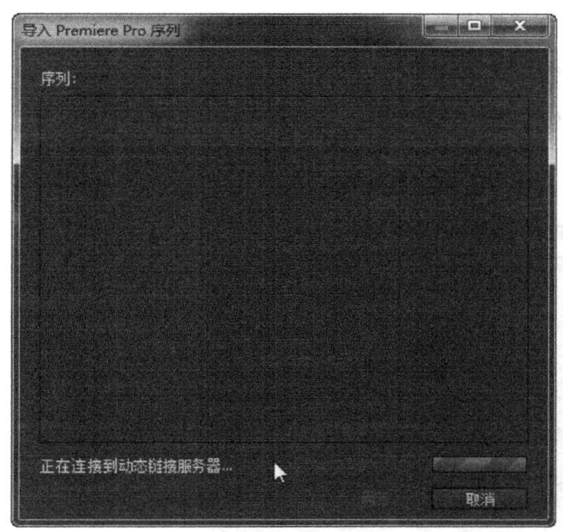

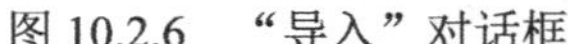
图 10.2.6　“导入”对话框

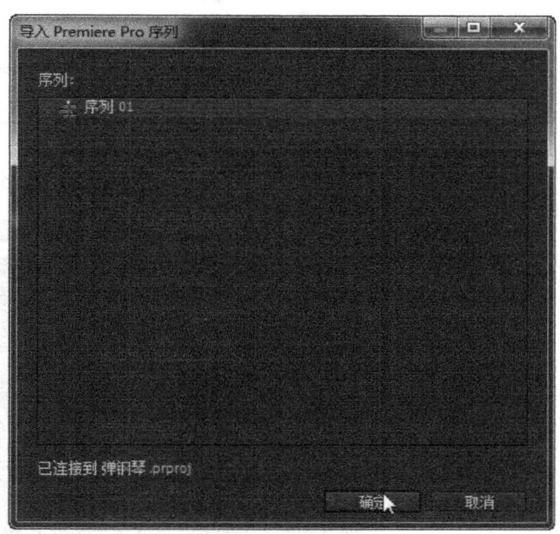

图 10.2.7　序列 01 出现在对话框中

“导入”对话框关闭后，任务队列出现在“队列”面板上，如图 10.2.8 所示。Adobe Media Encoder 自动判断项目中的音视频文件，给出合适的影片导出格式。单击“输出文件”下面的路径，可以更改导出文件的路径。

在弹出的“另存为”对话框中，可以发现，默认的文件类型是 MP4，输入“弹钢琴”作为文件名，单击“保存”按钮，如图 10.2.9 所示。

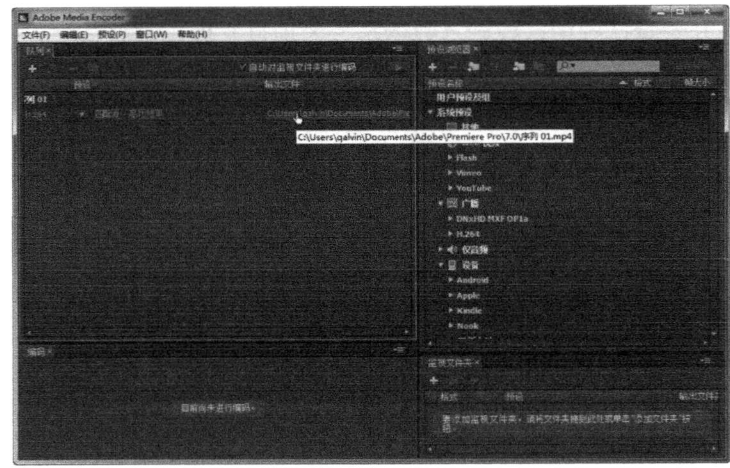

图 10.2.8　任务队列出现在“队列”面板上

图 10.2.9　更改导出文件的名称

单击“队列”面板上端的“启动队列”按钮，开始导出，如图 10.2.10 所示。

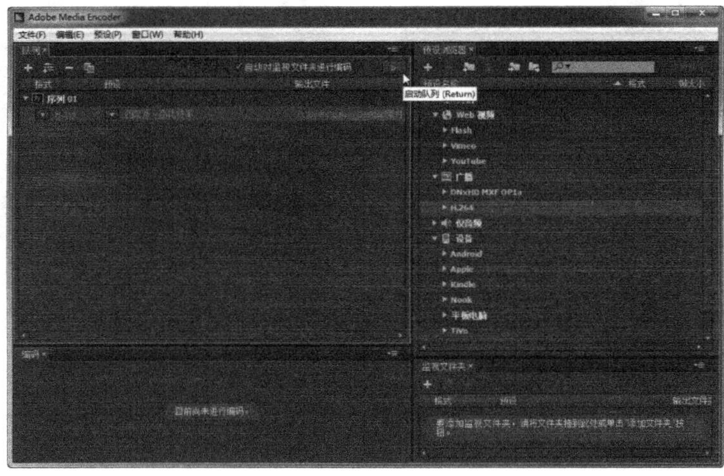

图 10.2.10　开始导出影片

此时，在左下端的“编码”面板中，可以看到 Adobe Media Encoder 开始对音视频进行编码操作，然后导出影片，如图 10.2.11 所示。

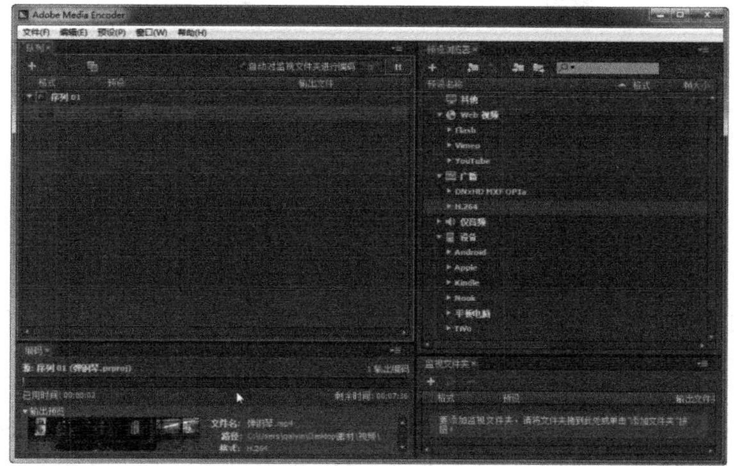

图 10.2.11　导出影片

导出完毕，可以在设定的文件夹中找到导出的影片“弹钢琴.mp4”，如图 10.2.12 所示。

图 10.2.12　影片文件被导出

习题 10

1. Premiere 可以导出哪些类型的文件？
2. Premiere 支持导出的媒体文件有哪些格式？
3. 在 Premiere 中导出 MP4 格式的文件，应该选择媒体中的哪种文件格式？
4. 导出“GIF”文件和导出“动画 GIF”文件有何不同？
5. Adobe Media Encoder 的主要作用是什么？
6. 操作练习：在 Premiere 中将第 9 章课后习题制作的电子相册导出为 MP4 文件，与家人一起欣赏。

反侵权盗版声明

电子工业出版社依法对本作品享有专有出版权。任何未经权利人书面许可，复制、销售或通过信息网络传播本作品的行为；歪曲、篡改、剽窃本作品的行为，均违反《中华人民共和国著作权法》，其行为人应承担相应的民事责任和行政责任，构成犯罪的，将被依法追究刑事责任。

为了维护市场秩序，保护权利人的合法权益，我社将依法查处和打击侵权盗版的单位和个人。欢迎社会各界人士积极举报侵权盗版行为，本社将奖励举报有功人员，并保证举报人的信息不被泄露。

举报电话：（010）88254396；（010）88258888

传　　真：（010）88254397

E-mail：　dbqq@phei.com.cn

通信地址：北京市万寿路 173 信箱

　　　　　电子工业出版社总编办公室

邮　　编：100036